日本産カエル大鑑
ENCYCLOPAEDIA OF JAPANESE FROGS

ENCYCLOPAEDIA OF JAPANESE FROGS

日本産カエル大鑑

Dr. Sci. Emeritus Professor of Kyoto University
Masafumi Matsui

and

Photographer
Norio Maeda

解説：松井正文（京都大学名誉教授）
写真：前田憲男（自然写真家）

Published in 2018 by
BUN-ICHI SOGO SHUPPAN CO. LTD
2-5 Nishigokencho Shinjyuku-ku
Tokyo 162-0812 Japan
Printed in Japan
ISBN 978-4-8299-8843-5

まえがき

　本書は1989（平成元）年に発行され，その後少しずつ知見が更新されて3版を重ねた『日本カエル図鑑』と，さらに大幅な改訂が行われた1999（平成11）年発行の『改訂版 日本カエル図鑑』の後継書である．後者が世に出てからすでに20年近くなっているが，この間にカエル類の研究は世界的に大きく進展し，日本もその例外ではなかった．

　『改訂版 日本カエル図鑑』では最新の第2刷（2003年）でも保守的な姿勢がとられ，オオヒキガエルがヒキガエル属，ヌマガエル・ナミエガエルはアカガエル科，それらを含めたアカガエル科の種は，全てアカガエル属とされ，亜属のレベルで区分されていた．しかし，その後ヌマガエル科はアカガエル科から分離され，アカガエル属内の亜属はどれも独立属とされた．また，日本産のヒメアマガエルの独立種確定，ヤエヤマハラブチガエルの学名変更，リュウキュウアカガエルの分類変更，サキシマヌマガエル・サドガエル・アマミイシカワガエル・ネバタゴガエル・チョウセンヤマアカガエルの記載と，分類分野では著しい研究が行われ，分類群の記載に際しては形態や鳴き声に加え，遺伝情報に基づく系統樹を含めることが常識になってきた．

　このような状況下で，更なる改訂版を作成する気はないのか？と言う意見を頻繁に聞いたが，大学を去った後も，他にしたいこと，すべきことがあまりにも多く，改訂の仕事は進まなかった．その一方で写真家の前田さんは，「改訂版」発行後も相変わらず新たな版を想定しながら熱心に写真を撮り貯めており，それを聞くたびに焦ることになった．

　『日本カエル図鑑』は幸いにも世界各地の研究者の目に止まることになったが，その際に問題になったことの一つに，第一著者を研究者と見る思い違いがあった．しかし，あくまで増刷，改訂を続けただけの『日本カエル図鑑』で著者順を変更することは混乱の元と考え，そのままにしていた．今回，この問題を回避するために，著者の順序を変更した．そもそも写真集とは違うジャンルに属する本書のような書物では，美しい写真以上に書かれている内容が重要で

あり，その真偽を厳しく問われるのである．

　このような著者順の変更に加えて，写真の配列も新たにしたので，本書には『日本産カエル大鑑』と言う新しい名前を与え，『日本カエル図鑑』との差別化を図った．とは言え，これまで書かれてきた内容が根本的に変わることのあったのは，上述のような分類学的扱いの問題だけである．本文の各項目の記載については，1999年に『改訂版 日本カエル図鑑』を発行した際に参照していた知見を全て見直し，新たな文献データによる書き直しを行った．したがって，本書作成の準備にあたって，標本を収集，精査よりも多くの時間を要したのは文献の渉猟であった．全てを十分に読み込む時間はとてもなかったが，系統分類に限らず分布記録，生活史に関わる資料を中心に，保全関係まで網羅して文献表を作成し，種々の分野の読者に役立てようと考えた．こうして，これまでに空白になっていた事項の多くを埋めることができたが，まだ完全ではなく，早急に資料を蓄積したい．英文部分を極めて不十分な状態に留めざるを得ないのは紙数の都合で，『日本カエル図鑑』以来の問題であるが，本書が世界各地の両棲類愛好家にとって何らかの参考になるよう祈るものである．

　最後に書き留めておきたいのは本書の価格の問題である．『改訂版 日本カエル図鑑』発行の際には出版社にお願いして，頁数の増加にも関わらず，価格を据え置くよう無理なお願いをした．本書では更に頁数が増え，また材料費も高騰しているので，価格の高騰はやむを得ない状況にあったが，それでも極力の抑制をお願いし，聞き入れて頂いた．

平成30年7月　洛南伏見にて　松井正文

目次 CONTENTS

				図版	解説	生態

まえがき ⋯⋯⋯⋯⋯⋯⋯⋯⋯ 4

系統と分類 ⋯⋯⋯⋯⋯⋯ 8

日本のカエル ⋯⋯⋯⋯⋯ 9

形態 ⋯⋯⋯⋯⋯⋯⋯⋯ 12

外部形態各部の名称 ⋯⋯⋯ 12

核型 ⋯⋯⋯⋯⋯⋯⋯⋯ 15

種間隔離 ⋯⋯⋯⋯⋯⋯ 15

鳴き声 ⋯⋯⋯⋯⋯⋯⋯ 16

生態・自然史 ⋯⋯⋯⋯⋯ 18

個体群の危機 ⋯⋯⋯⋯⋯ 19

		図版	解説	生態
ピパ科 PIPIDAE				
アフリカツメガエル *Xenopus laevis*		20	22	216
ヒキガエル科 BUFONIDAE				
ニホンヒキガエル *Bufo japonicus japonicus*		24	28	216
アズマヒキガエル *Bufo japonicus formosus*		30	34	217
ナガレヒキガエル *Bufo torrenticola*		36	38	218
ミヤコヒキガエル *Bufo gargarizans miyakonis*		40	42	219
オオヒキガエル *Rhinella marina*		44	46	219
アマガエル科 HYLIDAE				
ニホンアマガエル *Hyla (Dryophytes) japonica*		48	50	220
ハロウエルアマガエル *Hyla (Hyla) hallowellii*		52	54	221
ヒメアマガエル科 MICROHYLIDAE				
ヒメアマガエル *Microhyla okinavensis*		56	58	221
ヌマガエル科 DICROGLOSSIDAE				
ヌマガエル *Fejervarya kawamurai*		60	62	222
サキシマヌマガエル *Fejervarya sakishimensis*		64	66	222
ナミエガエル *Limnonectes namiyei*		68	70	223
アカガエル科 RANIDAE				
ツシマアカガエル *Rana tsushimensis*		72	74	224
リュウキュウアカガエル *Rana ulma*		76	78	224
アマミアカガエル *Rana kobai*		80	82	225
タゴガエル *Rana tagoi tagoi*		84	86	226
オキタゴガエル *Rana tagoi okiensis*		88	90	227
ヤクシマタゴガエル *Rana tagoi yakushimensis*		92	94	227
ネバタゴガエル *Rana neba*		96	98	228
ナガレタゴガエル *Rana sakuraii*		100	102	228
ニホンアカガエル *Rana japonica*		104	106	229
エゾアカガエル *Rana pirica*		108	110	229

	図版	解説	生態

ヤマアカガエル ……… 112 114 230
Rana ornativentris

チョウセンヤマアカガエル ……… 116 118 230
Rana uenoi

トノサマガエル ……… 120 122 231
Pelophylax nigromaculatus

トウキョウダルマガエル ……… 124 126 232
Pelophylax porosus porosus

ナゴヤダルマガエル ……… 128 130 232
Pelophylax porosus brevipodus

ツチガエル ……… 132 134 233
Glandirana rugosa

サドガエル ……… 136 138 234
Glandirana susurra

ウシガエル ……… 140 142 234
Lithobates catesbeianus

オキナワイシカワガエル ……… 144 146 235
Odorrana ishikawae

アマミイシカワガエル ……… 148 150 236
Odorrana splendida

ハナサキガエル ……… 152 154 237
Odorrana narina

アマミハナサキガエル ……… 156 158 237
Odorrana amamiensis

オオハナサキガエル ……… 160 162 238
Odorrana supranarina

コガタハナサキガエル ……… 164 166 238
Odorrana utsunomiyaorum

ヤエヤマハラブチガエル ……… 168 170 239
Nidirana okinavana

オットンガエル ……… 172 174 240
Babina subaspera

ホルストガエル ……… 176 178 240
Babina holsti

アオガエル科　RHACOPHORIDAE

カジカガエル ……… 180 182 241
Buergeria buergeri

リュウキュウカジカガエル ……… 184 186 242
Buergeria japonica

シュレーゲルアオガエル ……… 188 190 242
Rhacophorus schlegelii

モリアオガエル ……… 192 194 243
Rhacophorus arboreus

オキナワアオガエル ……… 196 198 244
Rhacophorus viridis

アマミアオガエル ……… 200 202 244
Rhacophorus amamiensis

ヤエヤマアオガエル ……… 204 206 245
Rhacophorus owstoni

シロアゴガエル ……… 208 210 245
Polypedates leucomystax

アイフィンガーガエル ……… 212 214 246
Kurixalus eiffingeri

卵塊の形状 ……… 247

発生段階 ……… 248

参考文献 ……… 250

索引 ……… 268

謝辞 ……… 270

系統と分類
Phylogeny and classification

現生の両棲類（綱）Amphibiaにはカエル類（無尾目Anura）の他にサンショウウオ・イモリ類（有尾目Caudata），アシナシイモリ類（無足目Gymnophiona）が含まれるが，これら3群には歯に脆弱層をもつなどの共有派生形質が見られるため，平滑両棲類Lissamphibiaとして一括され，分子系統樹上でも一群をなす．その起源については不明な点が多いが，近年，無尾目と有尾目の共通祖先と考えられる二畳紀初期の*Gerobatrachus hotteni*が発見された．カエル類の化石として最古のものはマダガスカルの三畳系から出土する*Triadobatrachus massinoti*であるが，近年日本からも白亜紀前期という古い化石種*Hyogobatrachus wadai*と*Tambabatrachus kawazu*が発見されている．

カエル類の系統分類は過去30年ほどの間に大きく変化した．それは1980年代後半から，それまで直接調査することが困難だった遺伝子DNAを比較的容易に解明できるようになって分子系統学が発展したからだ．その主流は扱いの容易なミトコンドリアDNAであるが，近年は核DNAも急速に調べられつつある．加えて解明された塩基配列の解析ソフトが次々と開発され，解析機器の高性能化にも助けられて，扱う遺伝子領域も増加の一途を辿っている．

系統関係が反映されてこそ分類は妥当なものとなるが，近年の活発な系統解析の結果，新たな系統仮説が次々に生まれつつある．そして，その結果を受けて分類はかなり頻繁に変更されており，科間のような大分類から種内のような小分類まで，多くの点で安定したものとは言えない．これまでの主に形態的特徴に基づく違いではなく，遺伝的違い（遺伝距離）によって種を認定するような風潮があり，総じて，形態の情報が十分に調査されないまま，遺伝情報が主体となって記載のなされる例が増加している．

現在，カエル類の分類はアメリカ自然史博物館のDarell Frostがネット上に展開している「Amphibian Species of the World」が参考にされ，分類以外の情報はカリフォルニア大学のDavid Wakeが主催する「AmphibiaWeb」が参照されることが多い．これまでに報告されているカエル類は50科を超え7000種近い．これらの系統関係は扱う遺伝子の種類や塩基配列の長さによっても異なるが，多くの種を扱っていてよく参照されるのはPyron and Wiens (2011)である．これに従えば現生のカエル類はおよそ，原始的な群および中間程度に進化した群と，進化した群（カエル亜目）に分けられ，カエル亜目はさらに，アマガエル上科Hyloideaとアカガエル上科Ranoideaに区分される．

現生のカエル類は，地球上のほとんどすべての地域に分布しているが，分化の中心は熱帯域にある．日本産のカエル類は外来種を含めても現在，7科18属44種4亜種が知られるにすぎないが，国土の面積を考慮すれば決して多様性が低いわけではない．

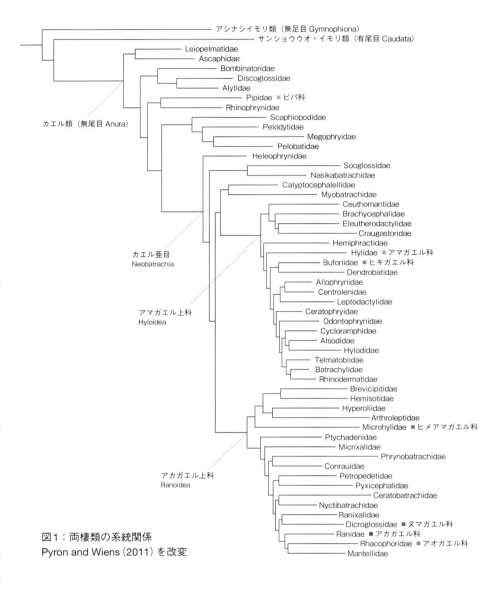

図1：両棲類の系統関係
Pyron and Wiens (2011)を改変

日本のカエル
Japanese frogs and toads

日本産のカエル類は外来種のピパ科アフリカツメガエルを除き，すべて進化程度の高い群Neobatrachiaに属し，ヒキガエル科・アマガエル科はアマガエル上科Hyloideaに，ヒメアマガエル科・ヌマガエル科・アカガエル科，アオガエル科はアカガエル上科Ranoideaに分かれる．

■ ピパ科
Pipidae Gray, 1825

アフリカ南部と南米に分布し，ほぼ完全に水生で変態後も陸上生活しない．ピパ類では卵は♀の背中の皮膚に産まれ，幼生は直接発生する．舌を欠き（無舌亜目Aglossa），体は幅広く扁平で，後肢は大きくてみずかきはひじょうによく発達する．一部を除き，後肢の趾3本には爪をもつ．瞳孔は丸く，眼瞼は動かないのがふつう．側線系をもつことがある．4属40種ほどを含み，タイプ属は*Pipa*. 日本には移入されたアフリカツメガエル1種を産する．

● ツメガエル属
Xenopus Wagler, 1827

アフリカのサハラ砂漠より南の地域と，チャド東北部のエネディ山地に分布するが，ヨーロッパ，インドネシア，北米，中米，南米に導入．タイプ種は*X. laevis*で29種を含み，日本には移入された1種を産する．

■ ヒキガエル科
Bufonidae Gray, 1825

オーストラリアやマダガスカルを除き，汎世界的に自然分布するが，オオヒキガエルは人為的にオーストラリアにも移入され定着している．上顎に歯をもたず，胸帯は弧胸型である．小－大形で皮膚は粗く，顕著な隆起（いぼ）におおわれ，眼の後ろに顕著な耳腺をもつことが多い．多くは地上性だが，水生，樹上性のものもあり，卵も通常は水中に産まれ，幼生は自由遊泳生活するが，コモチヒキガエル属は胎生である．染色体数は20-44本．

50属600種以上を含む大きな群でタイプ属はヒキガエル属*Bufo*. 日本には2属を産する．

● ヒキガエル属
Bufo Garsault, 1764

ユーラシアに分布する．染色体数は22本．原則として止水産卵性だが，アジア産には流水産卵性の種が含まれる．遺伝変異と形態変異の傾向は一致しない．タイプ種はヨーロッパヒキガエル*B. bufo*. 約17種を含み，日本には3種1亜種を産する．

● ナンベイヒキガエル属
Rhinella Fitzinger, 1826

北米南部から南米南部にかけて分布する．タイプ種は*R. proboscidea*で90種以上を含む．日本には移入された1種を産する．

■ アマガエル科
Hylidae Rafinesque, 1815

アフリカの大半を除き，すべての大陸（南極やグリーンランドを除く）に分布し，南米で適応放散し，オーストラリアでは別の科に区分されることもあるほど分化している．上顎に歯をもち，胸帯は弧胸型．体は小－大形，後肢はみずかきをもつのがふつう．指趾の先端に吸盤をもち，末端関節と亜末端関節の間に軟骨性の骨要素をもつのがふつう．樹上または地上性だが，一部は水生．繁殖場所は止水が中心だが，流水も利用され，水辺の葉に産卵するものもある．染色体数は24-52本．非常に大きな科で47属710種ほどを含み，アマガエル，コオロギガエル，ナンベイアマガエル，アベコベガエルなど7亜科に区分される．タイプ属はアマガエル亜科のアマガエル属*Hyla*. 日本にはアマガエル属のみを産する．

● アマガエル属
Hyla Laurenti, 1768

ユーラシア，北アフリカ，北米に分布する．小形で吸盤をもち，樹上性で止水に産卵する．瞳孔は水平に開き，背側線隆条はない．染色体数は24-48本．体色

は著しく変化する．東アジア産の種はベーリング陸橋を渡って北米から侵入したと推定されている．タイプ種はヨーロッパアマガエル*H. arborea*. 33種以上を含み，日本には2種を産するが，最近これらを別属にする考えがある．

■ ヒメアマガエル（ジムグリガエル）科
Microhylidae Günther, 1858 (1843)

すべての大陸の温帯・熱帯域に分布する．体は小形で，頭部は小さい．胸帯は固胸型で，要素が退化していることが多い．ふつう上顎に歯をもたず，鋤骨歯もないことが多い．口蓋部に数本の明瞭な隆条をもつのがふつう．幼生は独特の形態をもち，口器は吻端に上向きにつき，ふつう角質化した顎と小歯を欠き，噴水孔は腹面の正中線上に開く．染色体数は22-28本．地中性，地上性だが，樹上性の種もいる．タイプ属はヒメアマガエル属*Microhyla*で，650種以上が13亜科50属以上に区分される．日本にはヒメアマガエル亜科のヒメアマガエル属のみが分布する．

● ヒメアマガエル属
Microhyla Tschudi, 1838

東・東南・南アジアに分布する．小形で背側線隆条はない．趾間のみずかきは発達が極めて悪い．指趾の末端骨と亜末端骨との間に関節骨を欠く．♂の婚姻瘤はない．幼生は自由生活する．半透明で内臓が外部から見え，眼は左右が離れて頭部の側面にある．染色体数は22-26本．タイプ種は*M. achatina*で，40種以上が知られ，日本には1種のみが分布する．

■ ヌマガエル科
Dicroglossidae Anderson, 1871

アフリカからアジアの広い地域に分布する．アカガエル科中で独特の亜科ないし族とされてきたが，最近になって分子系統学的に独立の科とされた．しかし，形態ではアカガエル科と実質的に区別できない．瞳孔は菱形で赤い．タイプ属は

不明で14属200種あまりが，ヌマガエル亜科とウキガエル亜科に区分され，日本にはヌマガエル亜科の2属を産する．染色体数は22-52本．

●ヌマガエル属
Fejervarya Bolkay, 1915

東・東南アジア，ニューギニアに分布する．前肢基部と後肢基部を結ぶヌマガエル線をもつ．背面は褐色系．鼓鋤骨歯板に歯をもつ．四肢端はにぶく終わる．みずかきは後肢では発達が比較的悪く，切れ込みが深い．背側線隆条をもたず，背面と体側に不規則な隆条がならぶ．♂は咽頭部に外鳴嚢をもつ．染色体数は26本．止水産卵性．タイプ種はジャワヌマガエル *F. limnocharis* で，15種が知られ，日本には2種を産する．

●クールガエル属
Limnonectes Fitzinger, 1843

東・東南・南アジア，ニューギニアに分布する．体は頑丈で小形から，かなり大形．背面は褐色系で，ふつう♂は♀にくらべ体が大きく，頭部も大きく，下顎の左右前端が牙状に隆起する．後肢のみずかき，鼓膜，背側線隆条の状態はさまざま．染色体数は22-26本．繁殖習性もさまざまで，ふつうは止水やゆるい流水に産卵するが，地上に産卵する種，幼生を水に運ぶ種，♀の子宮内で発生する種もある．タイプ種はクールガエル *L. kuhlii* で，72種ほどが知られ，日本には1種を産する．

■ アカガエル科
Ranidae Batsch, 1796

南米の大半，オーストラリアの大部分を除き，汎世界的に分布する．胸帯は固胸型で上顎に歯をもち，指趾の末端に関節骨を欠く．幼生の肛門は体の右側に開くのがふつう．四肢端，後肢のみずかきはさまざま．タイプ属はアカガエル属 *Rana*. 主に分子系統学的解析結果に基づいて属や亜属の分類が整理され，かつてよりも縮小されたものの，26属390種以上を含む大きな科である．日本産もヌマガエル類，ナミエガエルはヌマガエル科に分けられ，オットンガエル，ハナサキガエルばかりか，トノサマガエルも独立属とされて在来種は6属23種3亜種に整

理された．加えて外来種のウシガエルが定着している．

●アカガエル属
Rana Linnaeus, 1758

ユーラシア温帯域からインドシナと北米西部に分布する．背面は褐色系で，鼓膜は黒斑でおおわれる．鋤骨歯板に歯をもち，四肢端はにぶく終わる．背面はほぼ平滑でシェブロン斑隆起が発達し，背側線隆条をもつ．染色体は22-28本．止水産卵性だが，アジア産には流水産卵性の種が含まれる．タイプ種はヨーロッパアカガエル *R. temporaria*. 49種を含み，日本には10種2亜種を産する．

●トノサマガエル属
Pelophylax Fitzinger, 1843

北アフリカ，ヨーロッパ，中近東から東アジアに分布する．背面は緑色系．上眼瞼間は上眼瞼幅より小さい．鋤骨歯板に歯をもつ．後肢は長く，四肢端はにぶく終わり，みずかきは比較的よく発達する．背側線隆条は太く，左右の隆条間と体側に不規則な隆条がならぶ．染色体数は26-39本で雑種生殖し，3倍体の個体群もある．止水産卵性．タイプ種はヨーロッパトノサマガエル *P. esculentus* で，21種を含み，日本には2種1亜種を産する．

●ツチガエル属
Glandirana Fei, Ye, et Huang, 1990

東アジアに分布する．四肢端は吸盤状にならず，背面は縦方向に走る腺性の皮膚稜で密におおわれ，幼生も体全体が腺でおおわれる．鋤骨歯板に歯をもつ．みずかきの発達はさまざま．背側線隆条をもたない．止水ないし弱い流水に産卵する．タイプ種は *G. minima*. 5種だけを含み，日本には2種を産する．

●アメリカアカガエル属
Lithobates Fitzinger, 1843

北米，中米，南米中部までに分布し，形態的には多様で，ほとんど共通点はない．止水で繁殖する．タイプ種は *L. palmipes*. 50種余りを含み，日本には外来の1種のみを産する．

●ニオイガエル属
Odorrana Fei, Ye, et Huang, 1990

東・東南アジアの渓流域に分布するアカガエル科中最大の属である．四肢端は周縁溝をそなえた吸盤になっている．体は中ないし大形で，ふつう♀は♂よりも

大型である．みずかきは後肢ではよく発達するのがふつう．後肢は長い．卵は大きく，ふつうクリーム色で流水中に産まれる．捕捉されると，異臭を放つ弱毒を分泌することが多い．タイプ種は *O. margaretae*. 約60種を含み，日本には6種を産する．

●ハラブチガエル属
Nidirana Dubois, 1992

東・東南アジアに分布し，体は小ないし中形，頑丈で，拇指は発達しない．体側の扁平な皮膚隆起は♂では明瞭．虹彩は背腹で色が異なる．産卵は水辺に掘った穴の中，または池などの水中に直接なされる．鳴き声は美しい．形態・生態・分子の特徴からバビナ属に含める考えがある．タイプ種は *N. okinavana* で，8種が知られ，日本には1種を産する．

●バビナ属
Babina Thompson, 1912

日本固有で，南西諸島に分布する．ハラブチガエル属を含むとされてきた．体は大きく頑丈で，体長の性差はほとんどない．第1指内縁に肉質袋状の拇指が発達し，しばしばその先端に小孔をもち，そこから腕状の骨が突出する．背側線隆条は隆起列で断続し，前肢基部の後背方に扁平な楕円形の皮膚隆起をそなえる．虹彩は背側が金色だが，腹側は赤みがかる．染色体数は26本．水辺の砂泥を掘って凹みとし，周囲を土手で囲んでその中に産卵する．タイプ種は *B. holsti*, 日本産の2種のみを含む．

■ アオガエル科
Rhacophoridae Hoffman, 1932 (1858)

アフリカとアジアだけに分布．上顎に歯をもち，胸帯は固胸型でアカガエル科に近縁だが，指趾端に吸盤をもち，末端関節と亜末端関節の間に軟骨性の骨要素をもつ．幼生の肛門は体の右側に開き，腹鰭の縁に接しない．染色体数は26本．通常樹上性で一部は水辺性．多くは開けた止水近くに泡状の巣に包んだ卵を産み，幼生は水中に落ちて発生するが，湿った場所で直接発生するものもある．18属420種近くを含みタイプ属はアオガエル属 *Rhacophorus*. カジカガエル亜科，アオガエル亜科の2亜科に区分され，日本に

は両者を産する．青森県にはカジカガエル，モリアオガエル，シュレーゲルアオガエルが自然分布し，この科の北限に当たる．

● **カジカガエル属**
Buergeria Tschudi, 1838

この属のみでカジカガエル亜科を形成する．本州，琉球列島，台湾，海南島に分布．体は小形ないし中形で，灰褐色．♀は♂よりも大きい．鋤骨歯板はときに退化する．みずかきは趾間に比較的よく発達するが，指間ではあっても痕跡的．背側線隆条はないが，鼓膜背側隆条は明瞭．卵を泡状の卵塊として産むことはない．リュウキュウカジカガエルの他はすべて流水産卵性．タイプ種はカジカガエル *B. buergeri*．5種を含み，日本には2種を産する．

● **アオガエル属**
Rhacophorus Kuhl et Van Hasselt, 1822

アオガエル亜科に属し，東・南・東南アジアに分布．体は中形で，♀は♂よりも大きい．鋤骨歯板に歯をもつ．指趾間にみずかきが比較的よく発達する．背側線隆条はないが，四肢外縁に弱い皮膚ひだがある．水より外にクリーム色で泡状の卵塊を産む．タイプ種はジャワトビガエル *R. reinwardtii*．90種以上を含む．日本には5種を産する．

● **シロアゴガエル属**
Polypedates Tschudi, 1838

東南アジア，南アジアに分布し，体は中等大で，♀は♂よりも著しく大きい．体は緑色にならない．鋤骨歯板に歯をそなえる．指間のみずかきの発達は悪いのがふつう．背側線隆条はなく，ふつう四肢の外縁にひだをもたない．水より外にクリーム色で泡状の卵塊を産む．タイプ種はシロアゴガエル *P. leucomystax*．20種以上を含む，日本には人為移入された1種を産する．

● **アイフィンガーガエル属**
Kurixalus Ye, Fei, et Dubois, 1999

中国，東南アジアに分布する．体は小さく，♀は♂よりもやや大きい．体色は灰褐色がふつうで，稀に緑色．吻端は多少とも尖り，著しく突出することもある．鋤骨歯板に歯をそなえることも，欠くこともある．みずかきの発達は指間で悪く，趾間でもそれほどでない．背側線隆条はないが，四肢の外縁と総排出口背面に，皮膚ひだをもつことが多い．止水繁殖性だが産卵習性はさまざま．タイプ種はアイフィンガーガエル *K. eiffingeri*．15種ほどを含む．日本には1種を産する．

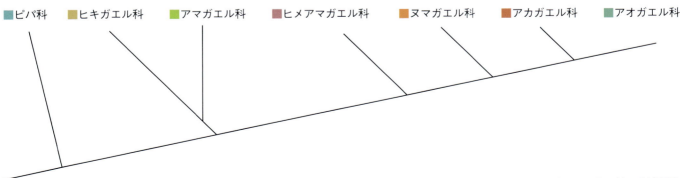

図2：日本産カエル類7科の系統関係

形態
Morphology

一般的特徴 General characteristics

カエル類の形態はかなり特殊である．明瞭な頸はなく頭と胴は連続して見え，仙前椎は5-9個しかなくて，胴は著しく短縮している．尾を欠き，仙椎よりも後ろの椎骨は癒合して尾柱を形成し，長く伸びた左右の腸骨（腰帯）の間に収まる．後肢は前肢よりずっと長く，跳躍や遊泳に用いられる．橈骨と尺骨，脛骨と腓骨はそれぞれ癒合し，足根骨は長く伸びて後肢は1関節多くなっている．眼は大きくて動かすことのできる瞼をもつのがふつうであり，鼓膜も大きくて明瞭なのがふつう．前頭骨と頭頂骨は癒合し，頭蓋には隙間の多いのがふつうである．また，サンショウウオ・イモリ類，アシナシイモリ類の場合とくらべると幼生（オタマジャクシ）と成体との形態差が極めて大きい．

日本産の各科の特徴を挙げると，ピパ科（アフリカツメガエル）以外の科は，通常は陸上で生活し，舌をもち，後肢の趾に爪はない．瞳孔は楕円形ないし菱形で瞼は動き，側線系をもたない．ヒキガエル科は大形で体は短く頑丈，足は短い．皮膚は粗くて，顕著な隆起（いぼ）におおわれ，とくに眼の後ろに顕著な耳腺をもつ．歯はない．アマガエル科は小形で腰は細く，指趾の先端に吸盤をもち，樹上性．ヒメアマガエル科は最も小形，頭は小さくて口は幅が狭い．趾間にほとんどみずかきが張らず，指趾端は明瞭な吸盤にならない．ヌマガエル科，アカガエル科は小–大形で，体は細く流線型で，頭は尖っていることが多く，後肢は長くてみずかきをもつことも，もたないこともある．アオガエル科は樹上性のものが多く，小–中形で指趾間にみずかきをもち，指趾の先端に吸盤をもつなど，外部形態にはアマガエル科との収斂が見られる．

外部形態各部の名称
External morphology

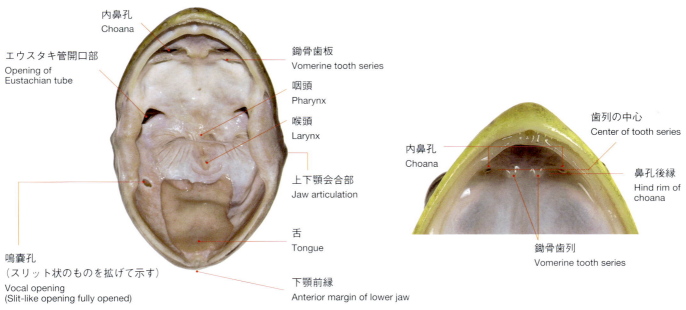

エゾアカガエル，アカガエル，シュレーゲルアオガエル，モリアオガエルなどが繁殖のために集まるし，雪解け直後の高山の湿原でもアズマヒキガエル，ニホ

ある種の♂の抱き合わせ的交雑に，どの程度の割合で産卵可能な他種の♀が含まれるのか，また，抱接が持続して交雑にまでいたるのか，それとも抱接を中断し

上とされたようであり，アズマヒキガエルとナガレヒキガエルでは分布域の一部で，またタゴガエルとネバタゴガエルとの間でも生じている可能性がある．

第3指 / 3rd finger　過剰隆起 / Supernumerary tubercle　周縁溝 / Circummarginal groove

鳴き声
Calls

　カエル類は鳴き声を用いて交信することで，サンショウウオ類・アシナシイモリ類と大きく異なる．♂ガエルが合唱する理由は単純で，繁殖のために同種の♀を呼び寄せることにある．♀は，複数種の♂の複雑な合唱と，背景の雑音の中から，同種の♂のもつ特有の音声パターンを選別するのである．

　カエル類は呼吸の際に，外鼻孔を開き口底を下げることによって，鼻孔から空気を吸い込む．こうして空気を口腔にためた後，鼻孔を閉じる．次に口底を上げると，行き場のなくなった空気は肺に送り込まれる．発声は基本的に，この呼吸と同様の方法でなされる．つまり，まず，通常の呼吸時より肺を大きく広げる．次に，肺にたまった空気を口腔に急速に移す．この際に喉頭の声帯が振動して音が生じる．こうして生じた音は，多くの種では，口腔が薄い壁になって拡がった鳴（声）嚢で強調される．鳴嚢の空気の大部分は肺に戻され，次の声を出すのに再び使われ，これが繰り返される．

　鳴嚢 vocal sac は♂だけに見られる二次性徴の一つであるが，性的に成熟した♂でも鳴嚢をもたない種もある．それらも鳴くことはできるが，それほど大きな声を出すことはできない．鳴嚢のない種には，オオヒキガエルを除くヒキガエル類，ニホンアカガエル，ツシマアカガエル，ナガレタゴガエル，サドガエルなどが含まれる．鳴嚢をもつ種でも鳴嚢の大きさや数，位置には変異があり，その存在がわかりにくいこともある．

　しかし，鳴嚢のある場合には，必ず口底に円形またはスリット状の鳴嚢孔 vocal opening が見られる．鳴嚢をおおう部分の皮膚が変形せず，鳴嚢をふくらませたときに拡がる程度の鳴嚢は内鳴嚢 internal vocal sac と呼ばれる．内鳴嚢を1つだけ，のどの下にもつ種には，ウシガエル，アオガエル類，カジカガエルなど多数の種がある．

　他方，一対の内鳴嚢を，左右の顎関節の内側にもつものには，ヤマアカガエルやタゴガエル，ナミエガエル，ハナサキガエルなどが含まれる．ツチガエルではのどの下に単一の鳴嚢をもつが，これは左右に軽く分かれており，左右が分離する型への移行形といえる．顕著な袋として体表に現れる鳴嚢は，外鳴嚢 external vocal sac と呼ばれ鳴嚢がふくらんでいない場合にも，それをおおう皮膚に皺やひだがあることで，それとわかる．

　外鳴嚢を1つだけ，のどの下にもつものの代表はアマガエル類で，対になった外鳴嚢を左右の顎関節にもつものとしては，トノサマガエル類がよく知られる．しかし内外の鳴嚢の区分は，必ずしも明瞭ではない．イシカワガエル類では，鳴嚢がふくらんでいない状態でも，その位置の皮膚に皺が見られ，外鳴嚢とみなせるが，鳴嚢そのものは，大きさや皮膚の伸び具合から，内鳴嚢をもつヤマアカガエル類との中間段階とみることができる．

鳴嚢をもたないミヤコヒキガエル
Bufo gargarizans miyakonis without a vocal sac.

内鳴嚢を1つだけもつカジカガエル
Buergeria buergeri with an internal vocal sac.

口角に一対の内鳴嚢をもつナミエガエル
Limnonectes namiyei with a pair of internal vocal sacs on corners of mouth.

のどの下に軽く左右に分かれる外鳴嚢をもつヌマガエル
Fejervarya kawamurai with an external vocal sac having a medial separation on throat.

のどの下に単一の外鳴嚢をもつハロウエルアマガエル
Hyla (Hyla) hallowellii with an external vocal sac on throat.

口角に一対の外鳴嚢をもつトウキョウダルマガエル
Pelophylax porosus porosus with a pair of external vocal sacs on corners of mouth.

鳴き声の種類 Kinds of calls

1）繁殖音（mating call）：基本的に成体の♂だけが繁殖期間中だけに発する声である．通常は多数の♂が繁殖場に集合し，この声を発し合って合唱となる．この声は同種の♀を誘引し，正常な抱接・産卵を行うために重要な機能をもつと考えられ，種に特有である．またこの声は，他の♂に正しい繁殖場を知らせ，さらに繁殖場内で，個々の♂が適当な間隔を置いて鳴くのにも役立つと思われる．種に特有と考えられることから，重要な分類形質の一つとされ，本書でもほとんどの場合，この声について解説した．

ただし，重要なことは，解除音でもそうであるが，鳴き声には個体の体の大きさ，周囲の温度などによって，かなりの変異が見られることである．本書に示されたソナグラム，また解説中の鳴き声特性の数値は，1つの例にすぎないことを断っておきたい．ことに，鳴き声を片仮名で表記してみたが，カエルの声は聞く人によってまったく違って聞こえるかも知れない．

2）なわばり音（territorial call）：鳴き合っている♂個体同士の間隔を保持するのに役立つ鳴き声．繁殖音そのもののこともあれば，異なった音を出すこともある．近くで鳴いている♂がやって来たときに出され，それを聞くとだまるか離れて行く．繁殖音と一括して広告音 advertisement call とよばれることも多い．

3）♂の解除音（release call）：多くの種では，♂は雌雄の別なく，まず抱接をし，その後雌雄の確認をする．抱かれた個体が♂であった場合，体を振動させるとともに短い声を発するが，これが解除音で繁殖音とは違ったものであることが多いが，やはり，種に特有とみなせ，同種の間では有効に働いて抱接を中止することが多い．抱接された個体が，すぐに産卵可能な♀であれば抱接が続き，産卵に移る．

4）♀の解除音（release call）：すでに産卵を終わった♀が♂に抱接された時に発する声．声を伴わず体を振動させるだけのこともある．

5）警戒音（warning call）：水辺にいるカエルが驚いて水に飛び込む時などに発せられる短い声．

6）危難音（distress call）：ヘビなどの外敵に捕まった時に口を開けたまま発する声で，仲間に逃げるように知らせる声ともいわれるが，証拠はない．

7）雨鳴き（rain call または tree call）：繁殖場から離れた場所で♂の出す声の総称．通常，降雨の前やその最中など，湿度の高い時に発せられ，とくにアマガエル類でよく聞かれる．

繁殖音の構造 Structure of mating calls

鳴き声の構造は，通常，ソナグラム（サウンドスペクトログラム）に現れた声紋で示される．ソナグラムの縦軸は周波数を，横軸は時間経過を表し，また濃淡は強弱を表す．分析方法として，周波数の解析に適するナロウバンド・フィルターと，時間特性の解析に適しているとされるワイドバンド・フィルターを用いるのが一般的だが，本書では紙面の都合上，後者を用いた場合のソナグラムのみを示した．

1）声 call：任意の時間内に連続して発せられる鳴き声で，単一のノートからなることも，複数のノートを含むこともある．
2）ノート note：一声の単位となる，一続きの要素で，単一のパルスからなることも，複数のパルスを含むこともある．
3）パルス pulse：ノートの時間要素の中に認められる最少要素．声によっては明瞭でないこともある．
4）周波数 frequency：優位周波数はソナグラム上でもっとも濃い部分．基本周波数は，明瞭なことも，ソナグラムからはほとんど判別できないこともあるが，後者の場合には倍音から推定することができる．周波数変調 frequency modulation はソナグラム上で，周波数が時間経過とともに，顕著に変化することで識別できる．

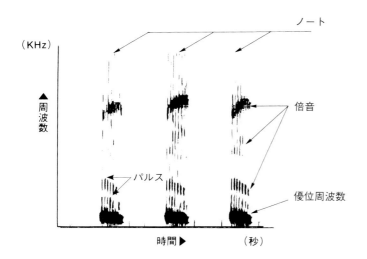
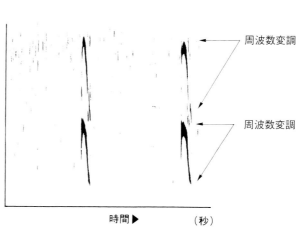

図4：鳴き声のソナグラム

生態・自然史
Ecology and natural history

棲息環境 habitat

非繁殖期のカエルの棲息場所は種によって異なり、ウシガエル、ナゴヤダルマガエル、サドガエルのように変態後も水辺近くに留まるものもあるが、多くは水から離れた場所で生活し、ヒキガエル類、タゴガエル類のように陸上、モリアオガエルのように森林の樹上を生活の中心とするものもある。カジカガエルなども非繁殖期は周囲の森林で生活する。またアフリカツメガエルは、例外的に完全に水生で、一生を水中で送る。ハナサキガエル類などは渓流に棲み、趾端は完全な吸盤状に膨らんでおり、ぬれて滑りやすい岩にへばりつくことができる。また、渓流性の幼生は、強い水流に流されてしまわれないように、口器は大きく吸盤状になっている。

外来種のウシガエルは都市部でも棲息でき、ため池、庭の池などにも棲む。シロアゴガエルなどは、温室栽培の植物や作物に隠れて移動し、棲息地を拡大している。なお、湿潤な日本には、乾燥を防ぐために地下に潜って夏眠する種や、ロウ状物質を分泌して皮膚の乾燥を防ぐような種はいない

繁殖 reproduction

日本産のカエル類のほとんどでは、水中に産み放された多数の小さな卵から孵化した幼生が自由遊泳生活を送り、アイフィンガーガエルの親が例外的に卵と幼生を保育するだけである。国外産に見られる卵からの子ガエルの直接発生などは知られていない。

繁殖期は種間で異なるが、同一種内でも地域によって大きな変異がある。そして、ある地域に限ると、カエル類は繁殖期の長さによって2群に区分される。爆発的繁殖者 explosive breeder は繁殖期が数時間から数日しかないもので、早春に繁殖するニホンアカガエルや、アズマヒキガエルが含まれるが、長期繁殖者 prolonged breeder は数ヵ月にわたって繁殖し、初夏からときに初秋にまで及ぶニホンアマガエルやウシガエルがこれに

含まれる。一般に爆発的繁殖者の♂は高密度の集団を形成し、♀を巡って争うことが多く、長期繁殖者の♂は水辺の決まった場所で鳴き、♀を誘引するのがふつうであるが、♂の密度が高くなると、鳴いている♂のそばで黙って座っていて近づいた♀を横取りするサテライト行動をとる♂が出てくる。

繁殖場所は種によって異なり、水田、池、沼地のような止水環境と、河川、渓流のような流水環境が含まれるが、樹洞の水たまり（アイフィンガーガエル）や、地上に掘った穴（オットンガエルやヤエヤマハラブチガエルなど）、水たまりの上に垂れ下がった葉や水辺近くの地面（アオガエル属、シロアゴガエル）の場合もある。水より外に産卵される卵は泡状の「巣」に入っており、孵化した幼生は水中に落ちた後、ふつうの発生を続ける。

採食 feeding

変態後はすべて肉食で他の動物を食べ、餌の動きに刺激されるのがふつうだが、オオヒキガエルは死肉のような動かない餌を食べるし、証明されてはいないが植物質を食べる可能性もある。カエルには歯があっても、餌を噛んで小さい破片にするのには役立たず、内鼻孔が塞がれないように、素早く餌を丸呑みにする必要がある。餌の種類はふつう、その大きさと得やすさで決まり、ヒメアマガエルのように口の小さな種の餌はアリ、シロアリが主であるが、通常は昆虫、クモ、ナメクジ、カタツムリのような無脊椎動物が主食となる。大きなカエルは幅が広い口をもち、ネズミ、小鳥、ヘビ、他のカエルを含む、より大きな餌に食らいつく。トノサマガエルでは、選り好みせず棲息場所周辺の得易い餌を食べること、ツチガエルは非常によくアリを食べること、ウシガエルやナミエガエルは水生の餌も食べることなどが分かっている。

大部分の幼生は成体と異なって植物質をも食べる。口器には列状のヤスリのような歯が並んでいて、これを用いて藻類や細菌などを削り取るし、水生の無脊椎

動物や、同種ないし他種の幼生をも食べる。例外的にアイフィンガーガエルは母親が産んでくれる卵を食べる。また、ヒメアマガエルやアフリカツメガエルは水を吸い込み、鰓で餌の粒子を濾過して取り込む。

天敵 enemies

カエル類はウィルスや細菌、菌類に感染するし、健康そうに見えてもほとんどの個体は体内に原生動物、扁形動物、線形動物のような多数の寄生虫 parasites を宿しており、また、しばしば環形動物（ヒル類）のような外部寄生虫が付着している。他方、カエル類は、節足動物、脊椎動物にとって重要な捕食 predation の対象となっている。

脊椎動物であるカエル類は、自然界における食物連鎖の上位に位置するとされるが、無脊椎動物によってカエル類が捕食される例は決して稀ではない。甲殻類のなかで、ザリガニはカエル類幼生の重要な天敵となるし、カニは変態した幼体を捕食する。

ゲンゴロウやタガメなど各種の肉食水生昆虫は幼生を捕食するし、成体を襲うこともある。変態したばかりのヒキガエル類の幼体はアリ、ハンミョウ幼虫の餌となる。ゴミムシのなかにはアマガエルやアカガエル類ののどに食いつき、体液を吸収して成長するものがある。クモ類はアマガエル類の幼体ばかりでなく、成体をも襲って食う。

他方、脊椎動物もカエル類自身を含め、重要な捕食者となっている。魚類では、イワナやナマズがカエルの成体を丸呑みにし、コイはアカガエル類の卵や幼生を食う。ナマズはウシガエルなどの幼生も餌の一つとしている。

両棲類では小型サンショウウオ類の一部が幼生を捕食し、イモリ類は幼生を大量に食うばかりでなく、卵塊中の卵さえ食べる。オオサンショウウオも成体のカエルを食べるので、かつてはこれを利用して釣り上げたという。オオヒキガエル、トノサマガエル、ウシガエルなどは、頻

繁に他種のカエルを食べるし，共食いもふつうに見られ，ウシガエルは変態したカエルばかりでなく，幼生をも食べる．

爬虫類の中ではヘビ類が重要な天敵の位置を占める．そのなかで，とくにシマヘビ，ヤマカガシは好んでカエル類を食い，ヤマカガシはヒキガエル類の重要な天敵となっている．マムシもまたカエル類を食い，ヒメハブやサキシマハブは，南西諸島におけるカエル類の極めて重要な天敵である．ヒバカリはアカハライモリと同様に，ヒキガエル類の幼生の群れの中に入って，これをむさぼる．鳥類にもカエル類の天敵が多く含まれる．モズ

の早にえには，各種のカエル類が含まれる．サギ類やトビは，水田や河川のカエル類の重要な天敵となっているし，カラスは毒腺をもったヒキガエル類をひっくり返して腹を裂き，内臓や筋肉を食べる．

哺乳類では，キツネやタヌキ，イタチ類はカエル類を襲うし，外来種のアライグマはカエル類を食べるのでなくとも，捕殺することがある．またサルもカエル類を食べ，タヌキはヒキガエルの卵を食べるといわれる．人間も天敵の一種に数えることができよう．ウシガエルは，別名を食用ガエルとされるが，かつての南西列島における食用ガエルは，ナミエガ

エル，オットンガエル，ホルストガエルなどであった．また，地域によってはヒキガエルを沢兎と呼んで食べ，戦後の食料不足時には乱獲したので，個体群が激減したこともある．ニホンアカガエル・ヤマアカガエルは古くから，薬用・食用とされていた．捕食ではないが，カエル類にとって脅威となっているのは農薬で，多数の幼生が犠牲となってきた．また，近年増大してきたのは自動車による交通事故で，繁殖期に多数の成体が犠牲となるため，カエル類の個体群に計り知れない悪影響を及ぼしている．

個体群の危機
Population crisis

カエル類は一般に繁殖と幼生段階を過ごすために汚染されていない水環境を必要とし，変態後の生活のために餌と隠れ家のある陸環境とを必要とする．このため，安定した生活には，水陸両方の環境が保全される必要がある．1980年代末から世界的に両棲類の危機が問題とされ，数種のカエルが絶滅し，多くの種で一部の絶滅や数の激減が報告された．その原因の多くは人間活動に帰することができるが，自然環境が保存されている地域での絶滅は原因がつかめていない．これまで，酸性雨，紫外線放射，ツボカビ，ラナウィルスなどが問題とされ，日本でも一時，ツボカビが脅威とされたが，調査の結果日本産のカエル類はこの菌への耐性が強いことが報告されている．日本の場合，人間活動がカエル類存続への最大の脅威であることに間違いなく，まだ完全に絶滅した種は知られていないものの，今後，何種かが絶滅してしまう可能性はある．

環境省は野生生物を以下のように区分して，そうした危機を防ごうとしている．まず絶滅種として絶滅（EX）：我が国ではすでに絶滅したと考えられる種と，野生絶滅（EW）：飼育・栽培下あるいは自

然分布域の明らかに外側で野生化した状態でのみ存続している種を区分しているが，カエル類にはこれらに相当するものはない．

次に絶滅のおそれのある種（絶滅危惧種）として，絶滅危惧 I 類（CR+EN）：絶滅の危機に瀕している種があり，これには絶滅危惧IA類（CR）：ごく近い将来における野生での絶滅の危険性が極めて高いものと絶滅危惧IB類（EN）：IA類ほどではないが，近い将来における野生での絶滅の危険性が高いものが含まれる．加えて絶滅危惧 II 類（VU）：絶滅の危険が増大している種，準絶滅危惧（NT）：現時点での絶滅危険度は小さいが，棲息条件の変化によっては「絶滅危惧」に移行する可能性のある種が設定されている．さらに，情報不足（DD）：評価するだけの情報が不足している種と，絶滅のおそれのある地域個体群（LP）：地域的に孤立している個体群で，絶滅のおそれが高いものとがある．それぞれの種の解説中にこれらの中の該当するランクを示してある．

次に，絶滅危惧種に大きな影響を及ぼす外来種は，環境省によって特定外来種としてオオヒキガエル，ウシガエル，シ

ロアゴガエルが指定されていたが，その後，農林水産省は環境省と協力して生態系被害防止外来種を指定し，緊急対策外来種にオオヒキガエル，重点対策外来種にウシガエルとシロアゴガエル，その他の総合対策外来種にアフリカツメガエルを含め，さらに国内由来の外来種のうち，重点対策外来種に伊豆諸島などのアズマヒキガエル，関東以北及び島に侵入したヌマガエルを挙げている．

人間活動の活発化は多分，気候温暖化とも相まって大量の国内外来種を生じさせており，特に北海道（アズマヒキガエル，トノサマガエル，トウキョウダルマガエル，ツチガエルなど）と，島嶼部（ニホンアマガエル，ニホンアカガエル，トノサマガエル，ツチガエル，ヌマガエル，モリアオガエル，ヒメアマガエルなど）で著しい．ヌマガエルは過去30年余りの間に関東地方に侵入，北上したが，その原因は不明である．

ピパ科

アフリカツメガエル *Xenopus laevis* (Daudin, 1802)

飼育個体♂（×1.0）
A captive-bred male.

和歌山県田辺市産♀（×1.0）
A female from Wakayama Pref.

飼育個体アルビノ♂（×1.0）
A captive-bred albino male.

♀総排出腔開口部
Posterior thigh showing protruded cloaca.

飼育個体♂背面
Dorsal view of a captive-bred male.

和歌山県産♀背面
Dorsal view of a female from Wakayama Pref.

♂前肢腹面
Ventral view of hand in male.

♀前肢腹面
Ventral view of hand in female.

飼育個体♂腹面
Ventral view of a captive-bred male.

和歌山県産♀腹面
Ventral view of a female from Wakayama Pref.

♂後肢腹面
Ventral view of foot in male.

♀後肢腹面
Ventral view of foot in female.

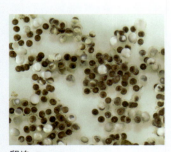
卵塊 Egg mass.

幼生前面
Frontal view of larva.

幼生背面（×1.2） Dorsal view of larva.

幼生側面 Lateral view of larva.

変態後幼体（×2.5）
A froglet just after metamorphosis.

幼生腹面 Ventral view of larva.

PIPIDAE 21

アフリカツメガエル *Xenopus laevis* (Daudin, 1802)

ピパ科

分布：本州（千葉県，静岡県，和歌山県），淡路島に定着（すべて人為移入）．原産地はアフリカのサハラ砂漠より南．
保全：環境省の要注意外来生物．環境省・農林水産省の生態系被害防止外来種（総合対策外来種）．

医療用，ペット，実験モデル動物として広く一般に知られている，水生の原始的なカエル．世界各地に人為移入され，野外に逸出したものが定着・繁殖している．

記載：成体の体長は♂で54-78（平均70）mm，♀で60-96（平均76）mm．体は背腹方向に扁平で頑丈．頭は小さく長さより幅が大で，頭幅は♂で体長の36％，♀で33％ほど．吻は背面観では円く終わり，側面観では円く突出している．眼鼻線を欠く．頬部は斜行し，やや膨らむ．吻長は眼長より大きく，眼前角間よりも小さい．外鼻孔は非常に大きく背面を向き，吻端よりも，やや眼の前端近くにある．上眼瞼はほとんど発達しない．左右両眼の間は膨らみ，その間隔は痕跡的な上眼瞼の幅よりはるかに大きい．左右の外鼻孔の間隔は眼からの距離より大きく，両眼の間隔よりはるかに小さい．眼はほとんど突出せず，瞳孔は円い．眼の外側縁に極めて小さな触手をもつ．鼓膜をもたず，歯は上顎にしかない．舌をもたない．

　手腕長は♂で体長の44％，♀で37％ほどである．後肢は短いが非常に頑丈で，脛長は♂で体長の44％，♀で41％ほど．前肢指端は尖る．指は長く指式はふつう1<2<4<3だがどれもほぼ同長．内掌隆起，外掌隆起，関節下隆起をすべて欠く．後肢趾端はにぶく終わるが，第1趾から第3趾では黒い角質の爪をもつ．趾間のみずかきは発達が良く，切れこみはない．みずかきの幅広く発達する部分は，第1趾から第3趾では爪の基部，第4，5趾では，趾端に達する．内蹠隆起は長楕円形で弱く隆起し，外蹠隆起を欠く．後肢を体軸に沿って前方にのばしたとき，脛跗関節は前肢基部に達する程度．後肢を体軸と直角にのばして膝関節を折り曲げると，左右の脛跗関節は大きく離れる．

　背表の皮膚はほぼ平滑で微細な顆粒を散布するだけだが，顕著な側線系をもつ．背側で側線系をなす隆起は，両眼間の前寄りにある短い隆起と，眼の周囲で内外方向に向いたやや長い隆起に始まる．眼の後ろでは前後方向に長い隆起と，その腹側の背腹方向に長い隆起が集まり，2方向に分かれる．1つは前後方向に長い隆起の列で，肩の内側で終わる．もう1つは，前後方向の隆起と，腹側の背腹方向の隆起の列で，前肢基部背側から体側，後肢基部背側を経て総排出腔の背面で左右が会合する．腹面は平滑だが，側線系をなす隆起は，下顎の内縁に沿う列，前肢の基部を取り囲む列，左右の前肢基部を結ぶ列，後肢基部前縁の列，それらが基部で会合した正中部の列をなす．跗部内縁に弱い皮膚稜をもつことがある．

二次性徴：♀は♂よりも大型．♂は鳴嚢も鳴嚢孔ももたない．繁殖期の♂の婚姻瘤は黒色の微細な棘状突起からなり，前肢基部腹側に始まり，前腕の内側をおおって第1指内側に続く．また第2，3指の内側を指端近くまでおおう．前腕部の太さに雌雄差はない．♀の総排出腔は筒状に突出している．

卵・幼生：蔵卵数は500-3,000個以上（飼育下では最大30,000個という）で，卵径は1.0-1.3mmほど．動物極は黒色．幼生は成長すると全長67mmほどになる（飼育下では80mmに達するという）．体は半透明で内臓が外部から見え，頭部は大きく胴部とほぼ同幅．眼は左右が離れて頭部の側面にあり，噴水孔は2つあり，腹部の左右に離れて開口する．口器は前方をむいて開き，角質の嘴や歯列をもたず，口角に1対のひげをもつ．尾は長くて丈が低く，先端は細い鞭状に終わる．変態時の体長は16-24mmほど．

核型：染色体数は36本で，大型対，小型対は明瞭に区別できない．第2，6，8，9対が次中部動原体型，第4，11，12，14，16，17対が次端部動原体型で，他は中部動原体型である．二次狭窄は認められない．

鳴き声：ギュー・ギュー・ギューリ・ギューリ・と聞こえる繁殖音を，水中で泳ぎながら発する．1声は8秒以上続き，10ノート以上からなる．ノート持続時間は長く，0.7秒ほどで，ほぼ連続的に繰り返される．優位周波数は2kHzほどで，周波数変調は認められないが，倍音は明瞭．♀も♂の繁殖音に反応して鳴き，♂を受容する場合と拒否する場合で違った声を発する．

生態：低地に棲息し，完全に水生．野外での繁殖期は不明だが，寒季を除き周年と思われる．繁殖はため池，湿地などの止水と，その周辺のゆるく流れる溝や水路でなされる．飼育下での抱接は夜間に行われることが多く，♂は♀の腰部を抱く．卵は1粒ずつ，または不規則な形の小卵塊として，水中の植物や石に産みつけられる．幼生は極めて速やかに発生し，1日半ほどで孵化する．幼生は口角にナマズのものに似た長いひげをもち，頭を下方に向けて泳ぐ．水深のある中層で群れをなして，植物プランクトンを食べる．幼生期間は飼育下では1.5-2か月である．変態期は不定だが7月を含む．ふつう1歳から2歳で性的に成熟する．変態後にはガムシ，ゲンゴロウ類，ヤゴなどの水生昆虫，巻貝，ケラ，ドジョウ，ミミズ，魚類などを食べる．ある程度の低温耐性があり，水が凍結しなければ越冬できる．原産地では，乾季には泥中で夏眠し，雨季に産卵するという．日本には1954年に初めて輸入され江ノ島水族館で飼育されたという．野外への定着時期は不明だが，1990年代末から各地で見つかっている．両棲類絶滅の一因とされるカエルツボカビの媒介者と言われる．

分類：属名*Xenopus*は「異様な足」，種小名は「滑らかな」の意味．タイプ産地は不明で，タイプ標本はパリ自然史博物館にあるとされたが，現在，行方不明である．2倍体で36本という染色体数は，同属他種の基本数であり，本種と近縁種の共通祖先で4倍体化が生じたことを示す．かつて*X. petersii*，*X. victorianus*は本種の亜種とされていたが，鳴き声がまるで違う．

African Clawed Frog (Platanna)
Africa-Tsume-Gaeru
Xenopus laevis (Daudin, 1802)

Distribution: Honshu (Chiba, Shizuoka, and Wakayama) and Awajishima Is. All artificially introduced. Originally distributed in temperate regions of southern and western Africa, but introduced into Europe, Asia, and North to South America.

Description: Males 54-78 (mean=70) mm and females 60-96 (mean=76) mm in SVL. Body depressed and robust. Head small, wider than long width 36 % of SVL in males and 33 % in females. Canthus blunt, lore slightly convex. Snout longer than eye. Nostril large, slightly nearer to eye than to tip of snout. Upper eyelid nearly absent. Eye poorly protruded, with very small tentacle laterally. Internarial wider than distance from eye and much narrower than interorbital. Tympanum absent. Hand and arm length 44 % of SVL in males and 37 % in females. Tibia length 44 % of SVL in males and 41 % in females. Tips of fingers pointed. Tips of toes blunt, but with black claws on first to third ones. Webs very well developed, broad web reaching tip on 4th toe. Inner metatarsal tubercle elliptical, but weak, and outer one absent. Tibio-tarsal articulation reaching at most base of forelimb. Skin of back nearly smooth but with conspicuous lateral line systems. No vocal sac or vocal opening in males. Nuptial pads in males black from ventral base of forelimb to first 3 fingers. Female cloacal papilla projected.

Eggs and larvae: Eggs laid scatteredly or attached to weeds in small clumps. Matured ova in a clutch 500-3,000, dark brown in animal hemisphere and 1.0-1.3 mm in diameter. Matured larvae large, 67 mm in total length, with semi-transparent body, two ventrolateral spiracles, a pair of barbels at corners of mouth, whose terminal slit-like, without horny beaks or dental raws. SVL at metamorphosis 16-24 mm.

Karyotype: Diploid chromosome 2n=36, large and small pairs not clearly divisible.

Call: Mating call lasting over 8 sec with more than 10 notes. Dominant frequency 2 kHz, without frequency modulation but with clear harmonics.

Natural History: Lives on lowlands and completely aquatic. Breeding season unknown, but probably all year round except for cold months in still water in pools, marshes, and ditches. Sexually mature in the following year of metamorphosis, or one year later. Feeds on aquatic animals such as earthworms, larval Odonata, Coleoptera, snails, and fishes. Overwinters in the water, if not frozen.

Taxonomy: Type locality unknown. Artificially introduced into Japan, but their origins not well documented. Differentiation among Japanese populations unknown. *Xenopus petersii* and *X. victorianus*, once considered subspecies of *X. laevis*, have very different acoustic traits, but produce normal hybrids. The chromosome number 2n=36 is basic to several congeneric species and may reflect ancient tetraploidy.

Note: Controlled as Comprehensive Measures Alien Species.

核型 Karyotype

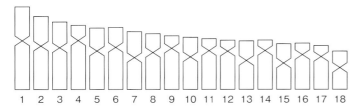

声紋 Sonagram

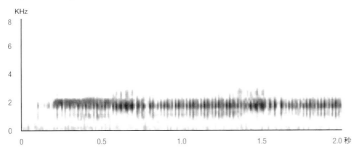

PIPIDAE

ニホンヒキガエル *Bufo japonicus japonicus* Temminck et Schlegel, 1838

ヒキガエル科

長崎県長崎市産♂（×1.0）
A male from Nagasaki Pref.

長崎県長崎市産♀（×1.0）
A female from Nagasaki Pref.

長崎県産♂背面
Dorsal view of a male from Nagasaki Pref.

長崎県産♀背面
Dorsal view of a female from Nagasaki Pref.

♂前肢背面
Dorsal view of hand in male.

♂前肢腹面
Ventral view of hand in male.

♀前肢腹面
Ventral view of hand in female.

長崎県産♂腹面
Ventral view of a male from Nagasaki Pref.

長崎県産♀腹面
Ventral view of a female from Nagasaki Pref.

♂後肢腹面
Ventral view of foot in male.

♀後肢腹面
Ventral view of foot in female.

卵塊 Egg mass.

幼生前面
Frontal view of larva.

幼生背面（×2.5） Dorsal view of larva.

幼生側面 Lateral view of larva.

変態後幼体（×5.0）
A toadlet just after metamorphosis.

幼生腹面 Ventral view of larva.

BUFONIDAE 25

ヒキガエル科

ニホンヒキガエル　*Bufo japonicus japonicus* Temminck et Schlegel, 1838

鹿児島県屋久島産♂（×1.0）
A male from Yakushima Is., Kagoshima Pref.

鹿児島県屋久島産♀（×1.0）
A female from Yakushima Is., Kagoshima Pref.

高知県北川村産♂ (×1.0)
A male from Kochi Pref.

高知県北川村産♀ (×1.0)
A female from Kochi Pref.

BUFONIDAE

ニホンヒキガエル *Bufo japonicus japonicus* Temminck et Schlegel, 1838

分布：本州の近畿より西南部, 四国, 九州, 壱岐, 五島列島, 屋久島, 種子島. 東京, 仙台, 金沢などの都市部には人為移入.

ガマガエルの一般名で知られる大型のカエル. 全身にいぼ状隆起をもち, とくに鼓膜の後ろにある耳腺と呼ばれる隆起は大きく, 毒液を分泌する. 東北日本に分布するアズマヒキガエルの基亜種とされるが, 遺伝的に大きく異なり. その内部にも遺伝的に大きな分化が見られる.

記載：成体の体長は♂で80-163（平均113）mm, ♀で84-176（平均139）mm. 体は大きく, 頭丈で太い. 頭は大きく, 長さより幅が大で, 頭幅は♂で体長の37 %, ♀で39 %ほど. 頭部は背面観ではにぶく終わる. 吻は側面観では裁断状または円く突出している. 眼鼻線は明瞭. 頬部は強く傾斜することが多く, 浅く凹む. 吻長は上眼瞼長および眼前角間よりも小さいことが多い. 外鼻孔は, 吻端と眼の前端との中央ないし, 吻端寄りにある. 左右の上眼瞼の間は顕著に凹み, その間隔は上眼瞼の幅よりずっと大きい. 左右の外鼻孔の間隔は眼からの距離より小さく, 上眼瞼間の間隔よりずっと小さい. 鼓膜は円形または楕円形で明瞭. その長径は通常体長の6 %未満で, 眼からの距離とほぼ等しいことが多い. 歯をまったくもたない.

　手腕長は体長の50 %ほど. 脛長は♂で体長の37 %, ♀で35 %ほど. 前肢指端はにぶく終わる. 指式は2<4<1<3. 内掌隆起は短楕円形で明瞭. 外掌隆起はそれより大きくほぼ円形でやや扁平. 関節下隆起はしばしば二分している. 後肢趾端もにぶく終わる. 趾間のみずかきは発達が悪く, 切れこみは深い. みずかきの幅広く発達する部分は, 第1趾と第2趾の外縁で1-2関節, 第3趾の外縁と第5趾の内縁で2関節, 第4趾では内外縁とも3.5関節をそれぞれ残すのがふつう. 内蹠隆起は楕円形で著しく隆起し, 外蹠隆起はそれより小さいが明瞭に隆起する. 後肢を体軸に沿って前方にのばしたとき, ♂の一部には脛跗関節が耳腺の前半部に達するものがあるが, 通常は耳腺の中位に達しない. 後肢を体軸と直角にのばして膝関節を折り曲げると, 左右の脛跗関節は接しない.

　背表の皮膚はさまざまな大きさの隆起でおおわれているが, 頭部には大型の隆起をもたない. 耳腺は大きく長さは体長の20 %, 幅が7 %ほど. 中等大の隆起列が耳腺の後縁から後肢基部に走るのがふつう. 腹面は荒い顆粒におおわれる. 上唇縁後部に数個の隆起をもつ. 跗部内縁に跗稜をもたない.

二次性徴：♀は♂よりも明らかに大型で, その傾向は南にむかうほど強くなる. ♀は♂よりも頭幅の比率が大きく, 逆に♂は♀よりも四肢の比率が大きい. ♂も鳴嚢をもたず, 鳴嚢孔もない. ♂の婚姻瘤は黒色の顆粒からなり, 前肢第1指で, 手掌部基部から関節下隆起の水準まで, 背面から内面にかけての卵形の部分をおおい, 第2指と, しばしば第3指の内側背面をもおおう. ♂は♀よりも前腕部が頑強で, 吻が突出することが多い. ♂の背面の隆起は, 繁殖期でもそれほど不明瞭とならない.

卵・幼生：蔵卵数は2,800-14,000個で, 卵径は2.0-2.5 mm. 動物極は黒色. 幼生は通常, 全長35 mmほどだが, 40 mmを超えることもある. 体は黒1色で斑紋をもたない. 尾は中程度の長さで口器は小さい. 歯式は1:1+1/3. 変態時の体長は10 mm前後である.

核型：染色体数は22本で, 大型6対, 小型5対からなる. 大型対のうち第4対, 小型対では第9対が次中部動原体型で, 他は中部動原体型である. 二次狭窄は第6対の長腕にある.

鳴き声：クックックッ……と聞こえる. 0.07秒と短いノートが約0.3秒の間隔をおいて繰り返される. 優位周波数は0.8 kHzで周波数変調が認められ, 倍音も明瞭.

生態：棲息地の高度は広く, 海岸近くから1,900 mの高山におよぶさまざまな環境に棲息するが, 近畿地方などアズマヒキガエルへの移行域では, 本亜種は平地に見られるのがふつう. 繁殖期は地域によって異なり, 屋久島では9月に始まり, 四国の高地などでは5月以降におよぶ. 1産卵場での繁殖期間は長いこともあり, 何度かに分かれることもある. 繁殖は山道の水たまり, 溝, 湿地, 湖, 池, 湿原, 河岸の巨石上の水たまりなどの止水でなされる. 長い紐状の卵塊は20 m以上におよび, 浅い水底に産み放されるか, 水草などに巻きつけられて, 通常, 水深30 cm以内にある. 繁殖期の水温は10-25 ℃ほどである. ♀を待つ♂は岸辺近くを歩き回ったり, 水に半身つかったりしながら鳴いている. 繁殖期の性比は不均衡で, ♂は♀の数倍になるため♀の奪い合いが展開されるが, アズマヒキガエルのような大集団をつくらないことが多く, それほど顕著ではない. 変態期は産卵期に応じて変異が見られ, 秋から冬に産卵された卵から孵化した幼生は, 越冬して翌春に変態する. 変態後の成長は極めて速い. 通常♂は翌年（1歳）の秋に性成熟し, ♀は1年遅れる. 変態直後には, 落ち葉の間でトビムシなどの微小な昆虫を食べ, 次第に大きな餌もとるようになって, 成体ではミミズ, 鞘翅類（とくにオサムシなど地表性の甲虫）, アリ, サワガニなどをよく食べる. 冬眠は地中で行われる.

分類：属名*Bufo*は「ヒキガエル」, 種小名は「日本産の」の意味. タイプ産地は日本であることしかわかっていないが, たぶん九州（長崎県）と思われる. タイプ標本はオランダ王立博物館（現ナチュラリス生物多様性センター）に保管されている. ニホンヒキガエルはかつて, ヨーロッパヒキガエル*B. bufo* Linnaeus, 1758の亜種とされてきたが, 両者を実験的に交配すると, 子孫の妊性には異常が発生するため, 日本産は独立種であることが確定した. 形態的に西南日本産のニホンヒキガエルと, 東北日本産のアズマヒキガエルとは, 鼓膜の相対的な大きさに差がある程度しか違わないため2亜種とされてきた. しかし, 両者は分子系統学的には別種とみなせる

ほど大きく異なる．さらに，ニホンヒキガエルはナガレヒキガエルと一群をなし，その内部で九州・屋久島産個体群，それ以外（近畿，中国，四国）の個体群，ナガレヒキガエルが3分岐する．したがって今後の研究によっては，ニホンヒキガエルは九州・屋久島産個体群で，それ以外の個体群は別種となる可能性がある．しかし，これらを形態的に明瞭に区別することは難しい．

核型 Karyotype

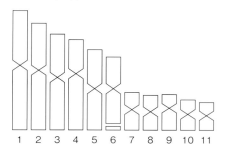

声紋 Sonagram

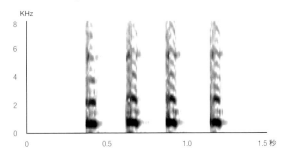

Western-Japanese Common Toad
Nihon-Hiki-Gaeru
Bufo japonicus japonicus Temminck et Schlegel, 1838

Distribution: From Kinki District of southwestern Honshu through Chugoku, Shikoku, and Kyushu to Osumi Is. Artificially introduced into northeastern Japan.

Description: Males 80-163 (mean = 113) mm and females 84-176 (mean = 139) mm in SVL. Body large and robust. Head width 37 % of SVL in males and 39 % in females, wider than long. Canthus sharp, lore slightly concave. Snout nearly equal to eye. Nostril nearer to tip of snout or midway between it and eye. Interorbital wider than upper eyelid. Internarial shorter than distance from eye and much narrower than interorbital. Tympanum circular and distinct, diameter smaller than 6 % SVL, nearly equal to distance from eye. No teeth on jaws. Hand and arm length 50 % of SVL. Tibia length 37 % of SVL in males and 35 % in females. Tips of fingers and toes blunt. Webs poorly developed, broad web at most not reaching middle subarticular tubercle on 4th toe. Inner and outer metatarsal tubercles oval. Tibiotarsal articulation at most reaching anterior half of parotoid gland. Skin of back with numerous warts, except on head, usually even in breeding males. Parotoid gland long, about 20 % SVL. A row of warts dorsolaterally. Males without vocal sac or vocal opening, but with black nuptial pads on first 3 fingers.

Eggs and larvae: Laid in long string-like mass with 2,800-14,000 eggs, dark brown in animal hemisphere and 2.0-2.5 mm in diameter. Matured larva sometimes reaching 40 mm in total length, with wholly dark body, and dental formula 1:1+1/3. SVL at metamorphosis about 10 mm.

Karyotype: Diploid chromosome 2n = 22, with 6 large and 5 small pairs.

Call: A series of notes each emitted at an interval of 0.3 sec and lasting 0.07 sec. Dominant frequency 0.8 kHz with frequency modulation and clear harmonics.

Natural History: Lives from sea level to high mountains. Breeding in still water in road side ditches, lakes, marshes, and small pools. Breeding season from October to May, but sometimes prolonged, resulting in the occurrence of various stages of eggs and larvae in one site. Larvae hatched in late autumn or in winter metamorphose the following spring. Feeds on terrestrial animals such as earthworms, Coleoptera, especially ground beetles, ants, and crabs.

Taxonomy: Type locality is Japan, probably Nagasaki. Long regarded as a subspecies of European *B. bufo*, but representing a good species, since artificially produced hybrids are sterile. Morphologically very similar to *B. j. formosus*, but genetically so different as to be regarded as heterospecific. Phylogenetically forming a clade with *B. torrenticola*, in which Kyushu and Yakushima populations split from the remaining ones from Honshu and Shikoku with large genetic distances. In future taxonomic revision, populations from Honshu and Shikoku would be split from *B. japonicus* as a distinct species.

アズマヒキガエル *Bufo japonicus formosus* Boulenger, 1883

神奈川県横浜市産♂（×1.0）
A male from Kanagawa Pref.

神奈川県横浜市産♀（×1.0）
A female from Kanagawa Pref.

神奈川県産♂背面
Dorsal view of a male from Kanagawa Pref.

神奈川県産♀背面
Dorsal view of a female from Kanagawa Pref.

♂前肢腹面
Ventral view of hand in male.

♀前肢腹面
Ventral view of hand in female.

神奈川県産♂腹面
Ventral view of a male from Kanagawa Pref.

神奈川県産♀腹面
Ventral view of a female from Kanagawa Pref.

♂後肢腹面
Ventral view of foot in male.

♀後肢腹面
Ventral view of foot in female.

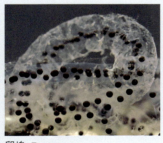
卵塊 Egg mass.

幼生前面
Frontal view of larva.

幼生背面（×3.0） Dorsal view of larva.

幼生側面 Lateral view of larva.

変態後幼体（×7.0）
A toadlet just after metamorphosis.

幼生腹面 Ventral view of larva.

BUFONIDAE

アズマヒキガエル *Bufo japonicus formosus* Boulenger, 1883

秋田県にかほ市産♂（×1.0）
A male from Akita Pref.

秋田県にかほ市産♀（×1.0）
A female from Akita Pref.

北海道函館市産♂（×1.0）
A male from Hokkaido Pref.

北海道函館市産♀（×1.0）
A female from Hokkaido Pref.

栃木県日光市産♂(×1.0)
A male from Tochigi Pref.

栃木県日光市産♀(×1.0)
A female from Tochigi Pref.

秋田県産♂背面
Dorsal view of a male from Akita Pref.

秋田県産♀背面
Dorsal view of a female from Akita Pref.

秋田県産♂前肢腹面
Ventral view of hand
in male from Akita Pref.

栃木県産♂前肢腹面
Ventral view of hand
in male from Tochigi Pref.

秋田県産♂腹面
Ventral view of a male from Akita Pref.

秋田県産♀腹面
Ventral view of a female from Akita Pref.

秋田県産♂後肢腹面
Ventral view of foot
in male from Akita Pref.

栃木県産♂後肢腹面
Ventral view of foot
in male from Tochigi Pref.

BUFONIDAE　33

アズマヒキガエル *Bufo japonicus formosus* Boulenger, 1883

分布：北海道南部（函館，たぶん人為移入），本州東北部（近畿まで）．北海道各地（旭川，室蘭など），佐渡島，伊豆諸島（大島，新島，三宅島）などに人為移入．

ニホンヒキガエルの東北日本産亜種とされ，形態差は鼓膜がより大きい程度だけだが，遺伝的には別種と認められるほど大きく分化し，その内部でも大きな遺伝的分化が見られる．

記載：成体の体長は♂で43-161（平均121）mm，♀で53-162（平均126）mmで，♀は♂よりもやや大型．体は太く頑丈．頭は大きく長さより幅が大で，頭幅は♂で体長の36％，♀で38％ほど．吻は背面観ではにぶく終わるが，♂ではやや尖っていることが多い．吻の側面観は，♀で裁断状または円く突出し，♂ではゆるく傾斜している．眼鼻線は明瞭．頬部は垂直に近いことも，ゆるく傾斜することもあるが，浅く凹む．吻長は，♀では上眼瞼長および眼前角間よりもずっと小さいが，♂では前者より大きく後者とほぼ等しい．外鼻孔は，♀では吻端近く，♂では吻端と眼の前端とのほぼ中央にあることが多い．左右の上眼瞼の間は顕著に凹み，その間隔は上眼瞼の幅より大きい．左右の外鼻孔の間隔は眼からの距離より小さく，上眼瞼間の間隔よりずっと小さい．鼓膜は円形または楕円形で明瞭．その長径は，通常体長の6％以上で，眼からの距離の2倍以上あることが多い．歯をまったくもたない．

手腕長は体長の49％ほどである．後肢は短く，脛長は♂で体長の37％，♀で35％ほど．前肢指端はにぶく終わる．指式は1<2<4<3．内掌隆起は卵形で明瞭，外掌隆起はそれより大きい卵形でやや扁平．関節下隆起はしばしば二分する．後肢趾端もにぶく終わる．趾間のみずかきは厚くて発達が悪く，切れこみは深い．みずかきの幅広く発達する部分は，第1趾と第2趾の外縁で1関節，第3趾の外縁と第5趾の内縁で2関節を残し，第4趾では発達のよい場合でも外縁で3関節を残し，♂の内縁と♀の内外縁では，中位関節下隆起に達しないことが多い．内蹠隆起は楕円形で著しく隆起し，外蹠隆起はそれよりやや小さい卵形でよく隆起する．後肢を体軸に沿って前方にのばしたとき，脛跗関節は♂の一部で耳腺の前半に達する程度で，雌雄とも耳腺の中位より後方にとどまることが多い．後肢を体軸と直角にのばして膝関節を折り曲げると，左右の脛跗関節は接しない．

背表の皮膚はさまざまな大きさの隆起でおおわれているが，頭部背面にはきわだった隆起をもたない．耳腺は大きく細長く，長さは体長の22％，幅が7％ほど．中等大の隆起列が耳腺の後縁から後肢基部に走る．腹面はやや荒い顆粒におおわれる．上唇縁後部に数個の隆起をもつ．跗部の内縁には皮膚稜が生じない．

二次性徴：♀は♂よりも頭幅の比率が大きく，後肢の比率が小さい．♂は鳴嚢も鳴嚢孔ももたない．♂の婚姻瘤は黒色の顆粒からなり，前肢第1指で内掌隆起と，その遠位端から末端節の水準までの背内側をおおい，第2指と，しばしば第3指でも内側背面をおおう．♂は♀よりも前腕部が頑強で，吻が突出し，繁殖期には隆起がニホンヒキガエルの場合よりず

っと不明瞭になり，皮膚は著しく平滑となる．

卵・幼生：蔵卵数は640-8,000個で，卵径は1.8-2.7 mmほど．動物極は黒色．幼生は小型で，成長しても全長30 mmほどにしかならない．体は黒1色で斑紋をもたない．尾は中程度の長さで口器は小さい．歯式は1:1+1/3，まれに1:1+1/1+1:2．変態時には非常に小さく，体長は6-8 mmほどにすぎない．

核型：染色体数は22本で，大型6対，小型5対からなる．大型対のうち第4対，小型対では第9対のみが次中部動原体型で，他は中部動原体型である．二次狭窄は第6対の長腕にある．

鳴き声：ニホンヒキガエルとほぼ同様．1ノートは約0.2秒の間隔をおいて発せられ，約0.07秒続く．通常優位周波数は0.65 kHzほどで，弱い周波数変調が認められ，倍音も明瞭．

生態：標高0 m近くの海岸から，2,500 mの高山におよぶさまざまな環境に棲息する．繁殖期は地域によって異なり2-7月におよぶが1繁殖場所では1週間以内に終わる．繁殖生態はニホンヒキガエルの場合と基本的に同じだが，高山では尾根にころがる巨岩のくぼみの水たまりにも産卵がなされる．卵嚢は5 m以上におよぶ．繁殖期の水温は10℃ほどである．繁殖期の性比は著しく不均衡で，♂は♀の3-10倍の数になる．このため"ガマ合戦"と呼ばれる壮絶な♀の奪い合いが展開される．繁殖の後，成体は1か月くらい春眠するのがふつう．変態期は6月で，高地でも8月には変態することが多い．変態後の生態はニホンヒキガエルの場合と基本的に同じである．関東地方では，繁殖期よりずっと前から，暖かい夜に越冬場所から抜け出し，新たな穴を掘って休み，次第に繁殖池の近くに移動する例が知られている．

分類：亜種小名は「ハンサムな」の意味．ヨーロッパヒキガエルにくらべ，色彩斑紋が顕著なことに由来する．タイプ標本は神奈川県横浜市産で，大英博物館（現大英自然史博物館）に保管されている．ニホンヒキガエルの東北日本産亜種とされているが，遺伝的には別種と認められるほど大きく分化している．かつては北海道函館産の個体群はエゾヒキガエル*B. vulgaris hokkaidoensis* Okada, 1928とされたが形態的に東北地方産とほとんど区別できず，遺伝的にも差異は小さいので古い時代の人為移入の可能性が高い．また，東北地方の高地産の個体群は体が著しく小さいヤマヒキガエル*B. v. montanus* Okada, 1937（タイプ産地は山形県鳥海山）とされたが，そうした個体は東北地方の低地や中部地方の高山地帯にも出現する．このような形態的識別の困難さに対し，遺伝的には東北以北と関東以南の個体群が2系統に分かれ，その間には別種に相当するほどの違いがある．

Eastern-Japanese Common Toad
Azuma-Hiki-Gaeru
Bufo japonicus formosus Boulenger, 1883

Distribution: From southern Hokkaido to Kinki District of northeastern Honshu.

Description: Males 43-161 (mean=121) mm and females 53-162 (mean=126) mm in SVL. Body large and robust. Head wider than long width 36 % of SVL in males and 38 % in females. Canthus sharp, lore slightly concave. Snout longer than eye in males and equal to eye in females. Nostril on tip of snout in females and midway between it and eye in males. Interorbital wider than upper eyelid. Internarial shorter than distance from eye and much narrower than interorbital. Tympanum circular and distinct, diameter usually larger than 6 % SVL, and over twice distance from eye. No teeth on jaws. Hand and arm length 49 % of SVL. Tibia length 37 % of SVL in males and 35 % in females. Tips of fingers and toes blunt. Webs poorly developed, broad web usually not reaching middle subarticular tubercle on 4th toe. Inner and outer metatarsal tubercles oval. Tibiotarsal articulation reaching at most posterior half of parotoid gland. Skin of back with numerous warts except on head, but nearly smooth in breeding males. Parotoid gland long, about 22 % SVL. A row of warts dorsolaterally. No vocal sac or vocal opening in males. Nuptial pads in males black on first 3 fingers.

Eggs and larvae: Laid in long string-like mass with 1,500-8,000 eggs, dark brown in animal hemisphere and 2.1-2.7 mm in diameter. Matured larvae small, 30 mm in total length, with wholly dark body, and dental formula 1:1+1/3. SVL at metamorphosis 6-8 mm.

Karyotype: Diploid chromosome 2n=22, with 6 large and 5 small pairs.

Call: Similar to *B. j. japonicus*. Each note, emitted at an interval of 0.2 sec, lasting 0.07 sec. Dominant frequency 0.65 kHz, with slight frequency modulation and clear harmonics.

Natural History: Lives from sea level to high mountains. Breeding habits similar to those of *B. j. japonicus*, but period usually shorter at a cite, from February to July. Metamorphosis from June to August. Males sexually mature in autumn of the following year, and females one year later. Food habits similar to those of *B. j. japonicus*. Hibernates under the ground, but the population in the Kanto District gradually moves to the breeding pond on warm winter nights before breeding.

Taxonomy: Type locality is Yokohama, Kanagawa Pref. Treated as northeastern subspecies of *B. japonicus*, but genetically substantially differentiated at heterospecific level, and the populations can be split into the eastern and western genetic clades. *Bufo vulgaris hokkaidoensis* and *B. v. montanus* Okada, 1937 are in the eastern clade, but *B. v. hokkaidoensis* regarded as artificially introduced.

核型 Karyotype

声紋 Sonagram

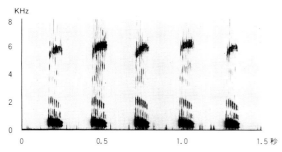

BUFONIDAE 35

ナガレヒキガエル *Bufo torrenticola* M. Matsui, 1976

奈良県上北山村産♂（×1.0）
A male from Nara Pref.

奈良県上北山村産♀（×1.0）
A female from Nara Pref.

奈良県産♂背面
Dorsal view of a male from Nara Pref.

奈良県産♀背面
Dorsal view of a female from Nara Pref.

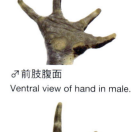
♂前肢腹面
Ventral view of hand in male.

♀前肢腹面
Ventral view of hand in female.

奈良県産♂腹面
Ventral view of a male from Nara Pref.

奈良県産♀腹面
Ventral view of a female from Nara Pref.

♂後肢腹面
Ventral view of foot in male.

♀後肢腹面
Ventral view of foot in female.

卵塊 Egg mass.

幼生前面
Frontal view of larva.

幼生背面（×2.5） Dorsal view of larva.

幼生側面 Lateral view of larva.

変態後幼体（×6.0）
A toadlet just after metamorphosis.

幼生腹面 Ventral view of larva.

BUFONIDAE 37

ナガレヒキガエル *Bufo torrenticola* M. Matsui, 1976

分布：本州中央部（中部地方と近畿地方）．

山間渓流中で繁殖を行い，幼生もそこで過ごすことで，日本産の他のヒキガエルと異なる．ニホンヒキガエルに似るが，四肢が長く鼓膜は不明瞭で，幼生は大きな口器をもつ．

記載：成体の体長は♂で70-121（平均95）mm，♀で88-168（平均121）mm．体は頑丈．頭は大きく，長さより幅が大で，頭幅は♂で体長の37％，♀で40％ほど．頭部は背面観ではにぶく終わり，側面観では，吻は♂では円く突出し，♀では裁断状．眼鼻線は明瞭．頬部はやや強く傾斜し，浅く凹む．吻長は，♀では上眼瞼長および眼前角間よりもずっと小さいが，♂ではほぼ等しい．外鼻孔は，♀では吻端近く，♂では吻端と眼の前端との中央ないし，眼の前端寄りにあることが多い．左右の上眼瞼の間はごくわずかに凹み，その間隔は上眼瞼の幅より大きい．左右の外鼻孔の間隔は眼からの距離より大きく，上眼瞼間の間隔より小さい．鼓膜は斜め方向の楕円形で不明瞭，上縁は耳腺におおわれ，またしばしば皮膚下に隠れる．その長径は体長の4％以下で，眼からの距離の約半分しかない．眼と鼓膜との間の皮膚は，やや隆起することが多い．歯をまったくもたない．

四肢は長く，とくに末端部が長い．手腕長は体長の55％ほど．脛長は♂で体長の40％，♀で39％ほど．前肢指端はにぶく終わる．指式は2<1=4<3．内掌隆起は卵形で明瞭に突出し，外掌隆起はそれより大きい円形でやや扁平．関節下隆起は二分する．後肢趾端もにぶく終わる．趾間のみずかきは♂ではやや発達するが，♀では切れこみが深い．みずかきの幅広く発達する部分は，第1，2趾の外縁と第5趾の内縁で趾端近くに達するか，末端の1関節を残し，第3趾の外縁で1ないし2関節を残す．第4趾では，♂で内外縁とも末端の3関節を残し，♀では中位関節下隆起に達しない．内蹠隆起は楕円形で著しく隆起し，外蹠隆起はそれより小さい円形でよく隆起する．後肢を体軸に沿って前方にのばしたとき，脛跗関節は♂では耳腺の中位に達し，♀ではそれよりやや後方にとどまることが多い．後肢を体軸と直角にのばして膝関節を折り曲げると，左右の脛跗関節は接し合うか，わずかに離れる．

背表の皮膚はさまざまな大きさの隆起でおおわれているが，頭部背面にはきわだった隆起をもたない．耳腺はあまり大きくはなく，長さは体長の17％，幅は7％ほど．耳腺の後ろから後肢基部に走る中等大の隆起列は，耳腺の後縁との間に間隙をもつのがふつう．腹面はやや荒い顆粒におおわれる．上唇縁後部に数個の隆起をもつ．跗部の内縁には皮膚稜をもたない．

二次性徴：♀は♂よりも明らかに大型．♀は♂よりも頭幅の比率が大きく，後肢の比率が小さい．♂は鳴嚢も鳴嚢孔ももたない．♂の婚姻瘤は黒色の顆粒からなり，前肢第1指で内掌隆起とその遠位端から末端関節の水準までの背内側をおおい，第2指と，しばしば第3指でも内側背面をおおう．♂は♀よりも前腕部が頑強で，吻が突出し，繁殖期には背面は平滑

となり，皮膚隆起は不明瞭になる．

卵・幼生：卵数は2,500-4,000個で，卵径は2.4-2.7 mmほど．動物極は黒色．孵化後の幼生のもつ外鰓は短く，短期間で消滅する．幼生は全長35 mmほどになる．体は黒1色で斑紋をもたない．尾は中程度の長さで口器は大きく，その最大幅は体長の1/2近くある．歯式は2/3で，上顎第2列が分断しない．変態時の体長は8-11 mmほど．

核型：染色体数は22本で，大型6対，小型5対からなる．大型対のうち第4対，小型対では第9対のみが次中部動原体型で，他は中部動原体型である．二次狭窄は第6対の長腕にある．

鳴き声：水中でクックックッ……という繁殖音を発し，陸上で発声することは少ない．ノート持続時間は0.07秒ほどで，約0.2秒の間隔をおいて繰り返される．優位周波数は1.1 kHzほどで周波数変調が認められ，倍音も明瞭．

生態：標高50 mから1,700 m近くの山地帯に棲息する．繁殖は4-5月に山地渓流でなされる．繁殖期間は短く，1繁殖場では1週間ほどで終わる．♀を待つ♂は陸上にはおらず，水底を動き回っている．繁殖期の性比は不均衡で，♂が多い．卵は5 m以上におよぶ長い紐状の卵塊として，水底にある岩石，倒木などに巻きつけられて，水深10-200（平均71）cmに産みつけられる．水温は8-11℃ほどである．繁殖の後，成体は1か月くらい春眠するのがふつう．幼生は孵化後すぐに近くの岩石に付着し，成長すると流れの中で岩石の表面にへばりつき，藻類などを削りとって食べる．変態期は7-8月以降で，10月にもまだ後肢の短い幼生が見られるが，それらの越冬については不明．成体は，陸貝，ミミズ，ヤスデ，地表性の甲虫，直翅類，サワガニなどをよく食べる．また，しばしば1.2 mほどの高さの樹上にいるのが観察される．各地でニホンヒキガエル（ほとんどの場合，亜種アズマヒキガエル）と同所的に棲息し，非繁殖期にはしばしば混生しているが，繁殖時期はより遅く，場所も完全に異なるのがふつうで，自然交雑は限定的である．

分類：種小名は「流れに棲む」の意味で，幼生が渓流中で生活することに由来する．タイプ標本は奈良県大台ヶ原産で，大阪市立自然史博物館に保管されている．ニホンヒキガエルとの遺伝距離は大きいものの分子系統樹上で単系統群をなし，そのためにニホンヒキガエルは側系統群となる．人工的にニホンヒキガエルとの間に，妊性のある雑種ができる．野外では富山県下のアズマヒキガエルとの同所分布域のごく一部で自然交雑が見つかっている．これは洪水により地形が変わって繁殖場所を失ったアズマヒキガエルが，流水わきのたまりに産卵せざるを得なくなり，本種との交雑が始まったと考え

られる．しかし，交雑はアズマヒキガエルないし雑種の♀と本種の♂の間という方向で生じており，双方向性はない．したがって分布域全体から見れば生殖的隔離はほぼ完全と見られる．

核型 **Karyotype**

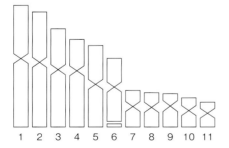

声紋 **Sonagram**

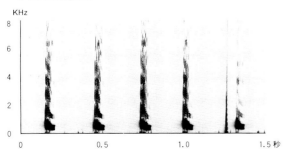

Japanese Stream Toad
Nagare-Hiki-Gaeru
Bufo torrenticola M. Matsui, 1976

Distribution: From Chubu District to Kinki District of central Honshu.

Description: Males 70-121 (mean = 95) mm and females 88-168 (mean = 121) mm in SVL. Body robust and head wider than long, width 37 % SVL in males and 40 % SVL in females. Canthus sharp, lore slightly concave. Snout equal to eye in males and shorter than eye in females. Nostril on tip of snout in females and midway or nearer to eye in males. Interorbital only slightly concave, wider than upper eyelid. Internarial larger than distance from eye and narrower than interorbital. Tympanum indistinct, diameter less than 4 % SVL and much smaller than distance from eye. Limbs long, especially distally. Hand and arm length 55 % of SVL. Tibia length 40 % of SVL in males and 39 % in females. Tips of fingers and toes blunt. Webs moderately developed, broad web usually reaching middle subarticular tubercle on 4th toe in males, but not so in females. Inner and outer metatarsal tubercles oval. Tibiotarsal articulation reaching middle of parotoid gland. Skin of back with numerous warts except on head, but nearly smooth in breeding males. Parotoid gland not long, about 17 % of SVL. A row of warts dorsolaterally with a space behind parotoid gland. No vocal sac or vocal opening in males. Nuptial pads in males black on first 3 fingers.

Eggs and larvae: Laid in long string-like mass with 2,500-4,000 eggs, dark brown in animal hemisphere and 2.4-2.7 mm in diameter. Matured larva small, 35 mm in total length, with wholly dark body and large oral disc, having dental formula 2/3. SVL at metamorphosis 8-11 mm.

Karyotype: Diploid chromosome 2n = 22, with 6 large and 5 small pairs.

Call: Mating call usually emitted in the water. Calls with notes lasting 0.07 sec at intervals of 0.2 sec. Dominant frequency 1.1 kHz, with frequency modulation and clear harmonics.

Natural History: Inhabits montane regions. Breeds from April to May in running water in montane streams. Larvae cling to rocks with large oral disc and scrape algae. Metamorphosis in July or later. Feeds on terrestrial animals such as earthworms, centipedes, Coleoptera, Orthoptera, and crabs. Occasionally found on trees. Often sympatric with *B. japonicus formosus*, but breeds in lotic water, and not in lentic water where *japonicus* breeds.

Taxonomy: Type locality is Odaigahara, Nara Pref. Phylogenetically forming a clade with *B. j. japonicus* with a large genetic distance, and making the latter paraphyletic. Sometimes regarded as a subspecies of *B. japonicus* since artificial hybrids are fertile. However, ecological isolation nearly complete in the zone of sympatry, except for a case in Toyama Prefecture, where recent and continuous flooding changed topography of spawning habitat of toads and forced directional introgression of male *B. torrenticola* to female with mtDNA of *B. j. formosus*.

ミヤコヒキガエル *Bufo gargarizans miyakonis* Okada, 1931

沖縄県宮古島産♂（×1.0）
A male from Miyakojima Is., Okinawa Pref.

沖縄県宮古島産♀（×1.0）
A female from Miyakojima Is., Okinawa Pref.

沖縄県宮古島産♀（×1.0）
A female from Miyakojima Is., Okinawa Pref.

沖縄県宮古島産♂背面
Dorsal view of a male from Miyakojima Is., Okinawa Pref.

沖縄県宮古島産♀背面
Dorsal view of a female from Miyakojima Is., Okinawa Pref.

♂前肢腹面
Ventral view of hand in male.

♀前肢腹面
Ventral view of hand in female.

沖縄県宮古島産♂腹面
Ventral view of a male from Miyakojima Is., Okinawa Pref.

沖縄県宮古島産♀腹面
Ventral view of a female from Miyakojima Is., Okinawa Pref.

♂後肢腹面
Ventral view of foot in male.

♀後肢腹面
Ventral view of foot in female.

卵塊 Egg mass.

幼生前面
Frontal view of larva.

幼生背面（×3.0） Dorsal view of larva.

幼生側面 Lateral view of larva.

変態後幼体（×5.0）
A toadlet just after metamorphosis.

幼生腹面 Ventral view of larva.

BUFONIDAE 41

ミヤコヒキガエル *Bufo gargarizans miyakonis* Okada, 1931

ヒキガエル科

分布：宮古島, 伊良部島. 北大東島, 南大東島へは人為移入. 沖縄島に移入され, 一時定着していた個体群は駆除された.
保全：環境省レッドリスト2017の準絶滅危惧（NT）.

ヒキガエル類は屋久島と台湾に分布するが, 沖縄諸島, 八重山列島からは知られていない. その中で, 宮古列島だけに見られる点で, 生物地理学的に興味深い.

記載：成体の体長は♂で61-113（平均85）mm, ♀で77-119（平均97）mm. 体は太い. 頭はやや大きく, 丈が高い. 長さより幅が大で, 頭幅は雌雄とも体長の36％ほど. 頭部は背面観ではにぶく終わる. 吻は側面観では裁断状に終わるが, ♂ではややゆるく傾斜することもある. 眼鼻線は明瞭. 頬部は強く傾斜し, 浅く凹む. 吻長は, 上眼瞼長および眼前角間よりも小さい. 外鼻孔は, 吻端と眼の前端との中央よりも, 吻端近くにある. 左右の上眼瞼の間はほとんど凹まず, その間隔は上眼瞼の幅よりかなり大きい. 左右の外鼻孔の間隔は眼からの距離より小さく, 上眼瞼間の間隔よりずっと小さい. 鼓膜は小さい楕円形でそれほど明瞭ではなく, やや凹むことが多い. その長径は体長の4.5％ほどで, 眼からの距離より大きい. 歯をまったくもたない.

四肢は短い. 手腕長は体長の44％ほど. 脛長は♂で体長の35％, ♀で33％ほど. 前肢指端はにぶく終わる. 指式は1=2=4<3. 内掌隆起は短い卵形で明瞭, 外掌隆起はそれより大きい卵形でやや扁平. 関節下隆起は二分する. 後肢趾端もにぶく終わる. 趾間のみずかきは厚いが比較的発達が良く, 切れこみはふつうで, 縁は鋸歯状のことが多い. みずかきの幅広く発達する部分は, 第1, 2趾の外縁と第5趾の内縁で趾の末端近くに達し, 第3趾の外縁でも末端近くに達するか, 1関節を残すにすぎない. 第4趾でも中位関節下隆起に達する. 内蹠隆起は短楕円形で著しく隆起し切断縁をもつ. 外蹠隆起はほぼ同大か, やや小さい卵形でよく隆起する. 後肢を体軸に沿って前方にのばしたとき, 脛跗関節は♂で耳腺の後端に達するぐらいで, ♀ではそれより後方にとどまるのがふつう. 後肢を体軸と直角にのばして膝関節を折り曲げると, 左右の脛跗関節は大きく離れる.

背表の皮膚は比較的小さい多数の隆起でおおわれ, 頭部背面にも小さい顆粒をもつことが多い. 耳腺は短く扁平に近い. その長さは体長の17％, 幅が6％ほど. 耳腺の後ろから後肢基部にかけて走る隆起列は, 疎で不明瞭. 腹面はやや荒い顆粒におおわれる. 上唇縁後部に数個の隆起をもつ. 稀に, 跗部の内縁に非常に弱い皮膚稜をもつことがある.

二次性徴：♀は♂よりも大型. ♀は♂よりも後肢の比率が小さい. ♂は鳴嚢も鳴嚢孔ももたない. ♂の婚姻瘤は黒色の顆粒からなり, 前肢第1指で内掌隆起と, その遠位端から末端関節の水準までの背内側をおおい, 第2指と, しばしば第3指でも内側背面をおおう. しかし, ♀の一部でも第1指の内側が角質化し, 黒色紋様の生ずることがある. ♂は♀よりも前腕部が頑強で, 吻が突出し, 繁殖期には皮膚隆起がずっと不明瞭になり, 皮膚はかなり平滑となる.

卵・幼生：蔵卵数は12,000-14,000個におよび, 卵径は1.7-2.0 mmほどで, 動物極は黒色. 幼生は全長30 mmほど. 体は黒1色で斑紋をもたない. 尾は比較的短く, 口器は小さい. 歯式は1:1+1/3. 変態時の体長は11 mmほどである.

核型：染色体数は22本で, 大型6対, 小型5対からなる. 大型対のうち第4対, 小型対では第9対のみが次中動原体型で, 他は中部動原体型である. 二次狭窄は第6対の長腕にある.

鳴き声：クックックァ……と鳴く. 1声は約1.5秒続き, 5ノートほどからなる. ノート持続時間は0.06秒ほどで, 約0.3秒の間隔をおいて繰り返される. 優位周波数は0.8 kHzほどで, ごく弱い周波数変調が認められ, 倍音は極めて明瞭.

生態：サトウキビ畑や草地に棲息する. 繁殖期は9月から翌年3月にわたり, 繁殖はため池, 防火水槽などの止水でなされる. 1繁殖場所での繁殖期間は長く, さまざまな発生段階の幼生, 卵, 抱接中の成体が同時に見られる. ♀を待つ♂は, 水辺を歩き回って鳴いている. 繁殖期の性比は不均衡で, ♂が多い. 卵は5 m以上におよぶ長い紐状の卵塊として, 水草など他物に巻きつけられ, 浅い場所に産みつけられる. 繁殖期の水温は25-29℃ほどである. 幼生の変態期は, ふつう3月以降. 成体は, 陸貝, ミミズ, 甲虫, アリ, ダニなどを多量に食べ, メクラヘビも餌とする.

分類：種小名は「多数の頂点をもつ」の意味と思われ, 基亜種チュウカヒキガエルB. g. gargarizans Cantor, 1842が, 体背面に先端の尖った隆起を多数もつことに因むと解される. 亜種小名は「宮古島産の」の意味. タイプ標本は沖縄県宮古島産で, 帝国大学理科大学博物館（現東京大学総合博物館）に保管されていたが, 消失した可能性が高い. ニホンヒキガエルの棲息する屋久島と, バンコロヒキガエルB. bankorensis Barbour, 1908の棲息する台湾との間の, 南西諸島の他地域にはヒキガエル類が見られないのに, 標高も低く, 面積も狭い宮古群島に分布することは, 極めて奇異であり, 人為分布とされることも多い. しかし, 宮古島からはヒキガエル属の化石が発見されており, 自然分布の可能性が高い. 形態は特異で, 中国中部産のチュウカヒキガエルにもっとも近いが, それとも明らかに異なるので, その亜種としておく. しかし, バンコロヒキガエルを含む, チュウカヒキガエル近縁種はどれも遺伝的には極めて近く, 形態差の大きさと一致しない.

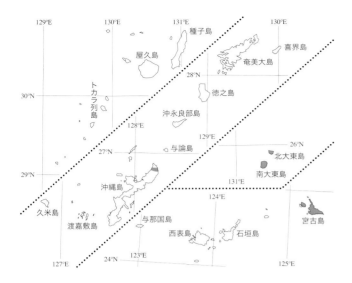

Miyako Toad
Miyako-Hiki-Gaeru
Bufo gargarizans miyakonis Okada, 1931

Distribution: Miyakojima and Irabujima Is. Artificially introduced onto Minami Daitojima, Kita Daitojima Is., and Okinawaima Is.

Description: Males 61-113 (mean=85) mm and females 77-119 (mean=97) mm in SVL. Body robust, head deep, wider than long, width 36 % SVL. Canthus sharp, lore slightly concave. Snout shorter than eye. Nostril nearer to tip of snout than to eye. Interorbital flat, wider than upper eyelid. Internarial shorter than distance from eye and much narrower than interorbital. Tympanum not distinct, small and circular, diameter 4.5 % SVL and larger than distance from eye. Hand and arm length 44 % of SVL. Tibia length 35 % of SVL in males and 33 % in females. Webs slightly well developed, broad web reaching middle subarticular tubercle on 4th toe. Inner and outer metatarsal tubercles oval. Tibiotarsal articulation reaching at most posterior tip of parotoid gland in males and usually far behind in females. Skin of back with numerous warts, except in breeding males. Top of head scattered with minute granules. Parotoid gland short, about 17 % SVL, flat and indistinct. No vocal sac or vocal opening in males. Nuptial pads in males black on first 3 fingers, and similar dark marking ocasionally present in some females.

Eggs and larvae: Laid in long string-like mass with 12,000-14,000 eggs, dark brown in animal hemisphere and 1.7-2.0 mm in diameter. Matured larva small, 30 mm in total length, with wholly dark body and dental formula 1:1+1/3. SVL at metamorphosis 11 mm.

Karyotype: Diploid chromosome 2n=22, with 6 large and 5 small pairs.

Call: Mating call lasting 1.5 sec with 5 notes. Dominant frequency 0.8 kHz, with slight frequency modulation and clear harmonics.

Natural History: Inhabits grasslands and sugarcane fields. Breeds from September to March in still water in artificial ponds and small pools. Metamorphosis after March. Feeds on terrestrial animals such as snails, earthworms, beetles, and ants.

Taxonomy: Type locality is Miyakojima Is., Okinawa Pref. Distribution unique since toads are absent on other large islands of the Nansei Is. Often regarded as artificially introduced, but occurrence of a fossil bufonid from Miyakojima Is. suggests natural distribution. Assigned to a subspecies of Chinese *B. gargarizans*, which this form most resembles morphologically and genetically. Sometimes regarded as a subspecies of *B. japonicus*, since artificial hybrids are partially fertile, but the two forms are distantly related genetically.

Conservation: Listed as Near Threatened in The Japanese Red List 2017.

核型 Karyotype

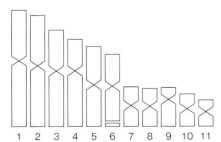

声紋 Sonagram

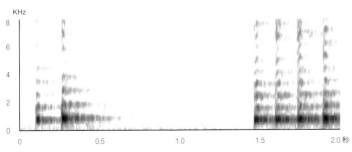

オオヒキガエル *Rhinella marina* (Linnaeus, 1758)

沖縄県石垣島産♂（×1.0）
A male from Ishigakijima Is., Okinawa Pref.

沖縄県石垣島産♀（×1.0）
A female from Ishigakijima Is., Okinawa Pref.

沖縄県石垣島産♂背面
Dorsal view of a male from Ishigakijima Is., Okinawa Pref.

沖縄県石垣島産♀背面
Dorsal view of a female from Ishigakijima Is., Okinawa Pref.

♂前肢腹面
Ventral view of hand in male.

♀前肢腹面
Ventral view of hand in female.

沖縄県石垣島産♂腹面
Ventral view of a male from Ishigakijima Is., Okinawa Pref.

沖縄県石垣島産♀腹面
Ventral view of a female from Ishigakijima Is., Okinawa Pref.

♂後肢腹面
Ventral view of foot in male.

♀後肢腹面
Ventral view of foot in female.

卵塊 Egg mass.

幼生前面
Frontal view of larva.

幼生背面（×3.7） Dorsal view of larva.

幼生側面 Lateral view of larva.

幼生腹面 Ventral view of larva.

変態後幼体（×6.0）
A toadlet just after metamorphosis.

BUFONIDAE 45

オオヒキガエル *Rhinella marina* (Linnaeus, 1758)

分布：小笠原諸島（父島，母島），大東諸島（北大東島，南大東島），先島諸島（石垣島，西表島，鳩間島）（すべて人為移入）．原産地はテキサス州南部から中米，南米北部．ハワイに移入されたものがフィリピン，ニューギニア，オーストラリア他，太平洋諸島の多くに再移入され定着している．

保全：環境省指定の特定外来生物．環境省・農林水産省の生態系被害防止外来種（緊急対策外来種）．

サトウキビの害虫駆除の目的で，南米から各地に移入された．オオヒキガエルの名をもつが，日本のヒキガエルとくらべれば，たいした大きさではない．大きな耳腺から強い毒を出す．

記載：成体の体長は♂で89-124（平均110）mm，♀で88-155（平均112）mm．体は太く頑丈で，頭は大きく丈が高い．頭幅は体長の39％ほどで頭長よりも大．頭部は背面観ではにぶく終わり，吻は側面観では裁断状．眼鼻線上に極めて明瞭な骨質隆起をもつ．頬部は垂直で凹まない．吻長は上眼瞼長および眼前角間よりもずっと小さい．外鼻孔は，吻端と眼の前端との中央よりも吻端寄りにある．左右の上眼瞼の間は顕著に凹み，その間隔は上眼瞼の幅よりずっと大きい．左右の外鼻孔の間隔は，眼からの距離より小さく，上眼瞼間の間隔よりずっと小さい．鼓膜は垂直方向の短楕円形で，直径は眼径の1/2-3/5ほど．歯をまったくもたない．

手腕長は♂で体長の49％，♀で48％ほど．脛長は♂で体長の39％，♀で38％ほど．前肢指端はにぶく終わる．指式は2<4<1<3．内掌隆起は短楕円形で明瞭，外掌隆起はそれより大きい卵形で，やはりよく隆起する．後肢趾端もにぶく終わる．趾間のみずかきは発達が悪く，厚くて外縁は鋸歯状．切れこみは深い．みずかきの幅広く発達する部分は，第1趾と第2趾の外縁で1関節，第3趾の外縁と第5趾の内縁で2関節を残す．第4趾内縁では，♂で中位関節下隆起に達することがあるが，♀では達せず，外縁では雌雄とも中位関節下隆起よりはるか基部にとどまる．内蹠隆起は楕円形で著しく隆起し，外蹠隆起もほぼ同大で明瞭に隆起する．後肢を体軸に沿って前方にのばしたとき，脛跗関節は♂では鼓膜の前端に達するが，♀では鼓膜の後縁に達しない．後肢を体軸と直角にのばして膝関節を折り曲げると，左右の脛跗関節は接し合わない．

頭部には，眼鼻線の上，眼窩の前後と背面，頭頂後部に極めて顕著な骨質の隆起をもつ．頭頂部の皮膚は，完全に頭骨と癒合している．背表の皮膚は不規則な大きさの隆起におおわれているが，とくに左右の耳腺の間でやや大きい隆起がかなり顕著にX字状の列を形成する．腹面は荒い顆粒におおわれる．耳腺はひし形で非常に大きく，その下縁は鼓膜の下縁の水準より下方に達する．上唇縁後部に数個の隆起をもつ．跗部の内縁には，約半分の長さにわたって明瞭な皮膚の稜が発達する．

二次性徴：成体の体長に雌雄差はない．♂は咽頭部に単一黒色の鳴嚢をもち，鳴嚢孔は1対あって下顎内側で顎関節と舌基部との間に，長いスリット状に開く．♂の婚姻瘤は黒褐色ないし黄褐色の顆粒からなり，前肢第1指，第2指の基部から末端関節と関節下隆起の間までの卵形の部分をおおい，さらに細い帯状にのびて末端関節におよぶ．第3指でも内側に発達する．♂は♀よりも前腕部が頑強である．♀の背表では，正中線の左右に大きい隆起が1列にならび，さらにその外側に不規則な隆起列があって，各列の間には大きな隆起をもたない．♂ではそのような明瞭な隆起列をもたず，背面全体が先端の尖った小さな隆起で，ほぼ一様におおわれる．

卵・幼生：蔵卵数は8,000-17,000個以上．幼生は全長24 mm程度と小さい．体は黒いが尾の腹縁には黒色素がなく，尾鰭も透明のことが多い．歯式は1:1+1/3．変態時の体長は6-12 mm．

核型：染色体数は22本で，大型5対，小型6対に分けることも可能だが，第5対と6対との大きさはそれほど違わない．第4対のみが次中部動原体型で，他は中部動原体型である．二次狭窄は第7対の短腕にある．

鳴き声：ボボボボボ……と聞こえる．3-4秒以上続き，秒当たり12ほどの多数の短いノートからなる．優位周波数は0.35，0.7 kHzで，周波数変調は認められず，倍音も不明瞭．

生態：サトウキビ畑など，人里近くの比較的開けた場所に棲息し，密林の中には少ない．ほぼ周年繁殖すると思われるが，大東島では12-1月が盛期．繁殖は一時的な水たまりや池などの止水でなされる．♀を待つ♂は岸辺で，水に半身つかりながら鳴いている．卵は20 mにもおよぶ長い紐状の卵塊として産み放されるか，水草などに付着する．ミヤコヒキガエルと同所的に棲息する地域では，繁殖期がまったく重なることもある．しかし，両者は鳴き声がまったく異なるので，繁殖前隔離は完全と思われる．幼生は群れをなして行動し，約1か月で変態し，半年ほどで性的成熟に達する．陸貝，ムカデ，ヤスデ，クモ，ゴキブリ，直翅類，半翅類，鞘翅類，鱗翅類幼虫，アリなど，何でも食べ，共食いもし，小さいネズミさえ食べる．また，餌の動きだけでなく，匂いにも反応して摂食することが知られている．大きな耳腺から強い毒を出し，外敵から身を守る．

分類：属名*Rhinella*は「小さな鼻」の意味で属のタイプ種*R. proboscidea* (Spix, 1824)の吻の形状に因むと思われる．種小名は「海の」の意味で，強い塩分耐性をもち，海辺付近にも棲息することに因むと思われる．タイプ産地はアメリカとされたが，後にスリナムに限定された．タイプ標本は所在不明．サトウキビの害虫であるハイイロカンショコガネの駆除の目的で，フランス領ギアナからマルチニーク諸島に移入されたのを皮切りに，太平洋諸島各地に移入された．1935年には，ハワイに移入されたものの子孫が，台湾に入っている．南・北大東島のものは戦前に移入（台湾から？）されたらしい．小

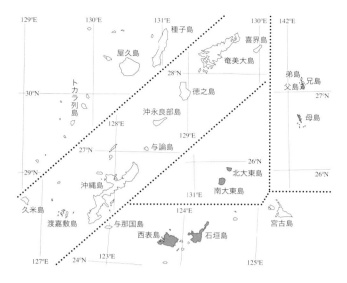

Marine Toad (Giant Toad)
O-Hiki-Gaeru
Rhinella marina (Linnaeus, 1758)

Distribution: Artificially introduced onto Minami Daitojima Is., Kita Daitojima Is., Ishigakijima Is., Iriomotejima Is., and Ogasawara Is.

Description: Males 89-124 (mean = 110) mm and females 88-155 (mean = 112) mm in SVL. Body robust, head large and deep, wider than long, width 39 % SVL. Canthus with distinct bony ridge, lore not concave. Snout shorter than eye. Nostril nearer to tip of snout than to eye. Interorbital distinctly concave, much wider than upper eyelid. Internarial shorter than distance from eye and much narrower than interorbital. Tympanum distinct, oval and 1/2-3/5 eye diameter. Hand and arm length 49 % of SVL in males and 48 % in females. Tibia length 39 % of SVL in males and 38 % in females. Webs poorly developed, broad webs usually not reaching middle subarticular tubercle on 4th toe. Inner and outer metatarsal tubercles oval. Tibiotarsal articulation reaching anterior border of tympanum in males but far behind in females. Skin of back with numerous warts. Top of head with thick bony ridges. Parotoid gland enormous, lower margin far ventral to tympanum. A median subgular vocal sac and a pair of slit-like openings in males. Nuptial pads in males dark brown on first 3 fingers. Males much more warty than females, with asperities on tips of warts.

Eggs and larvae: Laid in long string-like mass with 8,000-17,000 eggs, dark brown in animal hemisphere. Matured larva small, 24 mm in total length, with dark body and transparent tail fin. Dental formula 1:1+1/3. SVL at metamorphosis 6-12 mm.

Karyotype: Diploid chromosome 2n = 22, with 5 large and 6 small pairs.

Call: Mating call long, lasting several sec with 12 notes/sec. Dominant frequencies 0.35 and 0.7 kHz, without frequency modulation or clear harmonics.

Natural History: Inhabits open land near human habitations and sugarcane fields. Breeds probably all year round, but intensively from December to January in still waters in artificial ponds and small pools. Feeds on various animals such as snails, centipedes, cockroaches, beetles, grasshoppers, ants, and even small field mice.

Taxonomy: Type locality is restricted to Surinam. Artificially introduced onto Minami Daitojima and Kita Daitojima Is. from somewhere (possibly Taiwan) before World War II, to Chichijima Is. of Ogasawara Is. from Saipan in 1949, and to Ishigakijima Is. around 1978 from Minami Daitojima Is. No marked morphological differentiation among these populations.

Note: Controlled as Invasive Alien Species.

笠原諸島では，1949年に米軍によりサイパンから父島に移入され，1975年頃母島にも移入された．石垣島には1978年頃，南大東島より移入されたという．少なくとも，形態的にはこれらの産地の間で大きな差はない．なお，従来，南大東島に台湾からヘリグロヒキガエル*Duttaphrynus melanostictus* (Schneider, 1799) が移入され，定着していると考えられたが，本種の同定誤りの可能性が高い．ただし，ヘリグロヒキガエルの南大東島への移入は1921年頃という説もあり，問題は単純ではない．

核型 Karyotype
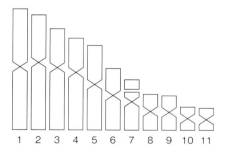

声紋 Sonagram
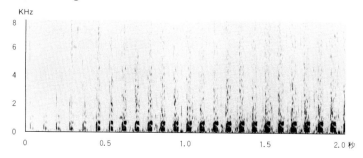

BUFONIDAE 47

ニホンアマガエル *Hyla (Dryophytes) japonica* Günther, 1859

長崎県長崎市産♂（×2.5）
A male from Nagasaki Pref.

長崎県長崎市産♀（×2.5）
A female from Nagasaki Pref.

北海道北広島市産♂（×2.5）
A male from Hokkaido Pref.

北海道恵庭市産♀（×2.5）
A female from Hokkaido Pref.

鹿児島県屋久島産♂（×2.5）
A male from Yakushima Is., Kagoshima Pref.

埼玉県羽生市産♀（×2.5）
A female from Saitama Pref.

長崎県産♂背面
Dorsal view of a male from Nagasaki Pref.

長崎県産♀背面
Dorsal view of a female from Nagasaki Pref.

北海道産♀背面
Dorsal view of a female from Hokkaido Pref.

長崎県産♂前肢腹面
Ventral view of hand in male from Nagasaki.

千葉県産♂前肢腹面
Ventral view of hand in male from Chiba.

長崎県産♂腹面
Ventral view of a male from Nagasaki Pref.

長崎県産♀腹面
Ventral view of a female from Nagasaki Pref.

北海道産♀腹面
Ventral view of a female from Hokkaido Pref.

長崎県産♂後肢腹面
Ventral view of foot in male from Nagasaki.

千葉県産♂後肢腹面
Ventral view of foot in male from Chiba.

卵塊 Egg mass.

幼生前面
Frontal view of larva.

幼生背面（×1.8） Dorsal view of larva.

幼生側面 Lateral view of larva.

変態後幼体（×3.5）
A froglet just after metamorphosis.

幼生腹面 Ventral view of larva.

HYLIDAE 49

ニホンアマガエル　*Hyla* (*Dryophytes*) *japonica* Günther, 1859

分布：北海道，国後島，本州，四国，九州，佐渡島，隠岐，壱岐，対馬，大隅諸島．八丈島に移入定着．国外では樺太，済州島，朝鮮半島，バイカル湖から沿海州までのロシア，中国北部．

北海道にも分布し，平地から高地までどこにでもふつうで，黄緑色から灰色まで著しく体色変化する小型のカエル．吸盤で木や草の葉にとまり，雨の降る前にのどをふくらませ，大きな声で鳴くことでもなじみ深いが，分類には未解決の問題がある．

記載：成体の体長は♂で22-39（平均31）mm．♀で26-45（平均35）mm．体は比較的太く，頭部は短い．頭幅は♂で体長の34 %，♀で36 %ほどで頭長よりも大きい．頭部は背面観ではゆるい弧を描いて前方に狭まり，吻端は円く終わる．側面観では吻は丈が高く，ほぼ裁断状に円く終わる．眼鼻線は明瞭．頬部は垂直で凹む．吻長は上眼瞼長より小さいことも大きいこともあり，眼前角間よりはるかに小さい．外鼻孔は吻端近くにある．左右の上眼瞼の間は平坦で凹まず，その間隔は上眼瞼の幅よりずっと大きい．左右の外鼻孔の間隔は眼からの距離に等しく，上眼瞼間の間隔よりずっと小さい．鼓膜はほぼ円形で，直径は眼径のほぼ半分で稀にやや大きい．鋤骨歯板は短楕円形で斜向し，その中心は左右の内鼻孔の後端を結んだ線よりやや前方にある．各歯板には3-8個の歯をそなえている．

　手腕長は♂で体長の51 %，♀で52 %ほど．脛長は♂で体長の46 %，♀で48 %ほど．前肢指端は膨大し，円い吸盤となっている．吸盤は第3指のものが第4指のものよりやや大きく最大で，その幅は鼓膜の直径の2/3から等大．指式は1<2<4<3．指間基部に弱くみずかきが発達する．みずかきは深く切れこみ，第1指と第2指の間と，第2指外縁で関節下隆起に達せず，第4指内縁でも遠位関節下隆起に達することがある程度．第3指では内外縁とも近位関節下隆起に達するぐらいである．内掌隆起は卵形でやや隆起する．中手部には数個の過剰隆起をもつ．後肢趾端も膨大し，前肢のものより小さい吸盤をもつ．趾間のみずかきも発達が悪く，切れこみが深い．みずかきは第1趾の外縁では末端関節，第2趾と第3趾の外縁では♂で吸盤基部，♀で末端関節に達し，第5趾の内縁では末端関節に達する．第4趾では内縁で♂で遠位の2関節，♀で3関節を残して幅広く発達する．内蹠隆起は長楕円形でよく隆起し，外蹠隆起も円形ないし短楕円形で，ごく小さいが明瞭．後肢を体軸に沿って前方にのばしたとき，脛跗関節は稀に眼の前端と外鼻孔の間に達するぐらいで，ふつうは眼の中心と後端の間，または後者より少し後ろに達するにとどまる．後肢を体軸と直角にのばして膝関節を折り曲げると，左右の脛跗関節は接するか，少し離れる．

　背表の皮膚はほぼ平滑で顕著な隆起をもたず，体側に少数の小さい隆条が弱く現れるにすぎない．腹面は大粒の顆粒でおおわれる．背側線隆条はないが，鼓膜の後背側には明瞭な皮膚ひだをもつ．前肢外縁には，吸盤の基部に始まり，肘の内側まで続く弱い皮膚ひだがあり，後肢にも脛跗関節から内蹠隆起まで続く皮膚ひだ（跗摺）がある．左右の前肢基部の前縁の間，後縁の間を結ぶ2本の皮膚ひだがある．

二次性徴：♀は♂よりやや大型．♂は咽頭下に大きな外鳴嚢をもつ．鳴嚢孔は1対の長いスリット状で，顎関節内側から下顎縁に沿って前方にのび，舌の基部に達する．♂の婚姻瘤は黄色の顆粒からなり，前肢第1指の基部から，関節下隆起までの背内側を広くおおう．♂は♀よりも前腕部がやや頑強．

卵・幼生：蔵卵数は250-800個．卵径は1.2 mmほどしかなく，動物極は淡褐色．成体が小型のわりに幼生は大型で，成長すると全長50 mmに達する．体が肥厚し，吻が短く，両眼の間隔が大きく，尾鰭は丈が高く，背側で胴のかなり前方から始まるのが特徴．尾は中程度の長さで，口器は小さい．歯式は1:1+1/3ないし1:1+1/1+1:2．変態時の体長は14-17 mmほどである．

核型：染色体数は24本で大型6対，小型6対からなる．大型対のうち，第1，2対が中部動原体型，第3，5対が次中部動原体型，第4，6対が次端部動原体型である．小型対では第7，11対が次中部動原体型で，他は中部動原体型である．二次狭窄は第6対の短腕にある．

鳴き声：非常に大きな声でよく鳴き，クワッ・クワッ・クワ……と聞こえる．ノート持続時間は短く，0.1-0.2秒ほど．ノート間隔は0.2-0.5秒ほどである．基本周波数は1.7 kHz．優位周波数は3.5 kHzで弱い周波数変調が認められ，倍音も極めて明瞭．

生態：海岸近くから高山にまで棲息する．繁殖期は4-7月がふつうだが，地域によっては9月におよび，1か所でも長く続く．繁殖場所は水田，湿原，湿地，池，防火水槽，河川敷や道路の水たまりなど，いずれも浅い止水が選ばれる．♀を待つ♂は，水際近くの陸上で鳴いていることが多く，繁殖期の初期には何も食べずに繁殖活動に専念する．小型の♂には鳴いている大型の♂の近くに潜み，♀を横取りしようとするものもある．卵はごく少数を含む卵塊として2，3時間の間に何度かにわたって産み出され，水草などに付着する．繁殖期の水温は10-23℃，ふつうは20℃前後である．幼生は水底よりも中層を好んで生活する．変態期は6-10月．灌木や草の上で生活し，周囲の状況に応じてすばやく変色する．クモ類，双翅類，膜翅類，鱗翅類幼虫などをよく食べる．比較的乾燥に強く，土中の浅い部分，落ち葉の堆積の下，樹洞など，陸上で冬眠する．

分類：属名*Hyla*は「アマガエル」の意味．亜属名*Dryophytes*は「樹木と植物」の意味で，樹上性に因む．種小名は「日本産の」の意味．タイプ標本は大英博物館（現大英自然史博物館）にあり，日本産というだけで詳細な産地は不明．過去にヨーロッパアマガエル*H.* (*H.*) *arborea* (Linnaeus, 1758) の1亜種とされてきたが，遺伝的に独立種であることが実験的に確められた．鳴き声は，北米西部産のアマガエル類とよく似ており，祖先は北米から侵入したと推定されている．最近の分子系統解

析の結果，Hyla属には2系統があり，本種や中国北東部産のアマガエル類はHyla eximia種群に属し，ヨーロッパアマガエル，ハロウエルアマガエル，中国中南部産のアマガエル類とは別系統のDryophytes属（タイプ種はメキシコ産のD. eximius (Baird, 1854)）とされたが，この属の形態的共有派生形質は見つかっていないので，ここでは亜属として扱っておく．日本近隣地域を含めると，本種および，しばしばその同名とされる近縁種には複数の系統が認められ，遺伝的に北海道，国後島，本州東北部，樺太の系統が，本州西南部，四国，九州，朝鮮半島，バイカル湖を囲む中国北東部からロシアまでの系統と区分される．今後，形態・鳴き声などの調査によって分類学的変更のなされる可能性がある．

核型 Karyotype

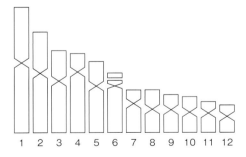

声紋 Sonagram

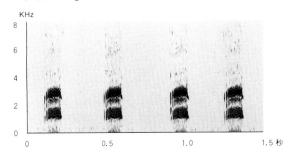

Japanese Tree Frog
Nihon-Ama-Gaeru
Hyla (*Dryophytes*) *japonica* Günther, 1859

Distribution: From Kunashiri Is. to Yakushima Is.. Outside of Japan, from Korea through Ussuri to northeastern China.

Description: Males 22-39 (mean=31) mm and females 26-45 (mean=35) mm in SVL. Body small and snout truncate. Head wider than long, width 34 % of SVL in males and 36 % in females. Canthus sharp, lore vertical and concave. Snout longer or shorter than eye. Nostril nearly on tip of snout. Interorbital wider than upper eyelid. Internarial equaling to distance from eye and much narrower than interorbital. Tympanum circular, about 1/2 eye diameter. Vomerine tooth series oval with 3-8 teeth, the center anterior to the line connecting posterior margins of choanae. Hand and arm length 52 % and tibia length 47 % of SVL. Tips of fingers and toes with round adhesive discs. Forelimb webbing poorly developed. Hindlimb webbing also poorly developed, broad web leaving 2-3 phalanges free on inner margin of 4th toe. Inner metatarsal tubercle oval, outer one dot-like. Tibiotarsal articulation reaching between center and posterior margin of eye. Skin of back nearly smooth, with a few small ridges on sides. No dorsolateral fold, but with supratympanic fold. Folds of skin between bases of forelimb. A large median subgular vocal sac and a pair of slit-like openings in males. Nuptial pads in males yellow.

Eggs and larvae: Clutch size 250-800. Eggs pale brown with diameter 1.2 mm, laid scattered or in small clumps. Matured larva 50 mm in total length, with a deep tail fin beginning far anterior on dorsum, and dental formula 1:1+1/3 or 1:1+1/1+1:2. SVL at metamorphosis 14-17 mm.

Karyotype: Diploid chromosome 2n=24, with 6 large and 6 small pairs.

Call: Mating call with notes lasting 0.1-0.2 sec at an interval of 0.2-0.5 sec. Fundamental frequency 1.7 kHz, with clear harmonics, the second one being dominant. Usually calls before rain in non-breeding seasons.

Natural History: Lives from lowlands to high mountains. Breeds from April to September in still waters in rice fields, ponds, and small pools. Metamorphosis from July to October. Lives on leaves and twigs of small shrubs and grasses, and changes body color quite rapidly. Feeds on spiders, Diptera, Hymenoptera, Coleoptera, and larval Lepidoptera.

Taxonomy: Type locality is Japan without detailed locality record. Long regarded as a subspecies of the European tree frog, *H. arborea*, but quite distinct genetically, not forming a clade. Based on molecular phylogeny, moved to *Dryophytes*, whose morphological synapomorphies not determined. Taxonomic relationships among populations often synonymized with *H. japonica* from Korea, northeastern China, and Far Eastern Russia not clarified, but two clades, one from Kunashiri, Hokkaido, northeastern Honshu, and Sakhalin, and another from southwestern Honshu, Shikoku, Kyushu, Korean Peninsula, northeastern China, and Far Eastern Russia recognized. Detailed morphological, acoustic, and other studies required to clarify taxonomic relationships of these tree frogs.

ハロウエルアマガエル *Hyla (Hyla) hallowellii* Thompson, 1912

アマガエル科

鹿児島県奄美大島産♂（×2.5）
A male from Amamioshima Is., Kagoshima Pref.

鹿児島県奄美大島産♀（×2.5）
A female from Amamioshima Is., Kagoshima Pref.

沖縄県沖縄島産♂（×2.5）
A male from Okinawajima Is., Okinawa Pref.

沖縄県沖縄島産♀（×2.5）
A female from Okinawajima Is., Okinawa Pref.

鹿児島県奄美大島産♂背面
Dorsal view of a male from Amamioshima Is., Kagoshima Pref.

鹿児島県奄美大島産♀背面
Dorsal view of a female from Amamioshima Is., Kagoshima Pref

沖縄県沖縄島産♂背面
Dorsal view of a male from Okinawajima Is., Okinawa Pref.

♂前肢腹面
Ventral view of hand in male.

♀前肢腹面
Ventral view of hand in female.

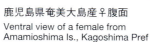

鹿児島県奄美大島産♂腹面
Ventral view of a male from Amamioshima Is., Kagoshima Pref

鹿児島県奄美大島産♀腹面
Ventral view of a female from Amamioshima Is., Kagoshima Pref

沖縄県沖縄島産♂腹面
Ventral view of a male from Okinawajima Is., Okinawa Pref.

♂後肢腹面
Ventral view of foot in male.

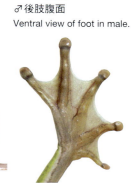

♀後肢腹面
Ventral view of foot in female.

卵塊　Egg mass.

幼生前面
Frontal view of larva.

幼生背面（×2.2）　Dorsal view of larva.

幼生側面　Lateral view of larva.

幼生腹面　Ventral view of larva.

変態後幼体（×4.3）
A froglet just after metamorphosis.

HYLIDAE　53

ハロウエルアマガエル *Hyla* (*Hyla*) *hallowellii* Thompson, 1912

分布：喜界島, 奄美大島, 加計呂麻島, 与路島, 請島, 徳之島, 沖永良部島（?）, 与論島, 沖縄島, 西表島（?）.

南西諸島特産のアマガエル. ニホンアマガエルよりも体が細く, 体に暗色の模様が出ないため, アオガエル類の幼体と間違えられやすい. ニホンアマガエルとは別系統と考えられる.

記載：成体の体長は♂で30-37（平均33）mm, ♀で34-39（平均36）mm. 体は細く, 頭は小さい. 頭幅は♂で体長の33％, ♀で30％ほどで, 頭長よりも大きい. 頭部は背面観ではゆるい弧を描いて前方に狭まり, 吻端は裁断状に終わる. 吻は側面観では丈が高く, 吻端はわずかに突出する. 眼鼻線はにぶい. 頬部は垂直でわずかに凹む. 吻長は上眼瞼長よりやや小さく眼前角間よりもはるかに小さい. 外鼻孔は吻端近くにある. 左右の上眼瞼の間は平坦か, わずかに凹み, その間隔は上眼瞼の幅よりずっと大きい. 左右の外鼻孔の間隔は, 眼からの距離に等しいかやや小さく, 上眼瞼間の間隔よりずっと小さい. 鼓膜はほぼ円形で, 直径は眼径の2/5程度. 鋤骨歯板は退化していることが多いが, これをもつ場合にはほぼ円形で, その中心は左右の内鼻孔の後端を結んだ線上, またはそれより後方にあることが多い. 各歯板には3-7個の歯をそなえている.

　手腕長は♂で体長の49％, ♀で46％ほど. 脛長は♂で体長の50％, ♀で52％ほど. 前肢指端は膨大し, 吸盤を形成する. 吸盤は第3指のものが最大, 第2指と第4指のものがやや小さく, それらの幅は鼓膜の長径よりも大きい. 指式は1<2<4<3. 指間基部にみずかきが発達する. みずかきの切れこみは浅く, 第1指外縁で関節下隆起に達し, 第2指外縁で末端関節ないし, 関節下隆起に達する. 第4指内側では遠位ないし, 近位関節下隆起に達する. 第3指では内縁で近位関節下隆起に, 外縁では遠位関節下隆起に達する. 内掌隆起は長楕円形で弱く隆起する. 中手部には数個の過剰隆起をもつ. 後肢趾端も膨大し, 前肢のものよりやや小さい吸盤をもつ. 趾間のみずかきも切れこみは比較的浅い. みずかきは第1趾外縁で吸盤基部ないし, 末端関節に, 第2趾, 第3趾の外縁と第5趾の内縁では吸盤基部に達する. 第4趾では内縁で遠位の2関節, 外縁で1-2関節を残して幅広く発達する. 内蹠隆起は楕円形で隆起し, 外蹠隆起は円形でごく小さく, わずかに隆起する. 後肢を体軸に沿って前方にのばしたとき, 脛跗関節は少なくとも, 眼の後端より前方に達し, 眼の前端より前方に達することが多い. 後肢を体軸と直角にのばして膝関節を折り曲げると, 左右の脛跗関節はかなり重複する.

　背表の皮膚はほぼ平滑で顕著な隆起をもたない. 腹面は大きい顆粒でおおわれている. 背側線隆条はないが, 鼓膜の後背側には明瞭な皮膚ひだをもつ. 四肢の外縁には, 皮膚ひだがほとんど発達しない. 後肢には脛跗関節から内線隆起まで続く皮膚ひだ（跗褶）がある. 左右の前肢基部後縁の間を結ぶ皮膚ひだがある.

二次性徴：♀は♂よりわずかに大型. ♂は咽頭下に大きな外鳴嚢をもち, その後端は前肢基部間の皮膚ひだに達する. 鳴嚢孔は1対の長いスリット状で, 顎関節内側から下顎縁に沿って前方にのびる. ♂の婚姻瘤は灰黄色の顆粒からなり, 前肢第1指の基部から, 関節下隆起までの背内側を広くおおう. ♂は♀よりも前腕部がやや頑強.

卵・幼生：卵径は1.2 mmほどで, 動物極は褐色. 幼生は全長40 mmに達する. 体は比較的肥厚し, 吻が短く, 両眼の間隔が大きい. 尾鰭は比較的丈が高く, 背側で胴の前部から始まる. 口器は小さい. 歯式は1:1+1/3. 変態時の体長は14 mmほどである.

核型：染色体数は24本で大型6対, 小型6対からなる. 大型対のうち, 第1, 2対が中部動原体型, 第3, 5対が次中部動原体型, 第4, 6対が次端部動原体型である. 小型対では第7, 11対が次中部動原体型で, 他は中部動原体型である.

鳴き声：ギー・ギー……と聞こえる. ノート持続時間は約0.2秒, ノート間間隔は0.3秒ほどである. 優位周波数は4.6 kHzで弱い周波数変調が認められ, 倍音も明瞭.

生態：平地に分布し, 集落周辺の森林, 畑地, 草地に棲息する. 繁殖期は3月下旬から8月. 繁殖場所は水田や水たまりなどの浅い止水で, 卵は通常1粒ずつ水草などに産みつけられる. 繁殖期の水温は20℃前後である. 非繁殖期には低木や, 草の葉上で生活する.

分類：学名は「ハロウエル氏のアマガエル」の意味で, 日本産の両棲爬虫類を研究し, トノサマガエルやオカダトカゲの命名者であるEdward Hallowell氏に献名したもの. タイプ産地は喜界島で, タイプ標本はカリフォルニア科学院にある. 祖先はニホンアマガエルよりも古い時代に北米から侵入したと推定されている. 最近の分子系統解析の結果, 本種や*H. chinensis* Günther, 1858など中国中南部産のアマガエル類はヨーロッパアマガエルと同一の系統に属し, ニホンアマガエルとは別系統とされた. 奄美大島産の個体群は, 喜界島産と形態に少し差があるというので, 独立の亜種*H.hallowellii schmidti* Inger, 1947とされたことがあるが, 遺伝的に基亜種とほとんど差がなく, これらを区別する研究者はいない. 西表島からは2個体の記録があり, そのうち1個体はかなり特異な形態をもつが, その後はまったく採集されていない.

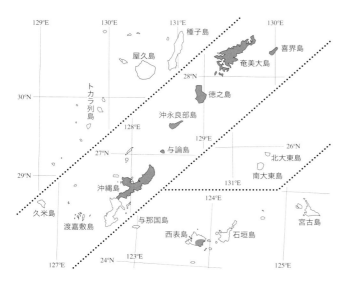

Hallowell's Tree Frog

Hallowell-Ama-Gaeru
Hyla (Hyla) hallowellii Thompson, 1912

Distribution: Kikaigashima Is., Amamioshima Is., Tokunoshima Is., Okinawajima Is., ?Okinoerabujima Is., ?Iriomotejima Is.

Description: Males 30-37 (mean = 33) mm and females 34-39 (mean = 36) mm in SVL. Body small and slender. Head width 33 % of SVL in males and 30 % in females, wider than long. Snout truncate. Canthus blunt, lore vertical and slightly concave. Snout slightly shorter than eye. Nostril nearly on tip of snout. Interorbital wider than upper eyelid. Internarial equals to or slightly smaller than distance from eye and much narrower than interorbital. Tympanum circular, about 2/5 eye diameter. Vomerine tooth series often absent, and if present, circular with 3-7 teeth, the center on or posterior to the line connecting posterior margins of choanae. Hand and arm length 49 % of SVL in males and 46 % in females. Tibia length 50 % of SVL in males and 52 % in females. Tips of fingers and toes with round adhesive discs. Forelimb webbing well developed. Hindlimb webbing moderately developed, broad web leaving 1-2 phalanges free on outer margin of 4th toe. Inner metatarsal tubercle elliptical, outer one dot-like. Tibiotarsal articulation often reaching beyond anterior margin of eye. Skin of back nearly smooth. No dorsolateral fold, but with supratympanic fold. Folds of skin between bases of forelimb. A large median subgular vocal sac and a pair of slit-like openings in males. Nuptial pads in males grayish yellow.

Eggs and larvae: Eggs pale brown with diameter 1.2 mm, laid scattered. Matured larva 40 mm in total length, with a short snout, widely separate eyes, relatively deep tail fin, and dental formula 1:1+1/3. SVL at metamorphosis 14 mm.

Karyotype: Diploid chromosome 2n = 24, with 6 large and 6 small pairs.

Call: Mating call with notes lasting 0.2 sec at an interval of 0.3 sec. Dominant frequency 4.6 kHz, with clear harmonics and slight frequency modulation. Usually calls before rain in non-breeding seasons.

Natural History: Inhabits lowland forests and grasslands near human habitations. Breeds from late March to August in still waters in rice fields and small pools. Lives on leaves and twigs of small shrubs and grasses. Changes body color, but without dark markings.

Taxonomy: Type locality is Kikaigashima Is. Included in the clade of European *H. arborea*, together with *H. chinensis* from Taiwan and China in molecular phylogenetic tree. Population from Amamioshima Is. once split as a distinct subspecies *H. hallowellii schmidti* Inger, 1947 seems invalid. One of the two specimens from Iriomotejima Is. has unique morphology but no additional specimens have been obtained from the island.

核型 Karyotype

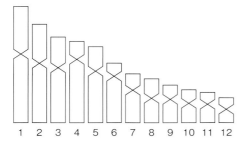

声紋 Sonagram

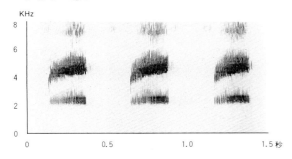

ヒメアマガエル *Microhyla okinavensis* Stejneger, 1901

沖縄県沖縄島産♂（×3.0）
A male from Okinawajima Is., Okinawa Pref.

沖縄県沖縄島産♀（×3.0）
A female from Okinawajima Is., Okinawa Pref.

鹿児島県奄美大島産♂（×3.0）
A male from Amamioshima Is., Kagoshima Pref.

鹿児島県奄美大島産♀（×3.0）
A female from Amamioshima Is., Kagoshima Pref.

沖縄県西表島産♂（×3.0）
A male from Iriomotejima Is., Okinawa Pref.

沖縄県石垣島産♀（×3.0）
A female from Ishigakijima Is., Okinawa Pref.

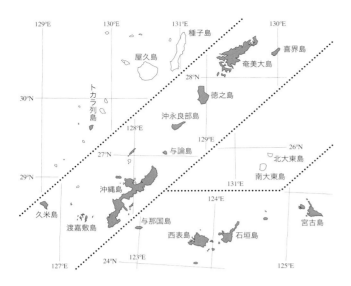

Okinawa Narrow-Mouthed Toad

Himeama-Gaeru
Microhyla okinavensis Stejneger, 1901

Distribution: Southwestern Is. from Kikaigashima and Amamioshima Is. southwards to Yonagunijima Is. Artificially introduced into Suwanosejima, Taramajima, and Kuroshima Is.

Description: Males 22-26 (mean=24) mm and females 24-32 (mean=28) mm in SVL. Body very small and stocky. Head very small, width 32 % SVL, wider than long. Canthus indistinct, lore not concave. Snout larger than eye. Nostril nearer to tip of snout than to eye. Interorbital much wider than upper eyelid. Internarial larger than distance from eye and much narrower than interorbital. Tympanum hidden under the skin. No teeth on jaws. Hand and arm length 44 % of SVL in males and 41 % in females. Tibia length 57 % of SVL. Tips of fingers swollen, and toe tips dilated with m-shaped dorsal groove. Webs very poorly developed, broad webs usually not reaching proximal subarticular tubercle on both margins of 4th toe. Inner and outer metatarsal tubercles elliptical and much elevated. Tibiotarsal articulation reaching anterior border of eye to tip of snout. Skin of back nearly smooth, with scattered granules. No dorsolateral fold or supratympanic fold. A groove from rear of eye to arm insertion. A median subgular vocal sac and slit-lie openings in males. Nuptial pads in males absent. Throat in males covered with dark pigments.

Eggs and larvae: Film-like egg mass laid on surface with 270-1,200 eggs 1.0-1.3 mm in diameter and dark yellowish brown in animal hemisphere. Matured larvae reaching 40 mm in total length, with nearly transparent body, toothless mouth, ventromedially situated spiracle, and widely separate eyes. SVL at metamorphosis 7-10 mm.

Karyotype: Diploid chromosome 2n=24, with 6 large and 6 small pairs.

Call: Each note lasting 0.2-0.4 sec, containing 6-9 pulses. Dominant frequency 2.3 kHz without frequency modulation or clear harmonics.

Natural History: Occurs from lowlands to montane regions. Lives on the ground among leaf litter and grasses. Breeding season usually from March to July, but almost all the year in some regions. Spawns in various bodies of still waters including ponds, rice fields, temporary pools, and sometimes slowly flowing small streams. Larvae forming a cohort, swimming slowly in middle and upper layers of water sucking in plankton. Metamorphosed frogs take very small foods, chiefly ants and termites.

Taxonomy: Type locality Okinawajima Is. Together with *M. fissipes* from Taiwan and China, once regarded as conspecific with *M. ornata* from India. Populations from Yaeyama Islands differ so markedly from those from Miyako Is. northward in size and proportion of body, and acoustic and genetic traits, as to warrant specific recognition.

核型 Karyotype

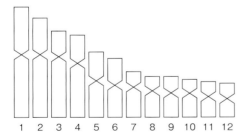

声紋 Sonagram

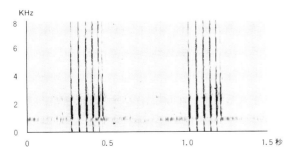

ヌマガエル *Fejervarya kawamurai* Djong, Matsui, Kuramoto, Nishioka et Sumida, 2011

奈良県奈良市産♂（×2.0）
A male from Nara Pref.

奈良県奈良市産♀（×2.0）
A female from Nara Pref.

栃木県栃木市産♂（×2.0）
A male from Tochigi Pref.

愛知県大府市産♀（×2.0）
A female from Aichi Pref.

鹿児島県奄美大島産♂（×2.0）
A male from Amamioshima Is., Kagoshima Pref.

沖縄県沖縄島産♀（×2.0）
A female from Okinawajima Is., Okinawa Pref.

奈良県産♂背面
Dorsal view of a male from Nara Pref.

奈良県産♀背面
Dorsal view of a female from Nara Pref.

栃木県産♂背面
Dorsal view of a male from Tochigi Pref.

奈良県産♂前肢腹面
Ventral view of hand in male from Nara.

沖縄島産♀前肢腹面
Ventral view of hand in female from Okinawajima Is.

奈良県産♂腹面
Ventral view of a male from Nara Pref.

奈良県産♀腹面
Ventral view of a female from Nara Pref.

鹿児島県奄美大島産♂腹面
Ventral view of a male from Amamioshima Is., Kagoshima Pref.

奈良県産♂後肢腹面
Ventral view of foot in male from Nara.

沖縄島産♀後肢腹面
Ventral view of foot in female from Okinawajima Is.

卵塊 Egg mass.

幼生前面
Frontal view of larva.

幼生背面（×2.2） Dorsal view of larva.

幼生側面 Lateral view of larva.

幼生腹面 Ventral view of larva.

変態後幼体（×3.0）
A froglet just after metamorphosis.

DICROGLOSSIDAE

ヌマガエル *Fejervarya kawamurai* Djong, Matsui, Kuramoto, Nishioka et Sumida, 2011

分布：本州中部以西，四国，九州，先島諸島を除く南西諸島．関東地方，対馬，壱岐，五島列島の一部，種子島に人為移入．国外では台湾西部，中国中部．

水田に多いカエルでツチガエルに似ているが，腹は白く，いぼがないことで容易に区別できる．

記載：成体の体長は♂で29-45（平均36）mm，♀で32-54（平均42）mm．体は比較的頑丈だが，頭部は細長い．頭幅は♂で体長の32％，♀では35％ほどで，頭長よりも小さい．頭部は背面観では直線状に前方に狭まり，吻端はやや尖る．側面観ではゆるく斜向し，吻端は円く終わる．眼鼻線は不明瞭．頬部は斜向し，わずかに凹む．吻長は上眼瞼長および眼前角間より大きい．外鼻孔は吻端と眼の前端とのほぼ中央，または吻端寄りにある．左右の上眼瞼の間は平坦で凹まず，その間隔は上眼瞼の幅より小さい．左右の外鼻孔の間隔は，眼からの距離に等しいか，それより大きく，上眼瞼間の間隔より大きい．鼓膜はほぼ円形ないし短楕円形で，直径は眼径の半分または，それよりやや大きい．鋤骨歯板は卵形で斜向し，その中心は左右の内鼻孔の後端を結んだ線よりずっと後方にある．各歯板には3個の歯をそなえている．

手腕長は体長の40％ほど．脛長は♂で体長の46％，♀で45％ほど．前肢指端はにぶく終わる．指式は1<4=2<3．内掌隆起は扁平に近い短楕円形である．後肢趾端もにぶく終わる．趾間のみずかきは比較的発達が悪く，切れ込みは深い．みずかきは第1趾から第3趾の外縁と，第5趾の内縁では末端関節を残し，第4趾では遠位の3関節を残して幅広く発達する．内蹠隆起は長楕円形でよく隆起し，外蹠隆起は比較的大きな楕円形で，あまり隆起しないが明瞭．後肢を体軸に沿って前方にのばしたとき，脛跗関節は，♂では眼の後縁ないし前縁，♀では鼓膜の後縁ないし眼の中心に達する．後肢を体軸と直角にのばして膝関節を折り曲げると，左右の脛跗関節は接し合うか，やや重複する．

背表には多数の不規則な隆条が散在する．体側と胴後部ににぶい円形の顆粒をそなえる．腹面はほぼ平滑．上唇縁後部と前肢基部の間の隆条は発達せず，背側線隆条もない．鼓膜後背側隆条は太く，かなり明瞭．体側には脇の下と大腿基部を結ぶ暗色のヌマガエル線が走る．第5趾外縁の趾端から外蹠隆起の間に皮膚ひだをもつ．

二次性徴：♀は♂よりも大型である．♂は咽喉下に，単一だが正中部で左右に分かれる外鳴嚢をもち，鳴嚢孔は1対あって，上下顎関節内側から舌の基部方向にかけてスリット状に開く．♂の婚姻瘤は黄白色の顆粒からなり，前肢第1指の基部から，関節下隆起までの背内側に弱く発達する．♂は♀よりも前腕部が頑強である．♂はのどから腹にかけて，透明の小顆粒を密布し，また，のどに幅広いM字形の暗色斑紋をもつ．

卵・幼生：一腹中の完熟卵数は1,100-1,400個，卵径は0.9-1.1mmで，動物極は淡褐色．幼生は全長40mmほどに達し，尾の丈は低く，ツチガエル幼生に似るが銀白色の斑点をもたない．口器は大きくはない．歯式は1:1+1/3または1:1+1/1+1:2.

変態時の体長は12-22mmほどである．

核型：染色体数は26本で，大型5対，小型8対からなる．本土産では大型対のうち第4対，小型対では第8対のみが次中部動原体型で，他は中部動原体型であるが，奄美大島産では大型対のうち第2, 4対，小型対では第8, 11対が次中部動原体型である．二次狭窄はともに第7対の短腕にある．

鳴き声：キャウ・キャウ……と聞こえる長鳴きと，グエッ・グエッ……と聞こえる短い連続鳴きがあり，連続鳴きの1ノートは約10個のパルスを含み0.1秒ほど続き，0.2-0.4秒の間隔をおいて発せられる．優位周波数は1.2kHzで弱い周波数変調が認められ，倍音もやや明瞭．

生態：水田付近に棲息する．繁殖期は南西諸島では4月から，本州では5-8月で，水田のほか，降雨の後の一時的な水たまりなどの浅い止水にも産卵が見られる．繁殖♀を待つ♂は，岸辺近くの陸上で鳴いていることが多い．♀は移動しながら，何度にも分けて卵を産み出すので，卵は小さい卵塊として水草などに付着したり，水面に層状に浮く．♀は長い繁殖期間中，卵が成熟すると産卵を繰り返すらしい．幼生の高温に対する耐性は，カエル類の中でもっとも高いものの一つで，43℃に達することが実験的に知られている．変態期は6月下旬以降で，変態した個体のうち，♂の多くは秋のうちに，そして♀も多くが翌年の6月頃には，性的成熟に達し繁殖に参加する．行動によって体温調節を行うらしい．クモ，ダンゴムシ，アリ，鞘翅類，直翅類など比較的小さな餌をよく食べるが，ミミズ，ドジョウ，同種ないし他種のカエルも食べ，トノサマガエルの死体を食べかけた例も知られている．水田周辺に生活する鳥類，シマヘビやヤマカガシ，そしてときにはトノサマガエルの餌となっている．地表近くの浅い土中で越冬する．沖縄島では戦前に食用に供せられたという．

分類：属名は「Fejervaryの」の意味でハンガリーの化石両棲類学者Géza Julius Fejervary男爵に献名したもの．種小名は「川村の」の意味で，両棲類の遺伝・発生の解明に貢献し，両生類研究施設を設立した広島大学の川村智治郎氏に献名したもの．タイプ産地は広島県東広島市で，タイプ標本は広島大学両生類研究施設（現センター）に保管されている．長い間ジャワをタイプ産地とし，東南アジアに広く分布するジャワヌマガエルF. limnocharis (Gravenhorst, 1829)とされてきたが，分子系統遺伝学的研究の結果，独立種とされた．日本国外の分布については，十分な研究はなされていない．日本国内でも形態的・遺伝的な分化が見られる．九州以北産では細い背中線がかなりの頻度で出現するが，奄美・沖縄群島産では背中線は出現せず，また後肢の体長に対する比率も異なる．

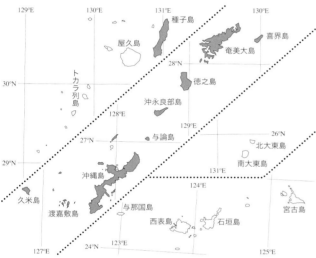

核型 Karyotype

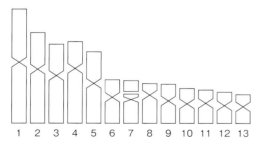

声紋 Sonagram

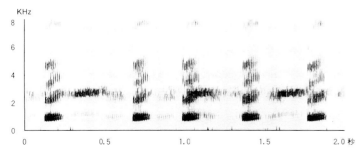

Japanese Rice Frog
Numa Gaeru
Fejervarya kawamurai Djong, Matsui, Kuramoto, Nishioka et Sumida, 2011

Distribution: Honshu, from Chubu District and westwards, Shikoku, Kyushu, Southwestern Is. excepting Sakishima Is. Outside of Japan, from central China, western Taiwan.

Description: Males 29-45 (mean=36) mm and females 32-54 (mean=42) mm in SVL. Body stocky. Head longer than wide, width 32 % of SVL in males and 35 % in females. Canthus indistinct, lore slightly concave. Snout slightly pointed dorsally, length larger than eye. Nostril midway between tip of snout and eye or nearer to the former. Interorbital smaller than upper eyelid. Internarial as large as or larger than distance from eye, and larger than interorbital. Tympanum circular, 1/2 eye diameter or slightly larger. Vomerine tooth series oval with 3 teeth, the center far posterior to the line connecting posterior margins of choanae. Hand and arm length 40 % of SVL. Tibia length 46 % of SVL in males and 45 % in females. Tips of fingers and toes blunt. Webs rather poorly developed, broad web leaving 3 phalanges free on outer margin of 4th toe. Inner metatarsal tubercle elliptical, outer one smaller, but distinct. Tibiotarsal articulation reaching center of tympanum to anterior border of eye. Skin of back with irregularly scattered short ridges. Dorsolateral fold absent, but supratympanic fold strong. A skin fold on outer edge of 5th toe. Males with a median subgular vocal sac and a pair of slit-like vocal openings. Nuptial pads in males yellowish white. Males with transparent minute asperities on throat and abdomen, and with M-shaped dark marking on throat.

Eggs and larvae: Eggs laid in surface-film or attached to weeds in small clumps. Matured ova in a clutch 1,100-1,400, 0.9-1.1 mm in diameter and light brown in animal hemisphere. Matured larva about 40 mm in total length. Tail fin low, dental formula 1:1+1/3 or 1:1+1/1+1:2. SVL at metamorphosis 12-22 mm.

Karyotype: Diploid chromosome 2n=26, with 5 large and 8 small pairs.

Call: Mating call with notes each containing 10 pulses and lasting 0.1 sec. Dominant frequency 1.2 kHz, with weak frequency modulation and harmonics.

Natural History: Generally inhabits plains and hillsides, around rice fields. In Honshu, breeds during May and August in still waters mostly in rice fields, and sometimes in temporary pools. Multiple clutches spawned by a female in a year. Larvae very tolerant of high temperatures. Metamorphosis in late June or later, and most males and many females begin breeding in the following year. Prefers small foods, but occasionally takes larger ones.

Taxonomy: Type locality Hiroshima. Long confused with *F. limnocharis* from Java. Within Japan, slight genetic and morphological variation present, including occurrence of frequency of light middorsal line. Populations outside of Japan not sufficiently studied.

サキシマヌマガエル　*Fejervarya sakishimensis* Matsui, Toda et Ota, 2007

ヌマガエル科

沖縄県石垣島産♂（×1.5）
A male from Ishigakijima Is., Okinawa Pref.

沖縄県石垣島産♀（×1.5）
A female from Ishigakijima Is., Okinawa Pref.

沖縄県西表島産♂（×1.5）
A male from Iriomotejima Is., Okinawa Pref.

沖縄県西表島産♀（×1.5）
A female from Iriomotejima Is., Okinawa Pref.

沖縄県宮古島産♂（×1.5）
A male from Miyakojima Is., Okinawa Pref.

沖縄県宮古島産♀（×1.5）
A female from Miyakojima Is., Okinawa Pref.

沖縄県石垣島産♂背面
Dorsal view of a male from Ishigakijima Is., Okinawa Pref.

沖縄県石垣島産♀背面
Dorsal view of a female from Ishigakijima Is., Okinawa Pref.

沖縄県宮古島産♂背面
Dorsal view of a male from Miyakojima Is., Okinawa Pref.

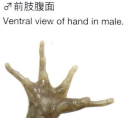
♂前肢腹面
Ventral view of hand in male.

♀前肢腹面
Ventral view of hand in female.

沖縄県西表島産♀背面
Dorsal view of a female from Iriomotejima Is., Okinawa Pref.

♂後肢腹面
Ventral view of foot in male.

♀後肢腹面
Ventral view of foot in female.

沖縄県石垣島産♂腹面
Ventral view of a male from Ishigakijima Is., Okinawa Pref.

沖縄県石垣島産♀腹面
Ventral view of a female from Ishigakijima Is., Okinawa Pref.

卵塊 Egg mass.

幼生前面
Frontal view of larva.

幼生背面（×2.8） Dorsal view of larva.

変態後幼体（×4.0）
A froglet just after metamorphosis.

幼生側面 Lateral view of larva.

幼生腹面 Ventral view of larva.

DICROGLOSSIDAE 65

サキシマヌマガエル　*Fejervarya sakishimensis* Matsui, Toda et Ota, 2007

分布：宮古列島と八重山列島．多良間島，黒島，与那国島，南北大東島には人為移入．

ヌマガエルに似るが，大型で幅広い背中線をもつことがあり，鳴き声も異なる．遺伝的にも大きく分化している．先島諸島のみに分布し，ヌマガエルと異なり，水辺からかなり離れた場所にも棲む．

記載：成体の体長は♂で41-57（平均49）mm，♀で50-69（平均58）mm．体は頑丈で，頭部はやや細長い．頭幅は♂で体長の37％，♀で36％ほどで頭長よりもやや小さい．頭部は背面観では直線状に前方に狭まるが，吻端はにぶく尖る程度．側面観ではゆるく斜向し，吻端は円く終わる．眼鼻線は不明瞭．頬部は斜向しわずかに凹む．吻長は上眼瞼長および眼前角間よりずっと大きい．外鼻孔は吻端と眼の前端とのほぼ中央，または吻端寄りにある．左右の上眼瞼の間は平坦で凹まず，その間隔は上眼瞼の幅より小さい．左右の外鼻孔の間隔は，眼からの距離にほぼ等しく，上眼瞼間の間隔より大きい．鼓膜はほぼ円形ないし短楕円形で，直径は眼径の半分または，それよりやや大きい．鋤骨歯板は卵形で斜向し，その中心は左右の内鼻孔の後端を結んだ線よりずっと後方にある．各歯板には3-6個の歯をそなえている．

　手腕長は体長の40％程度．脛長は♂で体長の50％，♀で49％ほど．前肢指端はにぶく終わる．指式は2<4<1<3．内掌隆起は扁平に近い短楕円形である．後肢趾端もにぶく終わる．趾間のみずかきは比較的発達が悪く，切れ込みは深い．みずかきは♂では第1趾から第3趾の外縁と，第5趾の内縁では末端関節を残し，第4趾では遠位の3関節を残して幅広く発達するが，♀ではそれより発達が悪い．内蹠隆起は長楕円形でややよく隆起するが，外蹠隆起は小さな楕円形で発達が悪い．後肢を体軸に沿って前方にのばしたとき，脛跗関節は，眼の中心ないし前縁に達することが多い．後肢を体軸と直角にのばして膝関節を折り曲げると，左右の脛跗関節はやや重複する．

　背表には多数の不規則な隆条が散在する．体側と胴後部ににぶい円形の顆粒をそなえる．腹面はほぼ平滑．上唇縁後部と前肢基部の間の隆条は発達が悪く，背側線隆条もない．鼓膜後背側隆条は太く隆起し明瞭．体側には脇の下と大腿基部を結ぶ暗色のヌマガエル線が走る．第5趾外縁の趾端から外蹠隆起の間に皮膚ひだをもつ．

二次性徴：♀は♂よりも大型である．♂は咽喉下に，単一だが正中部で左右に分かれる鳴嚢をもち，鳴嚢孔は1対あって，上下顎関節内側から舌の基部方向にかけてスリット状に開く．♂の婚姻瘤は黄白色の顆粒からなり，前肢第1指の基部から，関節下隆起までの背内側に弱く発達する．♂は♀よりも前腕部が頑強である．♂はのどから腹にかけて，透明の小顆粒を密布し，また，のどに幅広いM字形の暗色斑紋をもつ．

卵・幼生：一腹中の完熟卵数は3,300-3,800個，卵径は1.2-1.4 mmで，動物極は淡褐色．幼生は全長32 mmほどに達し，尾の丈は低く，口器は大きくはない．歯式は1:1+1/2+2:1だが不完全なことが多い．変態時の体長は13 mmほどである．

核型：染色体数は26本で，大型5対，小型8対からなる．大型対のうち第4対，小型対では第8，11対のみが次中部動原体型で，他は中部動原体型である．二次狭窄は第7対の短腕にある．

鳴き声：クワー・クワー……と聞こえる長鳴きと，ケレー・ケレー……と聞こえる短い連続鳴きを発する．連続鳴きの1ノートは4-7個のパルスを含み0.25秒ほど続き，0.1-0.2秒の間隔を置いて発せられる．優位周波数は1.0 kHzで弱い周波数変調が認められ，倍音もやや明瞭．ヌマガエルよりもパルス間隔が長く，周波数も低い．

生態：平地ばかりでなく山地にも見られ，水田や小さな池の付近ばかりでなく，水辺からかなり離れた森林の中でも生活する．繁殖期は4-8月を含み，水田や池のほか，一時的な水たまりなどの浅い止水にも産卵する．繁殖行動はヌマガエルに似る．変態期には5-8月が含まれる．幼生はヤエヤマイシガメに捕食される．

分類：種小名は「先島の」の意味で分布域に因む．タイプ産地は石垣島於茂登で，タイプ標本は京都大学に保管されている．体はヌマガエルより大型で後肢が長く，幅の広い背中線をもつ個体が出現する．ヌマガエルと遺伝的に大きく異なり，鳴き声も分化しているので別種とされた．分子系統樹上ではヌマガエルと単系統群をなし，ジャワヌマガエルを含む群と姉妹群をなす．台湾東部産のヌマガエル類と近縁だが詳細は不明．

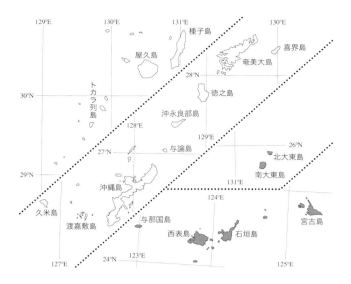

Sakishima Rice Frog
Sakishima-Numa-Gaeru
Fejervarya sakishimensis Matsui, Toda et Ota, 2007

Distribution: Miyako Is. and Yaeyama Is.
Description: Males 41-57 (mean=49) mm and females 50-69 (mean=58) mm in SVL. Body stocky. Head slightly longer than wide, width 37 % of SVL in males and 36 % in females. Canthus indistinct, lore slightly concave. Snout slightly pointed dorsally, length larger than eye. Nostril midway between tip of snout and eye or nearer to the former. Interorbital smaller than upper eyelid. Internarial as large as distance from eye, and larger than interorbital. Tympanum circular, 1/2 eye diameter or slightly larger. Vomerine tooth series oval with 3-6 teeth, the center far posterior to the line connecting posterior margins of choanae. Hand and arm length 40 % of SVL. Tibia length 50 % of SVL in males and 49 % in females. Tips of fingers and toes blunt. Webs rather poorly developed, broad web leaving 3 phalanges free on outer margin of 4th toe. Inner metatarsal tubercle elliptical, outer one smaller and poorly developed. Tibiotarsal articulation reaching center to anterior border of eye. Skin of back with irregularly scattered short ridges. Dorsolateral fold absent, but supratympanic fold strong. A skin fold on outer edge of 5th toe. Males with a median subgular vocal sac and a pair of slit-like vocal openings. Nuptial pads in males yellowish white. Males with transparent minute asperities on throat and abdomen, and with M-shaped dark marking on throat.
Eggs and larvae: Eggs similar to *F. kawamurai*. Matured ova in a clutch 3,300-3,800, 1.2-1.4 mm in diameter and light brown in animal hemisphere. Matured larva about 32 mm in total length. Tail fin low, dental formula 1:1+1/2+2:1. SVL at metamorphosis 13 mm.
Karyotype: Diploid chromosome 2n=26, with 5 large and 8 small pairs.
Call: Mating call with notes each containing 4-7 pulses and lasting 0.25 sec. Dominant frequency 1.0 kHz, with weak frequency modulation and harmonics.
Natural History: Inhabits from plains to montane regions. Often found in forests far from rice fields. Breeds during April and August in various bodies of still waters. Reproductive behavior like that of *F. kawamurai*. Metamorphosis during May and August.
Taxonomy: Type locality Ishigakijima Is. Closely related to *F. kawamurai*, but differs from it morphologically, acoustically, and genetically at a distinct specific level. On phylogenetic tree, forming a clade with *F. kawamurai*, which is a sister clade to *F. limnocharis*. Related to rice frogs from eastern Taiwan, but their relationships unknown.

核型 Karyotype

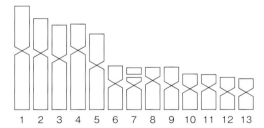

声紋 Sonagram

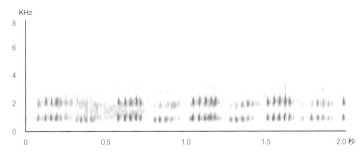

DICROGLOSSIDAE 67

ナミエガエル *Limnonectes namiyei* (Stejneger, 1901)

沖縄県沖縄島産♂（×1.5）
A male from Okinawajima Is., Okinawa Pref.

沖縄県沖縄島産♀（×1.5）
A female from Okinawajima Is., Okinawa Pref.

沖縄県沖縄島産♂背面
Dorsal view of a male from Okinawajima Is., Okinawa Pref.

沖縄県沖縄島産♀背面
Dorsal view of a female from Okinawajima Is., Okinawa Pref.

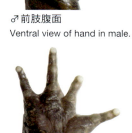
♂前肢腹面
Ventral view of hand in male.

♀前肢腹面
Ventral view of hand in female.

沖縄県沖縄島産♂腹面
Ventral view of a male from Okinawajima Is., Okinawa Pref.

沖縄県沖縄島産♀腹面
Ventral view of a female from Okinawajima Is., Okinawa Pref.

♂後肢腹面
Ventral view of foot in male.

♀後肢腹面
Ventral view of foot in female.

卵塊 Egg mass.

幼生前面
Frontal view of larva.

幼生背面（×2.2） Dorsal view of larva.

幼生側面 Lateral view of larva.

幼生腹面 Ventral view of larva.

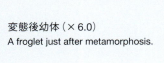
変態後幼体（×6.0）
A froglet just after metamorphosis.

DICROGLOSSIDAE 69

ナミエガエル *Limnonectes namiyei* (Stejneger, 1901)

分布：沖縄島. 奄美大島からの記録は誤りと思われる. 沖縄島の固有特産種.
保全：環境省レッドリスト2017の絶滅危惧IB類（EN）, 国内希少野生動植物種.

半水棲の大型のカエル. 瞳がひし形で赤く, 体はぬめぬめしている. ミジワクピチと呼ばれ, ホルストガエルとともに食用・薬用とされたが, 現在では沖縄県指定の天然記念物として保護されている.

記載：成体の体長は♂で79-117（平均99）mm, ♀で72-91（平均85）mm. 体は非常に太く頑丈. 頭部は♂では非常に大きい. 頭幅は♂で体長の51％ほどに達し, ♀でも45％ほどあって頭長よりはるかに大きい. 頭部は背面観では直線状に前方に狭まるが, 吻端はやや尖る程度. 側面観ではゆるく斜向し, 円く終わる. 眼鼻線はにぶいが, 細い隆条をもつことがある. 頰部は斜向し明らかに凹む. 吻長は上眼瞼長よりも大きいことも小さいこともあるが, 眼前角間よりも小さい. 外鼻孔は, 吻端と眼の前端との中央よりも吻端寄りにある. 左右の上眼瞼の間は弱く隆起し, その間隔は上眼瞼の幅より大きい. 左右の外鼻孔の間隔は眼からの距離に等しいか, より小さく, 上眼瞼間の間隔より小さい. 鼓膜は眼のずっと後方にあるが皮下に隠れ, 不明瞭. ほぼ円形で, 直径は眼径の半分よりやや大きいか, 2/3程度. 鋤骨歯板は楕円形で斜向し, その中心は左右の内鼻孔の後端を結んだ線よりずっと後方にある. 各歯板には3-5個の歯をそなえている.

手腕長は♂で体長の43％, ♀で44％ほど. 脛長は♂で体長の44％, ♀で46％ほど. 前肢指端は球形に近く, やや膨大する. 指式は4<2<1<3. 内掌隆起は短楕円形であまり隆起せず, 不明瞭. 後肢趾端は明瞭に膨大し, 部分的に周縁溝をもつこともある. 趾間のみずかきはよく発達し, 切れこみは非常に浅い. みずかきは第1趾から3趾の外縁, 第5趾の内縁, 第4趾の内外縁のすべてで吸盤基部に達する. 内蹠隆起はかなり長い楕円形で著しく隆起し, 切断縁をもつが外蹠隆起を欠く. 後肢を体軸に沿って前方にのばしたとき, 脛跗関節は雌雄とも眼の後端ないし, 中心の水準に達する. 後肢を体軸と直角にのばして膝関節を折り曲げると, 左右の脛跗関節は大きく離れる.

体背面には不規則な皺が多く, また頂部に白い顆粒をもつ円い隆起が散在し, とくに脛部では密である. 上眼瞼の後半部に弱い顆粒群をもち, 左右の上眼瞼の後部を結ぶ皮膚皺がある. 上唇縁後背部から後方にむかい, 前肢基部の前方で終わる皮膚皺をもつ. 背側線は前部のみがやや明瞭で, 短い隆条列からなる. 鼓膜後背側隆条は明瞭. 後肢第5趾外縁には, 趾端から脛跗関節にかけて明瞭な皮膚ひだが強く発達し, また後肢第1趾内縁では, 内蹠隆起から跗部のほぼ半分の長さにわたって皮膚ひだが走る. 左右の下顎前端は牙状に隆起し, 上顎にはこれを受け入れるための1対の凹みをもつ.

二次性徴：♂は♀よりも明らかに大型であるが, これは♂の頭部が齢を重ねるとともに, 異常に巨大化することによる. 頭幅の体長に対する比率は44.5％を境にして♂で大きく, ♀で小さい. また, 頭部の巨大化は顎筋量の増大と平行するた

め, ♂では肩の部位が強く隆起し, 瘤状となる. ♂は1対の鳴嚢を下顎のかなり内側にもち, 鳴嚢孔も1対あって, 上下顎会合部の内側に円く開く. ♂の婚姻瘤は不明瞭であるが, 白色半透明の顆粒からなり, 前肢内掌隆起の内側と, それに続く関節下隆起末端までの部分の背側をおおう. ♂は♀よりも前腕部が頑強で, 下顎の牙状突起もずっと強く発達する.

卵・幼生：卵径は2.2-2.5mmで, 動物極は茶褐色. 直径15mmほどの粘着性のあるゼリー層に包まれる. 幼生は成長すると全長40mmほどに達し, 褐色の眼鼻線より下部が白いことが特徴. 尾は比較的長いが, 口器は大きくはない. 歯式は1:1+1/2+2:1, または1:2+2/1+1:2だが不完全なことが多い. 変態時の体長は8-10mmほどである.

核型：染色体数は22本で, 大型対, 小型対は明瞭に区別できない. 第3対のみが次中部動原体型で, 他は中部動原体型である. 二次狭窄は認められない.

鳴き声：クオッ・クオ・クオッ・クオッ……と聞こえる. 1声は約7秒続き, 50ノートほどからなる. 1ノートは約0.1秒続き, 優位周波数は約1kHzで周波数変調は認められず, 倍音も不明瞭.

生態：山地渓流の源流部付近に棲息し, 暗所を好み半水棲に近く, 水中につかっていることが多い. 繁殖期は4月下旬から8月で, 砂泥質の浅い流れ, 林道上の湧水たまりに産卵が見られる. ♀を待つ♂は, 岸辺の岩石の下で半身水につかりながら鳴いていることが多い. 卵は何度かにわたって産み出され, 塊とならず個々がゆるくつながるか, ばらばらに産み出される. 繁殖期の水温は18-20℃である. 変態期は7-8月で産卵後約3か月で変態する. 変態後3年以降に性的成熟に達するといわれる. 水棲のサワガニ, エビ類, トビケラなどを食べるが, とくにサワガニを非常によく食べ, 他の多くのカエル類と異なり水中でも摂食する. ヤスデ類, リュウキュウアカガエル, オキナワアオガエル, クロイワトカゲモドキをも捕食する. 卵はオキナワイシカワガエルの幼生に食べられる.

分類：属名*Limnonectes*は「湖沼の泳者」の意味. 種小名は「波江氏の」の意味で, タイプ標本の置かれていた帝国大学理科大学博物館（現東京大学総合博物館）の波江元吉氏に献名したもの. タイプ産地は沖縄島で, タイプ標本の現況は不明. この属の種では一般に♂で頭部が巨大化したり, 下顎の左右会合部上縁が牙状となる. 染色体数はタイワンクールガエル *L. fujianensis* Ye and Fei, 1994 とともに, クールガエル類の中では最少. 両者は形態的にも極めて近縁で, 鳴き声も類似し, 共通祖先をもつと考えられる. 本種はタイワンクールガエルより体が大きいことで区別できる.

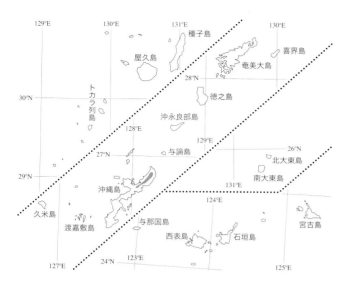

Namie's Frog
Namie-Gaeru
Limnonectes namiyei (Stejneger, 1901)

Distribution: Okinawajima Is.

Description: Males 79-117 (mean = 99) mm and females 72-91 (mean = 85) mm in SVL. Body large and very stocky. Head much wider than long, width to 51 % of SVL in males and 45 % in females. Canthus blunt, but sometimes with narrow ridge. Lore concave. Snout slightly pointed dorsally, length larger or smaller than eye. Nostril nearer to tip of snout than to eye. Interorbital much wider than upper eyelid. Internarial as large as or smaller than distance from eye, and smaller than interorbital. Tympanum hidden under the skin. Vomerine tooth series elliptical with 3-5 teeth, the center far posterior to the line connecting posterior margins of choanae. Hand and arm length 43 % of SVL in males and 44 % in females. Tibia length 44 % of SVL in males and 46 % in females. Tips of fingers slightly and toes clearly swollen into small discs. Webs very well developed, broad webs reaching base of disc on both margins of 4th toe. Inner metatarsal tubercle elliptical, but outer one absent. Tibiotarsal articulation reaching posterior border or center of eye. Skin of back rugose with scattered round tubercles tipped with white asperities. Interrupted dorsolateral fold present only anteriorly, but supratympanic fold strong. A skin fold on outer edge of 5th toe and a strong tarsal fold along half length of tarsus. A fang-like projection on tip of lower jaw. The larger body size in males results from enlargement of head. A pair of vocal sacs and openings on inner sides of mouth in males. Nuptial pads in males weak with semitransparent white asperities. Fang-like process in males much larger.

Eggs and larvae: Eggs laid scattered or in small clumps. Eggs 2.2-2.5 mm in diameter and brown in animal hemisphere. Matured larva about 40 mm in total length with white spot below canthus. Dental formula 1:1+1/2+2:1 or 1:2+2/1+1:2. SVL at metamorphosis 10 mm.

Karyotype: Diploid chromosome 2n = 22, large and small pairs not clearly divisible.

Call: Mating call lasting about 7 sec with 50 notes, each lasting 0.1 sec. Dominant frequency 1 kHz, without frequency modulation or clear harmonics.

Natural History: Inhabits montane forests around upper reaches of shaded streams. Breeds from late April to August in shallow pools in very slowly flowing montane streams or in small springs on forest trail. Metamorphosis from July to August. Pobably sexually mature 3 or more years after metamorphosis. Feeds on small aquatic animals, including larval caddisflies, shrimps, and, particularly, crabs.

Taxonomy: Type locality Okinawajima. With only 22 diploid chromosomes, common ancestry with continental species of frogs formerly included in *L. kuhlii* almost certain. Phylogenetically a sister species to Taiwanese and Chinese *L. fujianensis*.

Conservation: Listed as Endangered in The Japanese Red List 2017.

核型 Karyotype

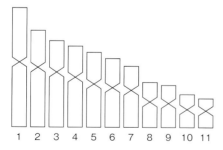

声紋 Sonagram

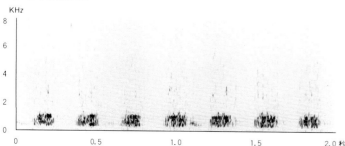

DICROGLOSSIDAE

ツシマアカガエル　*Rana tsushimensis* Stejneger, 1907

アカガエル科

長崎県対馬産♂（×2.0）
A male from Tsushima Is., Nagasaki Pref.

長崎県対馬産♀（×2.0）
A female from Tsushima Is., Nagasaki Pref.

長崎県対馬産♂（×2.0）
A male from Tsushima Is., Nagasaki Pref.

長崎県対馬産♀（×2.0）
A female from Tsushima Is., Nagasaki Pref.

長崎県対馬産♂背面
Dorsal view of a male from Tsushima Is., Nagasaki Pref.

長崎県対馬産♀背面
Dorsal view of a female from Tsushima Is., Nagasaki Pref.

長崎県対馬産♂背面
Dorsal view of male from Tsushima Is., Nagasaki Pref.

♂前肢腹面
Ventral view of hand in male.

♀前肢腹面
Ventral view of hand in female.

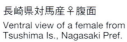
長崎県対馬産♂腹面
Ventral view of a male from Tsushima Is., Nagasaki Pref.

長崎県対馬産♀腹面
Ventral view of a female from Tsushima Is., Nagasaki Pref.

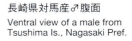
長崎県対馬産♂腹面
Ventral view of a male from Tsushima Is., Nagasaki Pref.

♂後肢腹面
Ventral view of foot in male.

♀後肢腹面
Ventral view of foot in female.

卵塊 Egg mass.

幼生前面
Frontal view of larva.

幼生背面（×2.6） Dorsal view of larva.

変態後幼体（×4.0）
A froglet just after metamorphosis.

幼生側面 Lateral view of larva.

幼生腹面 Ventral view of larva.

RANIDAE

ツシマアカガエル *Rana tsushimensis* Stejneger, 1907

分布：対馬.

保全：環境省レッドリスト2017の準絶滅危惧（NT）.

対馬に固有の小さなアカガエルで，ごくふつうに見られる．形態的に南西諸島産のアマミアカガエル・リュウキュウアカガエルと似ており，遺伝距離はかなり異なるものの，姉妹群をなす近縁な関係にある.

記載：成体の体長は♂で31-37（平均35）mm，♀で37-44（平均43）mm．体は比較的細く，頭部は短い．頭幅は♂で体長の33％，♀で31％ほどで頭長よりわずかに大きい．頭部は背面観ではゆるい弧を描いて円く終わる．側面観でも円く終わり，♀の一部でやや裁断状．眼鼻線はにぶいが明瞭．頬部は弱く斜向し，凹みをもつ．吻長は上眼瞼長と同長か，やや大きく，眼前角間と同長ないし，やや小さい．外鼻孔は，吻端と眼の前端との中央よりも吻端寄りにあるのがふつう．左右の上眼瞼の間は平坦で凹まず，その間隔は上眼瞼の幅より大きいのがふつうだが，等しいこともある．左右の外鼻孔の間隔は，眼からの距離および上眼瞼間の間隔より大きいことが多いが，小さいこともある．鼓膜はほぼ円形で小さく，直径は眼径の約半分．鋤骨歯板は短楕円形で斜向するが，退化的なこともある．その中心は左右の内鼻孔の後端を結んだ線上，または，より前方にある．各歯板には2-6個の歯をそなえている.

手腕長は♂で体長の49％，♀で46％ほど．脛長は♂で体長の55％，♀で56％程度．前肢指端はそれほど膨大するわけではないが，細まらず，ややへら状を呈する．指式は2<1<4<3．内掌隆起は長楕円形で扁平．後肢趾端は前肢と似た形状．趾間のみずかきはふつうに発達し，切れこみは♂では比較的浅いが，♀では深い．♂ではみずかきは，第1趾から第3趾の外縁では末端関節ないし，それと趾端との間に達し，第5趾の内縁では末端関節と趾端との間に達する．第4趾では内縁で遠位2関節，外縁で1-2関節を残して幅広く発達する．♀では第1趾から第3趾の外縁では，末端関節ないし遠位第2関節に達し，第5趾の内縁では末端関節に達する．第4趾では内縁で3関節，外縁で2-3関節を残して幅広く発達する．内蹠隆起は楕円形でよく隆起しており，外蹠隆起は円形で小さいが明瞭．後肢を体軸に沿って前方にのばしたとき，脛跗関節は雌雄とも，外鼻孔ないし吻端に達する．後肢を体軸と直角にのばして膝関節を折り曲げると，左右の脛跗関節は重複する.

体背面の皮膚は上眼瞼や背側線隆条の背面も含め，小さい顆粒を散布し，♂では個々の顆粒は棘状となっている．体側の顆粒はやや大きく，複数の棘を含むことがある．上唇縁後部から後方にむかい，前肢基部の前方で終わる顕著な隆条をもつ．背側線隆条は明瞭で比較的幅広いことがある．背側線隆条は，鼓膜の後背側で外方へ曲がり，鼓膜後背側隆条を分枝する．後者は幅広く，にぶいことが多い.

二次性徴：♀は♂よりもやや大型である．♂も鳴嚢，鳴嚢孔をもたない．♂の婚姻瘤は灰褐色の顆粒からなり，前肢第1指の基部から末端関節と関節下隆起の間までの背内側を広くおおい，さらに細い帯状にのびて末端関節におよぶ．♂は♀よりも前腕部が頑強である.

卵・幼生：蔵卵数は400-500個，卵径は1.7-2.3mmで，動物極は黒褐色．幼生は成長すると全長34mm以上になり，胴部背面に1対の黒褐色の点状斑紋をもつ．尾はふつうの長さで，口器は大きくはない．歯式は1:2+2/1+1:3または1:3+3/1+1:3.

核型：染色体数は26本で，大型5対，小型8対からなる．大型対のうち，第4対のみが次中部動原体型で，他は中部動原体型である．小型対では第8，9，12，13対が次中部動原体型，第10対が次端部動原体型で，残りは中部動原体型である．二次狭窄は第9対の長腕にある.

鳴き声：キュッ・キュッ・キュッ……と聞こえる．1声は約1秒続き，3-5ノートほどからなる．優位周波数は2.1kHzで強い周波数変調が認められ，倍音も極めて明瞭.

生態：平地から丘陵地に棲息する．繁殖期はふつう1月中旬から4月であるが，5月になることもある．繁殖場所は水田，池，沼，溝，湿地，山道の水たまりなど，いずれも浅い止水で，卵は一時に球を圧平したような形の卵塊として産み出される．繁殖期の水温は9℃ほどである．チョウセンヤマアカガエルと同所的に棲息する地域での繁殖期は，本種の方が早いことが多い．両者は体の大きさが違うし，鳴き声もまったく異なるので，繁殖前隔離はかなり完全と思われる．たとえ，交雑が起きても雑種は不妊ないし，幼生段階で死滅することが実験的に知られている．繁殖期にはツシママムシに捕食される.

分類：属名*Rana*は「アカガエル」，種小名は「対馬産の」の意味．タイプ産地は対馬で，タイプ標本はスミソニアン国立自然史博物館に保管されている．かつて中国東北部・沿海州・サハリンに分布するアムールアカガエル*R. amurensis* Boulenger, 1886の亜種とされたこともある．しかし，両者はDNAの塩基配列では大きく異なり，また，別亜種とされていた朝鮮半島産のチョウセンアカガエル*R. coreana* Okada, 1927と本種を実験的に交雑すると，雑種胚は死滅する．分子系統解析の結果も本種がこれらと別系統であることを示している．一方，本種はリュウキュウアカガエル・アマミアカガエルと形態的に類似するが，分子系統樹上でもそれらと姉妹群をなす．ただし，それらとの遺伝的距離はかなり大きい.

Tsushima Brown Frog
Tsushima-Aka-Gaeru
Rana tsushimensis Stejneger, 1907

Distribution: Endemic to Tsushima Is.
Description: Males 31-37 (mean=35) mm and females 37-44 (mean=43) mm in SVL. Body slender and head short, width 33 % of SVL in males and 31 % in females, slightly wider than long. Canthus blunt, lore concave. Snout longer than or equal to eye. Nostril nearer to tip of snout than to eye. Interorbital usually wider than upper eyelid. Internarial usually wider than distance from eye, and wider than interorbital. Tympanum circular, 1/2 eye diameter. Vomerine tooth series oval with 2-6 teeth, the center on or anterior to the line connecting posterior margins of choanae. Hand and arm length 49 % of SVL in males and 46 % in females. Tibia length 55 % of SVL in males and 56 % in females. Tips of fingers and toes slightly dilated. Webs moderate, broad web leaving 1-2 phalanges in males and 2-3 in females free on outer margin of 4th toe. Inner metatarsal tubercle elliptical, outer one small but distinct. Tibiotarsal articulation reaching to nostril or tip of snout. Skin of back covered with minute granules with asperities. Dorsolateral fold evident, slightly flaring outwards above tympanum. Supratympanic fold blunt. No vocal sac or vocal opening in males. Nuptial pads in males grayish brown.
Eggs and larvae: Laid in a globular mass containing 400-500 eggs, dark brown in animal hemisphere and with diameter 1.7-2.3 mm. Matured larva over 34 mm in total length, with a dark spot on each side of black. Dental formula 1:2+2/1+1:3 or 1:3+3/1+1:3.
Karyotype: Diploid chromosome 2n=26, with 5 large and 8 small pairs.
Call: Mating call lasting 1 sec with 3-5 notes. Dominant frequency 2.1 kHz, with marked frequency modulation and clear harmonics.
Natural History: Inhabits plains and hillsides. Breeds from January to April in still waters in rice fields, ponds, ditches, and pools. Often sympatric with *R. uenoi*, but different calls seem to prevent hybridization.
Taxonomy: Type locality is Tsushima Is. Once regarded as a subspecies of *R. amurensis,* but actually they form different clades phylogenetically. Morphologically similar to *R. ulma* and *R. kobai,* and they form a clade on phylogenetic tree.
Conservation: Listed as Near Threatened in The Japanese Red List 2017.

核型 Karyotype

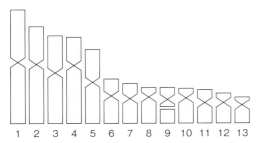

声紋 Sonagram

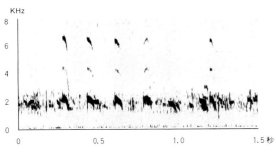

RANIDAE 75

リュウキュウアカガエル *Rana ulma* Matsui, 2011

アカガエル科

沖縄県沖縄島産♂（×2.0）
A male from Okinawajima Is., Okinawa Pref.

沖縄県沖縄島産♀（×2.0）
A female from Okinawajima Is., Okinawa Pref.

沖縄県沖縄島産♂（×2.0）
A male from Okinawajima Is., Okinawa Pref.

沖縄県沖縄島産♀（×2.0）
A female from Okinawajima Is., Okinawa Pref.

沖縄県沖縄島産♂背面
Dorsal view of a male from Okinawajima Is., Okinawa Pref.

沖縄県沖縄島産♀背面
Dorsal view of a female from Okinawajima Is., Okinawa Pref.

沖縄県沖縄島産♂背面
Dorsal view of a male from Okinawajima Is., Okinawa Pref.

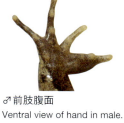
♂前肢腹面
Ventral view of hand in male.

♀前肢腹面
Ventral view of hand in female.

沖縄県沖縄島産♂腹面
Ventral view of a male from Okinawajima Is., Okinawa Pref.

沖縄県沖縄島産♀腹面
Ventral view of fa female from Okinawajima Is., Okinawa Pref.

沖縄県沖縄島産♀背面
Dorsal view of a female from Okinawajima Is., Okinawa Pref.

♂後肢腹面
Ventral view of foot in male.

♀後肢腹面
Ventral view of foot in female.

卵塊 Egg mass.

幼生前面
Frontal view of larva.

幼生背面（×2.7） Dorsal view of larva.

変態後幼体（×5.0）
A froglet just after metamorphosis.

幼生側面 Lateral view of larva.

幼生腹面 Ventral view of larva.

RANIDAE 77

リュウキュウアカガエル *Rana ulma* Matsui, 2011

分布：沖縄島, 久米島.
保全：環境省レッドリスト2017の準絶滅危惧（NT）.

南西諸島産のアカガエルで，上唇の上半部が白いのが特徴. ツシマアカガエルと形態的・遺伝的に近く，他の南西諸島産のカエル類の多くと違い，北方起源と考えられる.

記載：成体の体長は♂で33-39（平均36）mm，♀で42-51（平均47）mm. 体は比較的細い. 頭部はやや細長い. 頭幅は体長の32％ほどで，頭長より小さい. 頭部は背面観では，直線状に狭まり，吻端はにぶく終わる. 側面観では吻背面はやや円みを帯びて隆起し，円く終わる. 眼鼻線はふつう明瞭. 頬部はやや傾斜し，凹む. 吻長は上眼瞼長よりやや大きく，眼前角間より小さい. 外鼻孔は，吻端と眼の前端との中央よりも吻端寄りにある. 左右の上眼瞼の間は，平坦で凹まず，その間隔は上眼瞼の幅より小さいのがふつうである. 左右の外鼻孔の間隔は，眼からの距離に等しく上眼瞼間の間隔より大きいことが多い. 鼓膜はほぼ円形で，直径は♂では眼径の3/5，♀では1/2ほど. 鋤骨歯板は卵形で斜向し，その中心は左右の内鼻孔の後端を結んだ線上にある. 各歯板には3-5個の歯をそなえている.

手腕長は体長の48％ほど. 脛長は♂で体長の60％，♀で64％ほど. 前肢指端は細まらず，やや膨大してへら状を呈するが，側縁溝をもたない. 指式は2<1<4<3. 内掌隆起は楕円形でにぶい. 後肢趾端はやや，または明瞭にへら状を呈し，吸盤に近い形状. 趾間のみずかきはほどほどに発達し，切れこみもふつうで，第1趾から第3趾の外縁と第5趾の内縁では末端関節ないし，遠位の1.7関節に達する. 第4趾では内縁で遠位の3関節，外縁で遠位の2.7関節を残して幅広く発達する. ♀は第4趾の外縁で3関節を残す. 関節下隆起は前後肢ともに大きくて顕著. 内蹠隆起は楕円形で，やや強く隆起し，外蹠隆起も小さいが円形で隆起する. 後肢を体軸に沿って前方にのばしたとき，脛跗関節は，吻端よりかなり前方に達するが，膝関節は腋窩に接しないのがふつう. 後肢を体軸と直角にのばして膝関節を折り曲げると，左右の脛跗関節は大きく重複する.

体背面の皮膚は，♂では上眼瞼や背側線隆条の背面も含め，小さい顆粒を散布し，個々の顆粒の頂点は白い棘状となっている. 背中央部ではいくつかが癒合して，ごく短い隆条をつくることもある. また顆粒は跗蹠部外縁で鋭い稜をつくることが多い. 吻部も鮫肌状で，微小な棘状顆粒をもつことが多い. ♀では顆粒の発達は悪く，背表はほぼ平滑なことさえあるが，この場合も上眼瞼背面などに弱い顆粒が散在する. 上唇縁後部から後方にむかい，前肢基部の前方で終わる顕著な隆条をもつ. 背側線隆条は細いが明瞭で，鼓膜の後背側でわずかに外方へ曲がり，鼓膜後背側隆条を分枝するが，まったく曲がっていないこともある. 鼓膜後背側隆条は弱く発達するにすぎない.

二次性徴：♀は♂よりも大型である. ♂も鳴嚢，鳴嚢孔をもたない. ♂の婚姻瘤は灰色または黄褐色の顆粒からなり，前肢第1指の基部から，関節下隆起遠位端までの背内側を広くおおい，さらに細い帯状にのびて指端膨大部の基部におよぶ. ♂は♀よりも前腕部が頑強である.

卵・幼生：蔵卵数は320個ほど. 卵径は2.2-2.6 mmで，動物極は黒褐色. 幼生は成長すると全長33 mmほどになり，ふつう胴中央部背面に1対の黒褐色の点状斑紋をもつのが特徴. 尾は中程度の長さで，口器は大きくはない. 歯式は1:3+3/1+1:3. 変態時の体長は12 mmほどである.

核型：染色体数は26本で，大型5対，小型8対からなる.

鳴き声：ピョッ・ピョッ・ピョッ……と，小鳥のさえずりのように聞こえる. 1声は0.2-0.4秒続き，3-7ノートほどからなる. 優位周波数は2.9 kHzで，倍音は明瞭，周波数変調も明瞭.

生態：平地から山地まで分布し，森林，林道，河川周辺に見られる. 繁殖期は12月中の短期間がふつうで，繁殖場所は河川の源流部のゆるい流れ，林道わきの浅い湧水たまりなどで，卵は10個ほどずつがゆるくつながった小卵塊として産み出されることが多い. 繁殖期の水温は11-15℃ほどである. 繁殖場所にはヒメハブが集まってきて本種を捕食する. ナミエガエルに捕食されることもある. 成体は繁殖期が終わると山林内に分散して生活する.

分類：種小名は古い琉球語で「サンゴの島」を意味し，産地である沖縄に因む. タイプ産地は沖縄県大宜味村で，タイプ標本は京都大学に保管されている. アマミアカガエルとともに長い間*Rana okinavana*と呼ばれてきたが，その名称はヤエヤマハラブチガエルに当てられたことが分かったので，別名が当てられることになった. また，DNA塩基配列に大きな違いがあるのでアマミアカガエルは別種となった. これらは姉妹群をなし，系統的にツシマアカガエルに近くて単系統群をなす. 種内では久米島産と沖縄島産で遺伝的分化がかなり進んでいる.

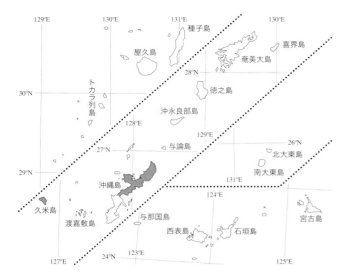

Ryukyu Brown Frog
Ryukyu-Aka-Gaeru
Rana ulma Matsui, 2011

Distribution: Okinawajima Is. and Kumejima Is.
Description: Males 33-39 (mean＝36) mm and females 42-51 (mean＝47) mm in SVL. Body slender and head subtriangular, slightly longer than wide. Canthus blunt, lore concave. Snout slightly longer than eye. Nostril nearer to tip of snout than to eye. Interorbital usually narrower than uppper eyelid. Internarial equal to distance from eye and narrower than interorbital. Tympanum circular, 1/2 to 3/5 eye diameter. Vomerine tooth series oval with 3-5 teeth, the center on or posterior to the line connecting posterior margins of choanae. Hand and arm length 48 % of SVL. Tibia length 60 % of SVL in males and 64 % in females. Tips of fingers and toes slightly dilated. Webs moderate, broad web leaving 2.5-3 phalanges free on outer margin of 4th toe. Inner metatarsal tubercle elliptical, outer one small, circular and elevated. Tibiotarsal articulation reaching far beyond snout, but knee seldom touching axilla. Skin of back covered with minute granules with white asperities especially in males. Dorsolateral fold narrow, but evident, usually slightly flaring outwards above tympanum. Supratympanic fold weak. No vocal sac or vocal sac opening in males. Nuptial pads in males grayish or yellowish brown.
Eggs and larvae: Clutch size 320, eggs dark brown in animal hemisphere and 2.2-2.6 mm in diameter, laid in small clumps. Matured larva over 33 mm in total length, with a dark spot on each side of back, and dental formula 1:3+3/1+1:3. SVL at metamorphosis 12 mm.
Karyotype: Diploid chromosome 2n＝26, with 5 large and 8 small pairs.
Call: Mating call lasting 0.2-0.4 sec with 3-7 notes. Dominant frequency 2.9 kHz, with marked frequency modulation and clear harmonics.
Natural History: Inhabits in plains and low mountains. Breeds in a short period in December in still or slowly flowing waters in shallow pools of montane streams and temporary pools. Males aggregating for breeding are eaten by Okinawa pitvipers.
Taxonomy: Type locality is Ogimi-son, Okinawajima Is. A unique northern element, related to *R. tsushimensis* from Tsushima. Marked genetic differentiation present between *R. kobai*, and fairly diverged between populations from Okinawajima and Kumejima.
Conservation: Listed as Near Threatened in The Japanese Red List 2017.

声紋 Sonagram

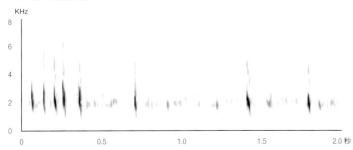

RANIDAE

アマミアカガエル *Rana kobai* Matsui, 2011

アカガエル科

鹿児島県奄美大島産♂（×2.0）
A male from Amamioshima Is., Kagoshima Pref.

鹿児島県奄美大島産♀（×2.0）
A female from Amamioshima Is., Kagoshima Pref.

鹿児島県奄美大島産♂（×2.0）
A male from Amamioshima Is., Kagoshima Pref.

鹿児島県奄美大島産♀（×2.0）
A female from Amamioshima Is., Kagoshima Pref.

鹿児島県奄美大島産♂背面
Dorsal view of a male from Amamioshima Is., Kagoshima Pref.

鹿児島県奄美大島産♀背面
Dorsal view of a female from Amamioshima Is., Kagoshima Pref.

鹿児島県奄美大島産♂背面
Dorsal view of a male from Amamioshima Is., Kagoshima Pref.

♂前肢腹面
Ventral view of hand in male.

♀前肢腹面
Ventral view of hand in female.

鹿児島県奄美大島産♂腹面
Ventral view of a male from Amamioshima Is., Kagoshima Pref.

鹿児島県奄美大島産♀腹面
Ventral view of a female from Amamioshima Is., Kagoshima Pref.

鹿児島県奄美大島♀背面
Dorsal view of a female from Amamioshima Is., Kagoshima Pref.

♂後肢腹面
Ventral view of foot in male.

♀後肢腹面
Ventral view of foot in female.

卵塊 Egg mass.

幼生前面
Frontal view of larva.

幼生背面（×3.0） Dorsal view of larva.

幼生側面 Lateral view of larva.

変態後幼体（×5.3）
A froglet just after metamorphosis.

幼生腹面 Ventral view of larva.

RANIDAE 81

アマミアカガエル *Rana kobai* Matsui, 2011

分布：奄美大島, 加計呂麻島, 徳之島.
保全：環境省レッドリスト2017の準絶滅危惧（NT）.

形態的にはリュウキュウアカガエルに非常によく似ているが, 遺伝的に異なるため独立種とされた奄美群島産のアカガエル.

記載：成体の体長は♂で32-41（平均36）mm, ♀で35-46（平均42）mm. 体は比較的細い. 頭部はやや細長い. 頭幅は体長の33％ほどで, 頭長より小さい. 頭部は背面観では, 直線状に狭まるが, 吻端はにぶく終わることが多い. 側面観では吻背面はやや円みを帯びて隆起し, 円く終わる. 眼鼻線はしばしば, かなりにぶいが明瞭. 頬部は強く傾斜し, 凹みは♂では強いが♀では弱い. 吻長は上眼瞼長より大きいことも小さいこともある. 外鼻孔は, 吻端と眼の前端との中央よりも吻端寄りにある. 左右の上眼瞼の間は平坦で凹まず, その間隔は上眼瞼の幅とほぼ等しい. 左右の外鼻孔の間隔は, 眼からの距離とほぼ等しく, 上眼瞼間の間隔より大きい. 鼓膜はほぼ円形で, 直径は眼径の3/5ほどである. 鋤骨歯板は短楕円形で斜向し, しばしば退化的である. その中心は左右の内鼻孔の中心を結んだ線上にある. 各歯板には5個の歯をそなえている.

手腕長は♂で体長の50％, ♀で47％, 脛長は雌雄とも体長の63％ほど. 前肢指端は細まらず, やや膨大してへら状を呈するが, 側縁溝をもたない. 指式は2<1<4<3. 内掌隆起は楕円形でにぶい. 後肢趾端はやや, または明瞭にへら状を呈し, 吸盤に近い形状. 趾間のみずかきはほどほどに発達し, 切れこみもふつうで, 第1趾から第3趾の外縁と第5趾の内縁では末端関節ないし, 遠位の1.5関節に達する. 第4趾では内縁で遠位の3関節, 外縁で遠位の2関節を残して幅広く発達する. ♀は第4趾の外縁で♂より発達が悪い傾向がある. 前後肢ともに関節下隆起は大きくて顕著. 内蹠隆起は楕円形で強く隆起しているが, 外蹠隆起は小さい. 後肢を体軸に沿って前方にのばしたとき, 脛跗関節は吻端よりかなり前方に達し, 膝関節も腋窩に接するか重複する. 後肢を体軸と直角にのばして膝関節を折り曲げると, 左右の脛跗関節は大きく重複する.

体背面の皮膚は, ♂では上眼瞼後半や背側線隆条の背面も含め, 小さい顆粒を散布し, 個々の顆粒の頂点は白い棘状となっている. 背中央部ではいくつかが癒合して, ごく短い隆条をつくることもある. また顆粒は跗蹠部外縁で鋭い稜をつくることが多い. 吻部も鮫肌状で, 微小な棘状顆粒をもつことが多い. ♀では顆粒の発達は悪く, 背表は, ほぼ平滑なことさえあるが, この場合も上眼瞼背面などに弱い顆粒が散在する. 上唇縁後部から後方にむかい, 前肢基部の前方で終わる顕著な隆条をもつ. 背側線隆条は明瞭でかなり太く, 鼓膜の後背側でわずかに外方へ曲がり, 鼓膜後背側隆条を分枝するが, まったく曲がっていないこともある. 後者は弱く発達するにすぎない.

二次性徴：♀は♂よりも大型である. ♂も鳴嚢, 鳴嚢孔をもたない. ♂の婚姻瘤は灰色の顆粒からなり, 前肢第1指の基部から, 関節下隆起遠位端までの背内側を広くおおい, さらに細い帯状にのびて膨大部基部におよぶ. ♂は♀よりも前腕部が頑強である.

卵・幼生：蔵卵数は510個ほど. 卵径は1.8-2.2mmで, 動物極は黒褐色. 幼生は成長すると, 全長30mmほどになり, ふつう胴中央部背面に1対の黒褐色の点状斑紋をもつ. 尾は中程度の長さで口器は大きくはない. 歯式は1:3+3/1+1:3. 変態時の体長は10mmほどである.

核型：染色体数は26本で, 大型5対, 小型8対からなる. 大型対のうち, 第3対が次中部動原体型で, 他は中部動原体型である. 小型対では第7, 10, 12対が中部動原体型で, 残りは次中部動原体型である. 二次狭窄は第9対の長腕にある.

鳴き声：キョッ・キョッ・キョッ……と, 小鳥のさえずりのように聞こえる. 1声は0.5-1秒続き, 5-8ノートほどからなる. 優位周波数は1.8kHzで, 倍音は明瞭, 周波数変調も明瞭.

生態：平地から山地まで分布し, 森林, 林道, 河川周辺に見られる. 繁殖期は11月下旬から1月上旬がふつうだが, 10月下旬に始まることもあり, 4月におよぶこともある. 繁殖場所は河川の源流部のゆるい流れ, 林道わきの浅い湧水たまり, 池, 湿地などで, 卵は少数ずつばらばらに産み出され, 大きな卵塊とならない. 繁殖期の水温は8-16℃ほどである. 繁殖場所にはヒメハブが集まってきて本種を捕食する. 変態期はふつう, 3月下旬までだが, 遅く産卵された場合には, 4月下旬以降となる. 成体は繁殖期が終わると山林内に分散して生活する.

分類：種小名は「木場氏の」の意味で, 奄美群島の両棲爬虫類相の解明に貢献した熊本大学の木場一夫氏に献名されたもの. タイプ産地は鹿児島県奄美市金作原で, タイプ標本は京都大学に保管されている. 長い間, 沖縄諸島産のリュウキュウアカガエルと形態的に似ており, 区別されていなかったが, 両者の間にはDNA塩基配列に大きな違いがあり, また, リュウキュウアカガエル♀と本種♂との間で作成された雑種は不妊の♂になるので, 両者は別種として扱われることになった.

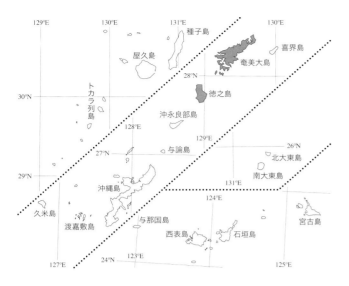

Amami Brown Frog
Amami-Aka-Gaeru
Rana kobai Matsui, 2011

Distribution: Amamioshima Is., Kakeromajima Is., and Tokunoshima Is.

Description: Males 32-41 (mean＝36) mm and females 35-46 (mean＝42) mm in SVL. Body slender and head subtriangular, slightly longer than wide. Canthus blunt, lore concave. Snout subequal to eye. Nostril nearer to tip of snout than to eye. Interorbital subequal to upper eyelid. Internarial subequal to distance from eye and narrower than interorbital. Tympanum circular, about 3/5 eye diameter. Vomerine tooth series circular with 5 teeth, the center on the line connecting medial margins of choanae. Hand and arm length 50 % of SVL in males and 47 % in females. Tibia length 63 % of SVL. Tips of fingers and toes slightly dilated. Webs moderate, broad web leaving 2 phalanges in males and 2.5 in females free on outer margin of 4th toe. Inner metatarsal tubercle elliptical, outer one small. Tibiotarsal articulation reaching far beyond snout, and knee reaching axilla. Skin of back covered with minute granules with white asperities. Dorsolateral fold thick and evident, usually slightly flaring outwards above tympanum. Supratympanic fold weak. No vocal sac or vocal sac opening in males. Nuptial pads in males grayish brown.

Eggs and larvae: Clutch size 510, eggs dark brown in animal hemisphere and 1.8-2.2 mm in diameter, laid in small clumps. Matured larva over 30 mm in total length, with a dark spot on each side of back, and dental formula 1:3+3/1+1:3. SVL at metamorphosis 10 mm.

Karyotype: Diploid chromosome 2n＝26, with 5 large and 8 small pairs.

Call: Mating call lasting 0.5-1 sec with 5-8 notes. Dominant frequency 1.8 kHz, with marked frequency modulation and clear harmonics.

Natural History: Inhabits in plains and low mountains. Breeds from November to January, sometimes to April, in still or slowly flowing waters in shallow pools of montane streams, ponds, and temporary pools. Metamorphosis later than late April.

Taxonomy: Type locality is Amamioshima Is. Long considered conspecific with *R. ulma*, but split at the species rank based on their marked genetic differentiation.

Conservation: Listed as Near Threatened in The Japanese Red List 2017.

核型 Karyotype

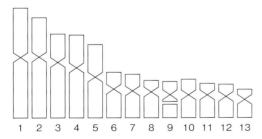

声紋 Sonagram

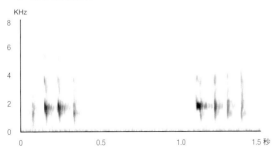

タゴガエル *Rana tagoi tagoi* Okada, 1928

アカガエル科

栃木県日光市産♂（×2.0）
A male from Tochigi Pref.

大阪府千早赤阪村産♀（×2.0）
A female from Osaka Pref.

兵庫県養父市産（小型集団）♂（×2.0）
A small-type male from Hyogo Pref.

兵庫県豊岡市産（小型集団）♀（×2.0）
A small-type female from Hyogo Pref.

高知県高知市産♂（×2.0）
A male from Kochi Pref.

長崎県平戸市産♂（×2.0）
A male from Nagasaki Pref.

に分かれ，一方には大型集団・四国産集団・九州産集団・ヤクシマタゴガエル・オキタゴガエルが，他方には小型集団，ネバタゴガエル，ナガレタゴガエル他が含まれる．これらの間の遺伝的距離は必ずしも大きくはないが，少なくとも同所的に分布し，繁殖期，体の大きさの違う2系統が別種の関係にあるのは間違いなく，その他も鳴き声が異なるので別種とみなすべきであろう．ナガレタゴガエルとともに，台湾産で流水中に産卵するザウターガエル R. sauteri Boulenger, 1909 と姉妹群をなし，この系統は東アジア産の他のアカガエル類とは非常に早い時代に分岐したと考えられる．

核型 Karyotype

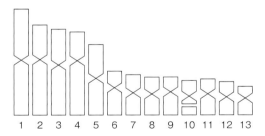

声紋 Sonagram

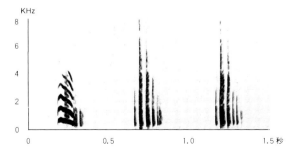

Tago's Brown Frog
Tago-Gaeru
Rana tagoi tagoi Okada, 1928

Distribution: Honshu, Shikoku, Kyushu.

Description: Males 30-58 (mean = 44) mm and females 31-54 (mean = 44) mm in SVL. Body relatively robust. Head width 36 % SVL, slightly wider than long. Canthus blunt, lore concave. Snout shorter than or equal to eye. Nostril midway between tip of snout and eye or nearer to tip of snout. Interorbital narrower than upper eyelid. Internarial wider than distance from eye, and larger than interorbital. Tympanum circular, 1/2 eye diameter. Vomerine tooth series oval with 3-7 teeth, the center far posterior to the line connecting posterior margins of choanae. Hand and arm length 44 % of SVL in males and 43 % in females. Tibia length 53 % of SVL in males and 54 % in females. Tips of fingers and toes slightly dilated. Webs poorly developed, broad web leaving 3 phalanges free on outer margin of 4th toe. Inner metatarsal tubercle elliptical, outer one very small. Tibiotarsal articulation reaching anterior border of eye or nostril. Skin of back nearly smooth or covered with minute granules. Dorsolateral fold evident, always flaring outwards above tympanum. Supratympanic fold distinct. A pair of vocal sacs and openings at corners of mouth in males. Nuptial pads in males gray.

Eggs and larvae: Laid in a small globular mass containing 30-242 very yolky eggs, light grayish-brown in animal hemisphere and with diameter of 2.7-3.0 mm. Matured larva 22-28 mm in total length, with slightly dark pigmentation and long tail. Dental formula variable 1:2+2/1+1:2, 1:1+1/1+1:1, etc. SVL at metamorphosis 7-9 mm.

Karyotype: Diploid chromosome 2n = 26, with 5 large and 8 small pairs.

Call: Mating call with several notes each lasting 0.2sec. Dominant frequency 0.8 kHz, with marked frequency modulation and clear harmonics.

Natural History: Lives chiefly in montane regions. Breeds usually from April to May in slowly flowing underground waters on banks of montane streams. Larva with ability to metamorphose even without feeding. Metamorphosis usually in July. Both sexes usually attain sexual maturity 2-3 years later. Lives among litter on forest floors and feeds on small insects, spiders, and snails.

Taxonomy: Type locality is Kamitakaramura, alt. 3,000 feet, Yoshikigun, Gifu Pref. Marked genetic, acoustic, and reproductive differentiations present among populations and several cryptic species, including a small type, are surely involved. Forming a clade with stream breeding *R. sakuraii* and Taiwanese *R. sauteri*, which is thought to have diverged earlier than other clades of Asian brown frogs.

オキタゴガエル *Rana tagoi okiensis* Daito, 1969

島根県隠岐島島後産♂（×2.0）
A male from Dogo, Oki Is., Shimane Pref.

島根県隠岐島島後産♀（×2.0）
A female from Dogo, Oki Is., Shimane Pref.

島根県隠岐島島前産♂（×2.0）
A male from Dozen, Oki Is., Shimane Pref.

島根県隠岐島島前産♀（×2.0）
A female from Dozen, Oki Is., Shimane Pref.

アカガエル科

島根県隠岐島後産♂背面
Dorsal view of a male from Dogo, Oki Is., Shimane Pref.

島根県隠岐島後産♀背面
Dorsal view of a female from Dogo, Oki Is., Shimane Pref.

島根県隠岐島前産♂背面
Dorsal view of a male from Dozen, Oki Is., Shimane Pref.

♂前肢腹面
Ventral view of hand in male.

♀前肢腹面
Ventral view of hand in female.

島根県隠岐島後産♂腹面
Ventral view of a male from Dogo, Oki Is., Shimane Pref.

島根県隠岐島後産♀腹面
Ventral view of a female from Dogo, Oki Is., Shimane Pref.

島根県隠岐島前産♂腹面
Ventral view of a male from Dozen, Oki Is., Shimane Pref.

♂後肢腹面
Ventral view of foot in male.

♀後肢腹面
Ventral view of foot in female.

卵塊 Egg mass.

幼生前面
Frontal view of larva.

幼生背面（×4.0） Dorsal view of larva.

幼生側面 Lateral view of larva.

変態後幼体（×7.0）
A froglet just after metamorphosis.

幼生腹面 Ventral view of larva.

RANIDAE 89

オキタゴガエル *Rana tagoi okiensis* Daito, 1969

分布：隠岐島（島後，島前西ノ島）.
保全：環境省レッドリスト2017の準絶滅危惧（NT）.

タゴガエルの隠岐産の亜種とされるが，まだ正式に分類学的な記載がされていない．タゴガエルより鼻先が円いなど，形態差はかなり大きく，遺伝的にもかなり分化しており，独立種とされるべきである．

記載：成体の体長は♂で38-43（平均41）mm，♀で45-53（平均50）mm．体は比較的細いが，頭部は大きく幅広い．頭幅は♂で体長の35％，♀で37％ほどで，頭長とほぼ同大かやや小さい．頭部は背面観では，ごくゆるい弧を描いて狭まり，吻端は円く終わる．側面観でも吻は円く終わる．眼鼻線はにぶいが明瞭．頬部は強く傾斜し，凹みをもつ．吻長は上眼瞼長および眼前角間より小さい．外鼻孔は，吻端と眼の前端との中央よりも吻端寄りにある．左右の上眼瞼の間は平坦で凹まず，その間隔は上眼瞼の幅と同大か，それより小さい．左右の外鼻孔の間隔は，眼からの距離および上眼瞼間の間隔より大きい．鼓膜は明瞭，ほぼ円形で，直径は眼径の1/2よりやや大きい．鋤骨歯板はやや短い楕円形でかなり斜向し，その中心は左右の内鼻孔の後端を結んだ線よりずっと後方にある．各歯板には4-9個の歯をそなえている．

　手腕長は♂で体長の47％，♀で45％ほど．脛長は♂で体長の56％，♀で53％ほど．前肢指端はやや扁平で，第1指を除き，やや膨大する．指式は2>1>4>3．内掌隆起は楕円形でやや隆起する．後肢趾端もやや膨大し，扁平で，その程度は前肢の場合より著しい．趾間のみずかきはそれほど発達せず，切れこみは比較的深い．みずかきは，第1，2趾の外縁で趾端近くに達するか1関節を残し，第3趾の外縁で1-2関節を残して発達する．第5趾の内縁では趾端近くに達するか，1ないし2関節を残す．第4趾では内縁で遠位の3ないし3.5関節，外縁で2-2.5関節を残して幅広く発達する．内蹠隆起は楕円形でよく隆起しており，外蹠隆起は小さい円形で明瞭に隆起する．後肢を体軸に沿って前方にのばしたとき，脛跗関節は♂で眼の前端と外鼻孔の間ないし吻端に達し，♀では眼の前端から外鼻孔の間に達する．後肢を体軸と直角にのばして膝関節を折り曲げると，左右の脛跗関節は重複する．

　体背面はほぼ平滑で，体側ににぶい顆粒を散布する程度．腹面も平滑．上唇縁後部から後方にむかい，前肢基部の前方で終わる顕著な隆条をもつ．背側線隆条は細く不明瞭で，鼓膜の後背側で外方へ曲がり，鼓膜後背側隆条を分枝する．
二次性徴：♀は♂より大きい．♂は1対の鳴嚢を下顎内側にもち，鳴嚢孔も1対あって，上下顎関節よりかなり後方内側に開く．♂の婚姻瘤は灰色の顆粒におおわれ，前肢第1指の基部から関節下隆起遠位端までの背内側を広くおおう．♂は♀よりも前腕部が頑強である．
卵・幼生：蔵卵数は153個ほど，卵径は2.7-3.3mmで，動物極は淡い黒色，卵黄に富む．幼生は23mmほどになる．歯式は変異が多く1:1+1/1+1:2, 1:1+1/1+1:1, 1:1+1/2+2:1など．変態時の体長は6-10mmほど．

核型：染色体数は26本で，大型5対，小型8対からなる．大型対のうち，第2対のみが次中部動原体型で，他は中部動原体型である．小型対では第9対が次中部動原体型で，残りは中部動原体型である．二次狭窄は第10対の長腕にある．
鳴き声：グァ・グッグッ……と聞こえ4-6ノートからなり，1ノートは0.08-0.10秒続き，3-5個のパルスからなる．優位周波数は0.7kHzで，倍音，周波数変調も見られる．
生態：山地森林の渓流付近を中心に生活する．繁殖期は2-3月．繁殖場所は渓流沿いにあって，地下をゆっくり流れる伏流水中．卵は球形の卵塊として産み出される．
分類：亜種名は「隠岐島産の」の意味．タイプ産地は島根県隠岐島後と推定される．というのも，本亜種の学名は，学会講演要旨中で提唱されたもので，核型，幼生の形態などにタゴガエル（産地不明）と違いがある，と述べられているだけで，タイプ標本の指定もないからである．このように本亜種の学名には，命名規約上大きな問題があるが，すでに一般書で使用されているので，本書でもこの名を用いておくが，正式な記載を行う必要がある．タゴガエルとの遺伝的な分化の程度はアイソザイムから見ると低いとされるが，実験的にタゴガエル♀と本亜種の♂を交配すると，雑種はすべて完全に不妊の♂になる．なお，ナガレタゴガエルとも雑種不妊によって，ほぼ完全に隔離されている．ミトコンドリアDNA系統樹上ではタゴガエル，ナガレタゴガエルの各系統から独立した群をなし，核DNAではタゴガエル大型集団，ヤクシマタゴガエルなどと同じ系統に入るが，形態的にも他とかなりの差があるから独立種とすべきである．

Oki Tago's Brown Frog
Oki-Tago-Gaeru
Rana tagoi okiensis Daito, 1969

Distribution: Dogo and Nishinoshima (Dozen) Is. of Oki Is.
Description: Males 38-43 (mean = 41) mm and females 45-53 (mean = 50) mm in SVL. Body relatively slender, but head large, width 35 % of SVL in males and 37 % in females, as long as or slightly narrower than long. Canthus blunt, lore concave. Snout rather broadly rounded at tip, shorter than eye. Nostril nearer to tip of snout than to eye. Interorbital equal or narrower than upper eyelid. Internarial wider than distance from eye, and larger than interorbital. Tympanum circular, slightly larger than 1/2 eye diameter. Vomerine tooth series oval with 4-9 teeth, the center far posterior to the line connecting posterior margins of choanae. Hand and arm length 47 % of SVL in males and 45 % in females. Tibia length 56 % of SVL in males and 53 % in females. Tips of fingers and toes slightly dilated. Webs not well developed, broad web leaving 2-2.5 phalanges free on outer margin of 4th toe. Inner metatarsal tubercle elliptical, outer one very small. Tibiotarsal articulation reaching anterior border of eye to tip of snout. Skin of back nearly smooth with scattered granules on sides. Ventrally smooth. Dorsolateral fold narrow, always flaring outwards above tympanum. Supratympanic fold present. A pair of vocal sacs and openings at corners of mouth in males. Nuptial pads in males gray.
Eggs and larvae: Similar to *R. t. tagoi*, about 153 large eggs laid in a small globular mass. Eggs very yolky, light brown in animal hemisphere. Matured larve 23 mm in total length with slight dark pigmentation and long tail. Dental formula variable, 1:1+1/1+1:2, 1:1+1/1+1:1 or 1:1+1/2+2:1. SVL at metamorphosis 6 mm.
Karyotype: Diploid chromosome 2n = 26, with 5 large and 8 small pairs.
Call: Mating call consisting of 4-6 notes, each lasting 0.08-0.1 sec and containing 3-5 pulses. Dominant frequency 0.7 kHz.
Natural History: Inhabits in montane forests around streams. Breeds from February to March in slowly flowing underground waters on banks of montane streams.
Taxonomy: Has never been properly described, but type locality should be Dogo Is.of Oki Is. Type specimen not designated. Morphologically fairly distinct from *R. t. tagoi*, with rounded tip of snout and slightly more developed toe webbing. Genetically also differentiated from *R. t. tagoi* and should be treated as a distinct species with formal description.
Conservation: Listed as Near Threatened in The Japanese Red List 2017.

核型 Karyotype

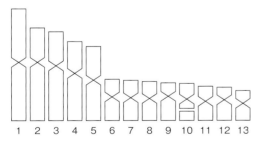

声紋 Sonagram

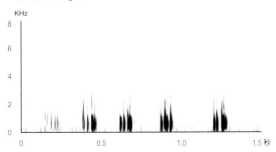

ヤクシマタゴガエル *Rana tagoi yakushimensis* Nakatani et Okada, 1966

鹿児島県屋久島産♂（×2.0）
A male from Yakushima Is., Kagoshima Pref.

鹿児島県屋久島産♀（×2.0）
A female from Yakushima Is., Kagoshima Pref.

鹿児島県屋久島産♂（×2.0）
A male from Yakushima Is., Kagoshima Pref.

鹿児島県屋久島産♀（×2.0）
A female from Yakushima Is., Kagoshima Pref.

鹿児島県屋久島産♂背面
Dorsal view of a male from Yakushima Is., Kagoshima Pref.

鹿児島県屋久島産♀背面
Dorsal view of a female from Yakushima Is., Kagoshima Pref.

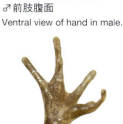
♂前肢腹面
Ventral view of hand in male.

♀前肢腹面
Ventral view of hand in female.

鹿児島県屋久島産♂腹面
Ventral view of a male from Yakushima Is., Kagoshima Pref.

鹿児島県屋久島産♀腹面
Ventral view of a female from Yakushima Is., Kagoshima Pref.

♂後肢腹面
Ventral view of foot in male.

♀後肢腹面
Ventral view of foot in female.

卵塊 Egg mass.

幼生前面
Frontal view of larva.

幼生背面（×2.5） Dorsal view of larva.

幼生側面 Lateral view of larva.

変態後幼体（×5.4）
A froglet just after metamorphosis.

幼生腹面 Ventral view of larva.

RANIDAE

ヤクシマタゴガエル *Rana tagoi yakushimensis* Nakatani et Okada, 1966

分布：屋久島.
保全：環境省レッドリスト2017の準絶滅危惧（NT）.

タゴガエルの屋久島産亜種. タゴガエルより顎や四肢の腹面に暗色の斑紋が多く, みずかきがより発達するとされたが, 顕著な形態差はない. しかし, 遺伝的にはかなり特異である.

記載：成体の体長は♂で37-48（平均44）mm, ♀で42-54（平均48）mm. 体は比較的幅広い. 頭部は短く幅広く, 頭幅は雌雄とも体長の36％ほどで, 頭長よりわずかに大きい. 頭部は背面観では, やや直線状に狭まり, 吻端はやや尖る. 側面観では吻端は円く終わる. 眼鼻線はにぶいが明瞭. 頬部は強く傾斜し, 凹みをもつ. 吻長は上眼瞼長および眼前角間より小さい. 外鼻孔は, 吻端と眼の前端とのほぼ中央にあることが多いが, 吻端寄りにあることもある. 左右の上眼瞼の間は平坦で凹まず, その間隔は上眼瞼の幅より小さい. 左右の外鼻孔の間隔は, 眼からの距離および上眼瞼間の間隔より大きい. 鼓膜はほぼ円形で, 直径は眼径の1/2か, それよりやや大きく, やや不明瞭なこともある. 鋤骨歯板はやや短い楕円形でかなり斜向し, その中心は左右の内鼻孔の後端を結んだ線よりずっと後方にある. 各歯板には4-5個の歯をそなえている.

雌雄とも手腕長は体長の48％ほどで, 脛長は55％ほど. 前肢指端はやや扁平で, 少し膨大する. 指式は2<1<4<3. 内掌隆起は楕円形で扁平に近い. 後肢趾端もやや膨大して扁平となり, その程度は前肢の場合より著しい. 趾間のみずかきは発達がよくはなく, 切れこみはやや深い. みずかきの幅広い部分は, 第1趾の外縁と第5趾の内縁では1ないし2関節を残し, 第2趾の内縁では1関節を残すか, 趾端膨大部基部に達する. 第3趾の内縁では♂で1.5-2関節, ♀で1関節を残す. 第4趾では♂で内外縁とも3関節を, ♀では内縁で3関節以上, 外縁で2.5-3関節を残して幅広く発達する. 内蹠隆起は楕円形で, よく隆起しており, 外蹠隆起はごく小さい円形で, やや明瞭. 後肢を体軸に沿って前方にのばしたとき, 脛跗関節は, ♂では眼の中心ないし吻端に, ♀では外鼻孔ないし, 吻端に達する. 後肢を体軸と直角にのばして膝関節を折り曲げると, 左右の脛跗関節は重複する.

体背面はほぼ平滑だが, 体側にはにぶい顆粒をもつ. 鼓膜の一部とその周囲や上唇に小さい粒起を密布することがあり, 下顎の左右後端もにぶい顆粒におおわれることがある. 上唇縁後部から後方にむかい, 前肢基部の前方で終わる顕著な隆条をもつ. 背側線隆条はやや幅広く明瞭で, 鼓膜の後背側で外方へ曲がり, 明瞭な鼓膜後背側隆条を分枝する.

二次性徴：♀は♂よりもやや大きい. ♂は1対の鳴嚢を下顎内側にもち, 鳴嚢孔も1対あって, 上下顎関節よりかなり後方内側に位置する. ♂の婚姻瘤は灰色の顆粒におおわれ, 前肢第1指の基部から, 関節下隆起遠位端までの背内側を広くおおう. ♂は♀よりも前腕部が頑強で, 繁殖期には体側の皮膚がたるむ.

卵・幼生：蔵卵数は60-120個ほど, 卵径は3.0 mmで動物極は淡い黒色. 幼生は成長すると全長36 mmほどに達することがあり, 尾はかなり長く, 口器は大きくはない. 歯式は1:2+2/1+1:3, 1:2+2/1+1:2など変異がある. 変態時の体長は9 mmほど.

核型：染色体数は26本で, 大型5対, 小型8対からなる. 大型対のうち, 第2, 3対が次中部動原体型で, 他は中部動原体型である. 小型対では第6, 8, 9, 11対が中部動原体型で, 他は次中部動原体型である. 二次狭窄は第8対の長腕にある.

鳴き声：クオッ・クオッ……と聞こえる. 1声は1-5ノートからなり1ノートは0.07秒ほど続くがパルスは不明瞭. 優位周波数は約1.0 kHzと1.7 kHz. 倍音は明瞭で, 周波数変調も顕著.

生態：山地の森林に見られ, 標高1,800 mまで分布する. 繁殖期は10-4月. 繁殖場所は渓流沿いの湿地や, 高層湿原である. 卵は岩石の隙間や, ミズゴケの下をゆるく流れる伏流水中に, 球形の卵塊として一時に産みつけられる. 繁殖期の水温は8-17℃ほどである. ヤクザルに捕食されることがある.

分類：亜種小名は「屋久島産の」の意味. タイプ産地は鹿児島県屋久島安房川だが, タイプ標本が指定されておらず, タイプ標本の所在も不明である. のどや後肢腹面の黒色部分が広く, みずかきがやや発達する, とされたが, これらの形態的特徴は基亜種の九州産などとほとんど差がなく, 遺伝的にも九州産個体群と姉妹群をなすが, 他のどの地域とも異なる独自の集団を形成しているから, 独立種とすべきであろう.

Yakushima Tago's Brown Frog
Yakushima-Tago-Gaeru
Rana tagoi yakushimensis Nakatani et Okada, 1966

Distribution: Yakushima Is.
Description: Males 37–48 (mean = 44) mm and females 42–54 (mean = 48) mm in SVL. Body relatively robust. Head width 36 % SVL, slightly wider than long. Canthus blunt, lore concave. Snout slightly pointed at tip, shorter than eye. Nostril usually midway between tip of snout and eye. Interorbital narrower than upper eyelid. Internarial wider than distance from eye, and larger than interorbital. Tympanum circular, 1/2 eye diameter or slightly larger. Vomerine tooth series oval with 4–5 teeth, the center far posterior to the line connecting posterior margins of choanae. Hand and arm length 48 % SVL, and tibia length 55 % SVL. Tips of fingers and toes slightly dilated. Webs not well developed, broad web leaving 2.5–3 phalanges free on outer margin of 4th toe. Inner metatarsal tubercle elliptical, outer one very small. Tibiotarsal articulation reaching center of eye to tip of snout. Skin of back nearly smooth with minute granules on sides. Dorsolateral fold evident, always flaring outwards above tympanum. Supratympanic fold distinct. A pair of vocal sacs and openings at corners of mouth in males. Nuptial pads in males gray.
Eggs and larvae: Laid in a small globular mass containing 60-120 very yolky eggs light grayish-brown in animal hemisphere, and with diameter 3.0 mm. Matured larva sometimes attain 36 mm in total length, with slight dark pigmentation and very long tail. Dental formula variable 1:2+2/1+1:3, 1:2+2/1+1:2, etc. SVL at metamorphosis 9 mm.
Karyotype: Diploid chromosome 2n = 26, with 5 large and 8 small pairs.
Call: Mating call with 1–5 notes each lasting 0.07 sec and containing indistinct pulses. Dominant frequency 1.0 and 1.7 kHz, with frequency modulation and clear harmonics.
Natural History: Inhabits montane forests up to 1,800 m in altitude. Breeds from October to April in slowly flowing underground waters on rocky banks of montane streams.
Taxonomy: Type locality is River Anbo, Yakushima Is., Kagoshima Pref., but type specimen has not been designated. Originally differentiated from *R. t. tagoi* by wider dark areas on throat and ventral surface of hindlimb, and slightly more developed toe webbing, all of which are also seen in Kyushu populations of *R. t. tagoi*. Phylogenetically forming a clade with Kyushu populations of *R. t. tagoi*, but is greatly differing from the others to be recognized as a good species.
Conservation: Listed as Near Threatened in The Japanese Red List 2017.

核型 Karyotype

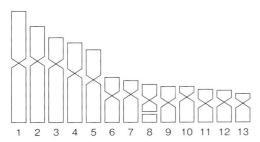

声紋 Sonagram

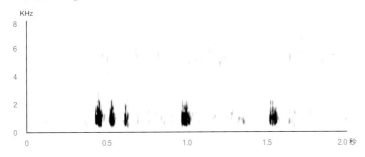

ネバタゴガエル *Rana neba* Ryuzaki, Hasegawa et Kuramoto, 2014

アカガエル科

長野県売木村産♂（×2.0）
A male from Nagano Pref.

長野県売木村産♂（×2.0）
A male from Nagano Pref.

長野県売木村産♀（×2.0）
A female from Nagano Pref.

長野県産♂背面
Dorsal view of a male from Nagano Pref.

長野県産♀背面
Dorsal view of a female from Nagano Pref.

長野県産♂背面
Dorsal view of a male from Nagano Pref.

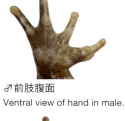
♂前肢腹面
Ventral view of hand in male.

♀前肢腹面
Ventral view of hand in female.

長野県産♂腹面
Ventral view of a male from Nagano Pref.

長野県産♀腹面
Ventral view of a female from Nagano Pref.

長野県産♂腹面
Ventral view of a male from Nagano Pref.

♂後肢腹面
Ventral view of foot in male.

♀後肢腹面
Ventral view of foot in female.

卵塊 Egg mass.

幼生前面
Frontal view of larva.

変態後幼体
A froglet just after metamorphosis.

幼生背面（×3.7） Dorsal view of larva.

幼生側面 Lateral view of larva.

幼生腹面 Ventral view of larva.

RANIDAE 97

ネバタゴガエル　*Rana neba* Ryuzaki, Hasegawa et Kuramoto, 2014

分布：本州中部地方南部.

タゴガエルと鳴き声，染色体数が異なることで独立種として記載されたが，形態的な差異はほとんど認められず識別は実質的に困難である.

記載：成体の体長は♂で38-48（平均45）mm，♀で44-46（平均45）mm. 体は比較的太い. 頭部は短く幅広く，頭幅は♂で体長の35％，♀で34％ほどで，頭長よりわずかに大きい. 頭部は背面観では，ゆるい弧を描いて狭まり，吻端はにぶく終わる. 側面観では吻端は円く終わる. 眼鼻線はにぶいが明瞭. 頬部は強く傾斜し凹みをもつ. 吻長は上眼瞼長にほぼ等しく，眼前角間よりずっと小さい. 外鼻孔は，♀では吻端に，♂では眼の前端に近い. 左右の上眼瞼の間は平坦で凹まず，その間隔は上眼瞼の幅より小さい. 左右の外鼻孔の間隔は，眼からの距離および上眼瞼間の間隔より大きい. 鼓膜はほぼ円形で，直径は眼径の4/7-5/7. 鋤骨歯板はやや短い楕円形でかなり斜向し，その中心は左右の内鼻孔の後端を結んだ線よりずっと後方にある.

　手腕長は♂で体長の44％，♀で40％ほど. 脛長は♂で体長の51％，♀で50％ほど. 前肢指端はやや扁平なことが多く，第1指を除き，やや膨大する. 指式は2<1<4<3. 内掌隆起は楕円形でやや隆起する. 後肢趾端もやや膨大し，扁平なことが多く，その程度は前肢の場合より著しい. 趾間のみずかきは発達が悪く，切れこみはかなり深い. みずかきは，第1趾から第3趾の外縁と第5趾の内縁では1ないし2関節を残し，第4趾では内外縁で遠位の3関節を残して幅広く発達する. 内蹠隆起は楕円形で隆起しているが，外蹠隆起はないかごく小さい円形. 後肢を体軸に沿って前方にのばしたとき，脛跗関節は眼に達する. 後肢を体軸と直角にのばして膝関節を折り曲げると，左右の脛跗関節はわずかに重複する.

　体背面はほぼ平滑ないし，細かくてにぶい顆粒をもち，体側では密である. 鼓膜の一部とその周囲や上唇に小さい粒起を密布することが多い. 下顎もにぶい顆粒におおわれている. 上唇縁後部から後方にむかい，前肢基部の前方で終わる顕著な隆条をもつ. 背側線隆条はやや幅広く明瞭で，鼓膜の後背側で外方へ曲がり，鼓膜後背側隆条を分枝する. 後者は明瞭.

二次性徴：成体の体長に雌雄差はない. ♂は1対の鳴嚢を下顎内側にもち，鳴嚢孔1対あって，上下顎関節よりかなり後方内側に位置する. ♂の婚姻瘤は灰色の顆粒におおわれ，前肢第1指の基部から，関節下隆起遠位端までの背内側を広くおおい，さらに細い帯状にのびて指端近くにおよぶ. ♂は♀よりも前腕部が頑強で，繁殖期には体側の皮膚がたるむ.

卵・幼生：蔵卵数は129個ほど，卵径は2.6-2.9mmで，動物極は淡い黒色，卵黄に富む. 幼生は全長24mmほどで，黒色素は少なく，尾はかなり長い. 口器は大きくはなく，歯式は1:1+1/1+1:2.

核型：染色体数は28本で，大型6対，小型8対からなる. 大型対のうち第5，6対が端部動原体型，小型対のうち第9対が次中部動原体型で，残りは中部動原体型である. 二次狭窄は第11対の長腕にある.

鳴き声：キュー・グッグッ……と聞こえる. タゴガエルのタイプ産地周辺産にくらべ第1ノートに特徴があるが，2ノート目以降の構造については基本的に変わらない. 第1ノートは優位周波数が1.0-1.7kHzと高く，これを基本単位とした倍音構造と，顕著な周波数変調が見られる.

生態：山地に見られ，繁殖期は4-5月. 繁殖場所は小渓流の縁にある岩の隙間や地下にある，ゆるい流れをもつ伏流水中で，♀を待つ♂は，巣穴の中で鳴いていることが多い. 卵は球形の卵塊として産み出される. 幼生は産卵穴の内部で水底の泥の中にとどまるが，水量が増えて流出することもある. 変態後の生態はタゴガエルと大差ない.

分類：学名は「根羽のアカガエル」の意味で，タイプ産地に因む. タイプ産地は長野県根羽村の標高1,200m. タイプ標本は広島大学両生類研究施設（現センター）に保管されている. 核DNAではタゴガエル小型集団・ナガレタゴガエルなどとともにタゴガエル大型集団とは系統が分かれるが，近隣地域に分布する大型集団と形態的にほぼ一致し，確実な識別点は認められないし，遺伝的分化の程度もタゴガエルの異なった系統間に見られる範囲の域を出ない. また，犬の声に似ると形容された鳴き声にも変異が見られ，タイプ産地周辺のタゴガエルと区別できない場合もあり，タゴガエルのいくつかの系統に見られる鳴き声とくらべれば，それほど特徴的とはいえない. つまり核型と音声は完全には一致しない. 染色体のうち，端部動原体型の第5，6対はタゴガエルの第1染色体が切断して生じたものと考えられており，後者との人工雑種は染色体対合異常により不妊になるという.

Neba Tago's Brown Frog

Neba-Tago-Gaeru
Rana neba Ryuzaki, Hasegawa et Kuramoto, 2014

Distribution: Southern Chubu region, Central Honshu.

Description: Males 38-48 (mean＝45) mm and females 44-46 (mean＝45) mm in SVL. Body relatively robust. Head width 35 % SVL, slightly wider than long. Canthus blunt, lore concave. Snout shorter equal to eye. Nostril nearer to tip of snout in females and nearer to tip of snout in males. Interorbital narrower than upper eyelid. Internarial wider than distance from eye, and larger than interorbital. Tympanum circular, 5/7 eye diameter. Vomerine tooth series oval, the center far posterior to the line connecting posterior margins of choanae. Hand and arm length 44 % of SVL in males and 40 % in females. Tibia length 51 % of SVL in males and 50 % in females. Tips of fingers and toes slightly dilated. Webs poorly developed, broad web leaving 3 phalanges free on inner and outer margins of 4th toe. Inner metatarsal tubercle elliptical, outer one absent. Tibiotarsal articulation reaching eye. Skin of back nearly smooth or covered with minute granules. Dorsolateral fold evident, always flaring outwards above tympanum. Supratympanic fold distinct. A pair of vocal sacs and openings at corners of mouth in males. Nuptial pads in males gray.

Eggs and larvae: Laid in a small globular mass containing 129 very yolky eggs, light grayish-brown in animal hemisphere and with diameter of 2.6-2.9 mm. Matured larva 24 mm in total length, with slightly dark pigmentation and long tail. Dental formula variable 1:1+1/1+1:2.

Karyotype: Diploid chromosome 2n＝28, with 6 large and 8 small pairs.

Call: Mating call similar to *R. tagoi*, but dominant frequency in the first note higher, being 1.0-1.7 kHz, with marked frequency modulation and clear harmonics.

Natural History: Lives in montane regions. Breeds from April to May in slowly flowing underground waters on banks of montane streams, where larvae grow. Life after metamorphosis similar to that of *R. tagoi*.

Taxonomy: Type locality is Neba-mura, Nagano Pref. In nuclear DNA, forming a clade with *R. sakuraii* and small type of *R. tagoi*, and split from large type of *R. tagoi* including topotypic populations. However, morphologically hardly distinguishable from large type of *R. tagoi* and genetic distance is small. The fifth and sixth telocentric chromosome pairs thought to be derived from central fission of the first, biarmed, chromosome of *R. tagoi*. Artificial hybrids between *R. tagoi* are sterile due to karyotypic difference.

核型 **Karyotype**

声紋 **Sonagram**

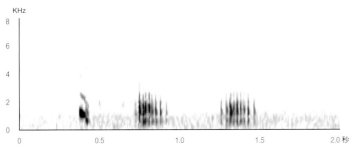

RANIDAE 99

ナガレタゴガエル *Rana sakuraii* Matsui et Matsui, 1990

東京都檜原村産♂（×2.0）
A male from Tokyo Pref.

東京都檜原村産♀（×2.0）
A female from Tokyo Pref.

岐阜県本巣市産♂（×2.0）
A male from Gifu Pref.

岐阜県本巣市産♀（×2.0）
A female from Gifu Pref.

東京都産♂背面
Dorsal view of a male from Tokyo Pref.

東京都産♀背面
Dorsal view of a female from Tokyo Pref.

岐阜県産♂背面
Dorsal view of a male from Gifu Pref.

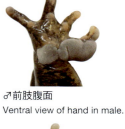
♂前肢腹面
Ventral view of hand in male.

♀前肢腹面
Ventral view of hand in female.

東京都産♂腹面
Ventral view of a male from Tokyo Pref.

東京都産♀腹面
Ventral view of a female from Tokyo Pref.

岐阜県産♂腹面
Ventral view of a male from Gifu Pref.

♂後肢腹面
Ventral view of foot in male.

♀後肢腹面
Ventral view of foot in female.

卵塊 Egg mass.

幼生前面
Frontal view of larva.

幼生背面（×2.8） Dorsal view of larva.

変態後幼体（×6.0）
A froglet just after metamorphosis.

幼生側面 Lateral view of larva.

幼生腹面 Ventral view of larva.

RANIDAE 101

ナガレタゴガエル *Rana sakuraii* Matsui et Matsui, 1990

分布：本州中西部（関東，中部，北陸，近畿，中国の各地方）．

日本ばかりでなく世界的にみても珍しい，真の渓流性のアカガエル．タゴガエルに似ているが，みずかきの発達がよい．

記載：成体の体長は♂で38-61（平均46）mm，♀で43-64（平均54）mm．体は比較的太い．頭部は短く幅広く，頭幅は♂で体長の37％，♀で36％ほどで，頭長とほぼ同大．頭部は背面観ではゆるい弧を描いて狭まり，吻端はにぶく終わる．側面観では円く終わる．眼鼻線はにぶいが，ふつうは明瞭．頬部は強く傾斜し，凹みをもつ．吻長は上眼瞼長および眼前角間より小さい．外鼻孔は，吻端と眼の前端との中央よりも吻端寄りにある．左右の上眼瞼の間は平坦で凹まず，その間隔は上眼瞼の幅より多少小さい．左右の外鼻孔の間隔は，眼からの距離および上眼瞼間の間隔より大きい．鼓膜はほぼ円形で，直径は眼径の1/3から1/2弱で，不明瞭なことも多い．鋤骨歯板はやや短い楕円形で斜向し，その中心は左右の内鼻孔の後端を結んだ線よりずっと後方にある．各歯板には4-5個の歯をそなえている．

手腕長は♂で体長の47％，♀で43％程度．脛長は♂で体長の55％，♀で53％程度．前肢指端はやや扁平なことが多く，第1指を除き，やや膨大する．指式は1<2<4<3．内掌隆起は楕円形でやや隆起する．後肢趾端もやや膨大し，扁平なことが多く，その程度は前肢の場合より著しく，不完全な周縁溝の生じることさえある．趾間のみずかきは非常によく発達し，切れこみは非常に浅い．みずかきは，第1趾から第3趾の外縁と第5趾の内縁で，趾端膨大部の基部に達する．第4趾では内側で雌雄とも遠位の2関節を残し，外側で♂では1関節を残すか，膨大部基部まで，♀で1.5ないし2関節を残して幅広く発達し，それより遠位では細くなって膨大部基部に達する．内蹠隆起は楕円形でよく隆起しており，外蹠隆起はごく小さい円形で，弱いが明瞭に隆起する．後肢を体軸に沿って前方にのばしたとき，脛跗関節は♂では眼と外鼻孔の間ないし吻端に，♀では眼の中心ないし外鼻孔に達する．後肢を体軸と直角にのばして膝関節を折り曲げると，左右の脛跗関節は重複する．

体背面にはにぶい顆粒があり，体側では密である．鼓膜の一部とその周囲に小さい粒起を密布することが多く，下顎もにぶい顆粒におおわれる．上唇縁後部から後方にむかい，前肢基部の前方で終わる顕著な隆条をもつ．背側線隆条は明瞭でやや幅広く，鼓膜の後背側で外方へ曲がり，明瞭な鼓膜後背側隆条を分枝する．腹面は平滑．繁殖期には体側および腿の後面の皮膚が著しくのびてひだ状となる．

二次性徴：体長は♀で明らかに♂より大きい．♂は鳴囊も鳴囊孔ももたない．♂の婚姻瘤は灰黄色ないし黄色の顆粒におおわれ，前肢第1指の基部から関節下隆起遠位端までの背内側を広くおおい，さらに細い帯状にのびて指端近くにおよぶ．

繁殖期に顕著となる体側の皮膚ひだは，♂で♀よりはるかによく発達する．♂は♀よりも前腕部が頑強である．

卵・幼生：蔵卵数は130-250個ほど，卵径は2.8-3.4 mmで，動物極は淡い黒褐色．幼生は全長32 mmほどで尾は長く，口器は比較的大きい．歯式は1:2+2/2+2:1，または1:2+2/1+1:2で，成長すると退化して1:1+1/1+1:1となる．変態時の体長は8-9 mmほどである．

核型：染色体数は26本で，大型5対，小型8対からなる．大型対のうち第2, 3, 4対が次中部動原体型で，他は中部動原体型である．小型対では第8, 9, 10, 13対が次中部動原体型で，他は中部動原体型である．二次狭窄は第9対の長腕にある．

鳴き声：繁殖音は水中でのみ発せられる．ググググ……と聞こえる．1声は約0.3秒続き，4ノートほどからなる．優位周波数は0.9, 3.1 kHzで，倍音，周波数変調は不明瞭．

生態：低山地の森林帯に棲息する．繁殖は2-4月に山間渓流で行われる．秋季に渓流に集まった雌雄は，水中の岩石の下で越冬し，繁殖期になると水流にのって繁殖場所となる淵に集まる．繁殖活動は水温4℃以上で始まるという．♂は産卵場所付近の水中で鳴きながら♀を待ち，なわばりは形成しない．1か所での繁殖期間は3週間ほどである．産卵は比較的深い水中の岩石の下で行われるが，♀は一時にすべてを放卵しないこともあるという．卵は球を圧した形の卵塊として岩石に付着する．孵化した幼生は多量にある卵黄を消費し，飼育下では餌なしでも変態可能だが，野外では水底の石の間に隠れて生活し，珪藻などを食べるという．♂で2歳，♀で3歳から繁殖に参加する．多くの場所でタゴガエルと同所的に分布しているが，繁殖時期，場所の違いにより，完全に隔離されているようである．

分類：学名は「桜井氏のアカガエル」の意味で，発見者である写真家，桜井淳史氏に献名したもの．タイプ産地は東京都で，タイプ標本は大阪市立自然史博物館に保存されている．タゴガエルに似た，伏流水中に産卵する祖型から分化したと推定される．形態的分化の程度は低いが，遺伝的にはかなり分化した2系統が認められ，ミトコンドリアDNA系統樹上で関東産のタゴガエルに含まれてしまう系統と，それらと姉妹群をなす中部以西の系統に分かれる．これら2系統は本種の進化がタゴガエルの祖型が多数の系統に分かれる過程の末期に，ミトコンドリアDNA遺伝子型の不完全な系列選別によって生じたと考えられる．

Stream Brown Frog

Nagare-Tago-Gaeru
Rana sakuraii Matsui et Matsui, 1990

Distribution: Honshu, from Kanto through Chubu, Hokuriku, and Kinki to Chugoku Districts.

Description: Males 38-61 (mean=46) mm and females 43-64 (mean=54) mm in SVL. Body relatively robust. Head slightly wider than long, width 37 % of SVL in males and 36 % in females. Canthus blunt, lore concave. Snout shorter than eye. Nostril nearer to tip of snout than to eye. Interorbital slightly narrower than upper eyelid. Internarial wider than distance from eye, and larger than interorbital. Tympanum circular, 1/3-1/2 eye diameter, and often indistinct. Vomerine tooth series oval with 4-5 teeth, the center far posterior to the line connecting posterior margins of choanae. Hand and arm length 47 % of SVL in males and 43 % in females. Tibia length 55 % of SVL in males and 53 % in females. Tips of fingers and toes slightly dilated. Webs very well developed, broad web reaching nearly toe tip or leaving only 1 phalanx free in males, and leaving 1.5-2 phalanges free in females, on outer margin of 4th toe. Inner metatarsal tubercle elliptical, outer one very small. Tibiotarsal articulation reaching beyond anterior border of eye to tip of snout in males, and from center of eye to nostril in females. Skin of back covered with minute granules. Dorsolateral fold evident, always flaring outwards above tympanum. Supratympanic fold distinct. Ventral side smooth. No vocal sac or opening in males. Nuptial pads in males grayish yellow or yellow. Distinct skin folds on flanks and back of thighs in breeding males.

Eggs and larvae: Clutch size 130-250. Laid in a globular mass containing very yolky eggs light grayish-brown in animal hemisphere and with a diameter of 2.8-3.4 mm. Matured larva 32 mm in total length, with slight dark pigmentation and long tail. Oral disc relatively large, with dental formula 1:2+2/1+1:2 or 1:2+2/2+2:1. SVL at metamorphosis 8-9 mm.

Karyotype: Diploid chromosome 2n=26, with 5 large and 8 small pairs.

Call: Mating call uttered under the water. One call lasting 0.3 sec with 4 notes. Dominant frequency 0.9 and 3.1 kHz, without marked frequency modulation or harmonics.

Natural History: Inhabits montane forests. Breeds from February to April in montane streams. Egg mass laid under stones and rocks on bottom of the stream. Larvae live among pebbles. Metamorphosis usually in June. Breeding population includes males 2 years or older and females 3 years or older. Lives among the litters on forest floors. Sometimes sympatric with *R. t. tagoi*, but seems completely isolated reproductively by differences in season and site of breeding, and male calling behaviour.

Taxonomy: Type locality is Tokyo Pref. Probably derived from an *R. tagoi*-like ancestral form that bred in underground water. Slight morphological and fairly large genetic differentiations seen between two lineages. Lineage from Kanto embedded in *R. tagoi*, being sister group to another lineage from Chubu westwards. These two lineages probably originated through incomplete lineage sorting of mitochondrial haplotypes in the later stage of multiple diversifications of *R. tagoi*.

核型 Karyotype

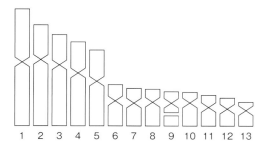

声紋 Sonagram

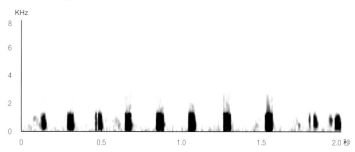

RANIDAE 103

ニホンアカガエル *Rana japonica* Boulenger, 1879

アカガエル科

長崎県長崎市産♂（×1.5）
A male from Nagasaki Pref.

長崎県長崎市産♀（×1.5）
A female from Nagasaki Pref.

東京都あきる野市産♂（×1.5）
A male from Tokyo Pref.

東京都あきる野市産♀（×1.5）
A female from Tokyo Pref.

新潟県上越市産♀（×1.5）
A female from Niigata Pref.

宮城県村田町産♀（×1.5）
A female from Miyagi Pref.

長崎県産♂背面
Dorsal view of a male
from Nagasaki Pref.

長崎県産♀背面
Dorsal view of a female
from Nagasaki Pref.

東京都産♂背面
Dorsal view of a male
from Tokyo Pref.

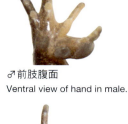
♂前肢腹面
Ventral view of hand in male.

長崎県産♂腹面
Ventral view of a male
from Nagasaki Pref.

長崎県産♀腹面
Ventral view of a female
from Nagasaki Pref.

東京都産♂腹面
Ventral view of a male
from Tokyo Pref.

♀前肢腹面
Ventral view of hand in female.

♂後肢腹面
Ventral view of foot in male.

♀後肢腹面
Ventral view of foot in female.

卵塊　Egg mass.

幼生前面
Frontal view of larva.

幼生背面（×2.4）　Dorsal view of larva.

変態後幼体（×3.5）
A froglet just after
metamorphosis.

幼生側面　Lateral view of larva.

幼生腹面　Ventral view of larva.

RANIDAE　105

ニホンアカガエル *Rana japonica* Boulenger, 1879

分布：本州，四国，九州，隠岐島，大隅諸島．八丈島には人為移入．

平地に見られる体のスマートなカエルで，体色はかなり変わるが，ふつうは鮮やかな橙色のためアカガエルと呼ばれる．本土産のカエルの中ではもっとも早く，早春に水田に産卵する．

記載：成体の体長は♂で34–63（平均48）mm，♀で43–67（平均54）mm．体は比較的細く，頭部は細長い．頭幅は体長の33％ほどで，頭長よりも小さい．頭部は背面観では直線状に前方に狭まり，吻端はやや尖る．眼鼻線はにぶく不明瞭なことが多い．頬部は傾斜し，明らかに凹む．吻は長く，上眼瞼長および眼前角間と同長か，やや大きい．外鼻孔は，吻端と眼の前端との中央よりも吻端寄りにあることが多い．左右の上眼瞼の間は平坦で凹まず，その間隔は上眼瞼の幅よりやや小さいのがふつう．左右の外鼻孔の間隔は，眼からの距離に等しく，上眼瞼間の間隔より大きい．鼓膜はほぼ円形で，直径は眼径の3/5–4/5ぐらい．鋤骨歯板は楕円形でやや斜向し，その中心は左右の内鼻孔の後端を結んだ線より後方にある．各歯板には3–4個の歯をそなえている．

手腕長は♂で体長の48％，♀で41％ほど．脛長は♂で体長の59％，♀で55％ほど．前肢指端はにぶく終わる．指式は2<1<4<3．内掌隆起は短楕円形であまり隆起しない．後肢趾端もにぶく終わる．趾間のみずかきは比較的よく発達し，切れこみはふつう．みずかきは第1趾から第3趾の外縁と，第5趾の内縁では末端関節に達し，第4趾では♂で末端2関節，♀で3関節を残して幅広く発達する．内蹠隆起は長楕円形で著しく隆起しているが，外蹠隆起を欠く．後肢を体軸に沿って前方にのばしたとき，脛跗関節は♂では吻端か，それより前方に達し，♀では眼の中心ないし眼と外鼻孔の間の水準に達するのがふつう．後肢を体軸と直角にのばして膝関節を折り曲げると，左右の脛跗関節は重複する．

背面の皮膚はほぼ平滑で，肩の中央にシェブロン斑隆起が多少とも発達する他，あまり顕著な隆起をもたず，体側に少数の小さい隆起が弱く現れる程度．腹面は平滑．上唇縁後部から後方にむかい，前肢基部の前方で終わる顕著な隆条をもつ．背側線隆条はあまり鋭くはないが明瞭で，鼓膜の後背側でまったく曲がっていないか，ごくわずかに外方へ曲がるにすぎない．鼓膜後背側隆条は極めて弱い．

二次性徴：♀は♂よりも明らかに大型である．四肢の比率は♂で大である．♂も鳴囊，鳴囊孔をもたない．♂の婚姻瘤は灰褐色ないし黄褐色の顆粒からなり，前肢第1指の基部から，末端関節と関節下隆起の間までの背内側を広くおおい，さらに細い帯状にのびて末端関節ないし，指端近くにおよぶ．♂は♀よりも前腕部が頑強である．

卵・幼生：蔵卵数は500–3,000個，卵径は1.3–2.0 mmで，動物極は黒褐色．幼生は成長すると，全長38 mmほどに達し，ふつう胴部背面に1対の黒褐色の点状斑紋をもつのが特徴．尾は中程度の長さで，口器は大きくはない．歯式は若齢では1:2+2/1+1:2，成熟すると1:2+2/1+1:3か，1:3+3/1+1:3．変態時の体長は15–19 mmほど．

核型：染色体数は26本で，大型5対，小型8対からなる．大型対のうち，第4対だけが次中部動原体型で，他は中部動原体型．小型対では第9，12，13対が次中部動原体型で，他は中部動原体型である．二次狭窄は第9対の長腕にある．

鳴き声：キョッキョッキョッキョッ……と聞こえる．1声は長く2秒ほど続き，10–20ノートからなる．優位周波数は1 kHz以下で弱い周波数変調が認められ，倍音も明瞭．

生態：平地ないし丘陵地性の種で，山地には少ない．繁殖期は1–3月がふつうだが，九州では12月に始まり，東北では4月になることもある．また，同一場所でかなり期間をおいた2度の繁殖が見られることもある．繁殖場所は水の残った水田がもっともふつうで，そのほか湿原，湿地の水たまりなど，いずれも浅い止水が選ばれる．♀を待つ♂は，岸辺近くで，水に半身つかったり，水面に浮きながら鳴いていることが多い．卵塊は球を軽く押しつぶしたような形で，一時に産み出される．繁殖期の水温は5–10℃ほどである．ヤマアカガエルと同所的に棲息する地域での繁殖期は，本種の方がより早いことが多いが，まったく重なることもある．しかし，両者は鳴き声もまったく異なるので，繁殖前隔離はかなり完全と思われる．たとえ，交雑が起きても雑種は発生しないか，不妊の♂になることが実験的に知られている．成体は繁殖後春眠をし，5月頃から活動を再開するのがふつう．胚は発生途中で気温が低下すると結氷して死滅することもある．変態期は5–6月で，変態した個体の半数はその年の10月下旬頃には，体長30–60 mmほどに成長し，性的成熟に達する．その年に成熟できなかった個体も翌年（1歳）には性的成熟する．口幅に対して比較的小さな餌を好み，クモ，双翅類，鞘翅類，鱗翅類幼虫などをよく食べる．土中よりも水底で越冬することが多く，真冬でも暖かな日には活動することがあり，冬眠するかどうか疑問である．

分類：種小名は「日本産の」の意味．タイプ標本は大英博物館（現大英自然史博物館）に複数あり，それらの産地は日本と中国にまたがっていたが，後に日本に限定された．しかし，日本のどこかは不明．中国産の個体は現在，別種 *R. zhenhaiensis* Ye, Fei et Matsui, 1995とされる．日本国内での形態的分化の程度は低いが，遺伝的な分化は進んでおり，東北（主に太平洋側），西南の2大群が区分されるが，北陸日本海側集団も分化しているようだ．本種に非常によく似ているが，背側線隆条が曲がっているなどの点で異なるとして，東京から記載されたマルテンスアカガエル *R. martensi* Boulenger, 1886は本種の同物異名に間違いない．

Japanese Brown Frog
Nihon-Aka-Gaeru
Rana japonica Boulenger, 1879

Distribution: From Honshu to Kyushu.

Description: Males 34-63 (mean=48) mm and females 43-67 (mean=54) mm in SVL. Body slender and head subtriangular, longer than wide, width 33 % SVL. Canthus blunt, lore concave. Snout longer than or equal to eye. Nostril nearer to tip of snout than to eye. Interorbital narrower than upper eyelid. Internarial equal to distance from eye and wider than interorbital. Tympanum circular, 3/5 to 4/5 eye diameter. Vomerine tooth series elliptical with 3-4 teeth, the center posterior to the line connecting posterior margins of choanae. Hand and arm length 48 % of SVL in males and 41 % in females. Tibia length 59 % of SVL in males and 55 % in females. Tips of fingers and toes blunt. Webs moderate, broad webs leaving 2 phalanges in males and 3 in females free on both margins of 4th toe. Inner metatarsal tubercle elliptical, outer one absent. Tibiotarsal articulation reaching to or beyond tip of snout in males, to center of eye or behind nostril in females. Skin of back nearly smooth, with a few small ridges on sides. Dorsolateral fold not strong but evident, not flaring outwards above tympanum. Supratympanic fold weak. No vocal sac or vocal opening in males. Nuptial pads in males grayish brown or yellowish brown.

Eggs and larvae: Laid in globular mass with 500-3,000 eggs, dark brown in animal hemisphere and 1.3-2.0 mm in diameter. Matured larva 38 mm in total length, with a dark spot on each side of back. Dental formula 1:2+2/1+1:2. SVL at metamorphosis 15-19 mm.

Karyotype: Diploid chromosome 2n=26, with 5 large and 8 small pairs.

Call: Mating call lasting 2 sec with 10-20 notes. Dominant frequency 1 kHz, with slight frequency modulation and clear harmonics.

Natural History: Inhabits plains and hillsides. Breeds from January to March in still water in rice fields, marshes, and small pools. Occasionally found together with *R. ornativentris*, but breeds earlier. Metamorphosis in May to June, and half the froglets are sexually mature by late October at an SVL of 30-60 mm. Feeds on small animals such as spiders, Diptera, Coleoptera, and larval Lepidoptera.

Taxonomy: Type locality restricted to Japan. Chinese populations long regarded as *R. japonica* are now regarded as a distinct species, *R. zhenhaiensis*. Within Japan, the population from northeastern Japan, especially from Pacific side, is genetically distinct, and may be assigned to *Rana martensi* Boulenger, 1886, although morphologically not distinct.

核型 Karyotype

声紋 Sonagram

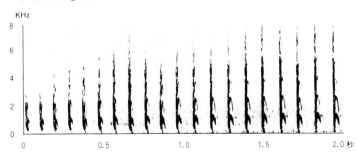

エゾアカガエル　*Rana pirica* Matsui, 1991

アカガエル科

北海道札幌市産♂（×1.5）
A male from Hokkaido Pref.

北海道札幌市産♀（×1.5）
A female from Hokkaido Pref.

北海道帯広市産♂（×1.5）
A male from Hokkaido Pref.

北海道帯広市産♀（×1.5）
A female from Hokkaido Pref.

北海道産♂背面
Dorsal view of a male from Hokkaido Pref.

北海道産♀背面
Dorsal view of a female from Hokkaido Pref.

北海道産♂背面
Dorsal view of a male from Hokkaido Pref.

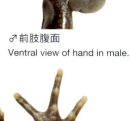
♂前肢腹面
Ventral view of hand in male.

♀前肢腹面
Ventral view of hand in female.

北海道産♂腹面
Ventral view of a male from Hokkaido Pref.

北海道産♀腹面
Ventral view of a female from Hokkaido Pref.

北海道産♂腹面
Ventral view of a male from Hokkaido Pref.

♂後肢腹面
Ventral view of foot in male.

♀後肢腹面
Ventral view of foot in female.

卵塊 Egg mass.

幼生前面
Frontal view of larva.

幼生背面（×2.0） Dorsal view of larva.

幼生側面 Lateral view of larva.

幼生腹面 Ventral view of larva.

変態後幼体（×4.5）
A froglet just after metamorphosis.

RANIDAE 109

エゾアカガエル *Rana pirica* Matsui, 1991

分布：国後島，北海道とその属島．国外では樺太．

北海道でふつうに見られる在来のカエルは，本種とニホンアマガエルだけである．アカガエル類としては肥満型で，足が短く，ジャンプ力も劣る．

記載：成体の体長は♂で46-55（平均52）mm，♀で54-72（平均63）mm．体はかなり太く頑丈．頭部は短い．頭幅は♂で体長の35%，♀で33%ほどで頭長よりもやや大きい．頭部は背面観では，ゆるい弧を描いて前方に狭まって吻端は円く終わり，♂でやや尖ることがある程度．吻は側面観ではやや丈が高く，ゆるく傾斜するか，やや裁断状に終わる．眼鼻線はそれほど明瞭ではない．頬部はかなり斜向し，明らかに凹む．吻長は上眼瞼長および眼前角間と同長だが，稀にやや小さい．外鼻孔は，吻端と眼の前端とのほぼ中央にある．左右の上眼瞼の間は平坦で凹まず，その間隔は上眼瞼の幅に等しいか，それより小さい．左右の外鼻孔の間隔は，眼からの距離および上眼瞼間の間隔より大きいのがふつう．鼓膜はほぼ円形ないし，短楕円形で，直径は眼径の1/2-2/3くらい．鋤骨歯板は小さな短楕円形で斜向するが，退化的なこともある．その中心は左右の内鼻孔の後端を結んだ線上にあることが多い．各歯板には2-4個の歯をそなえている．

手腕長は♂で体長の49%，♀で44%ほど．後肢は比較的短く，脛長は♂で体長の51%，♀で46%程度．前肢指端はにぶく終わる．指式は2<4<1<3．内掌隆起は長楕円形で弱く隆起する．後肢趾端もにぶく終わる．趾間のみずかきは比較的よく発達し，切れこみは♂では浅く，♀でもふつう．みずかきは第1趾から第3趾の外縁と第5趾の内縁で，♂では末端関節ないし，それと趾端との間に，♀では関節下隆起ないし末端関節に達する．第4趾では♂の内縁で遠位1-1.5関節，外縁で1-2関節を，また♀では内縁で2.5-3関節，外縁で2関節を残して幅広く発達する．内蹠隆起は長楕円形でよく隆起しているが，外蹠隆起は小さい円形で痕跡的なこともある．後肢を体軸に沿って前方にのばしたとき，脛跗関節は♂では眼の前端，♀で鼓膜ないし眼の中心の水準に達する．後肢を体軸と直角にのばして膝関節を折り曲げると，左右の脛跗関節は少し重複する．

背表には小さくにぶい隆起が散在する．下顎から腹面にかけて顆粒状の小さい隆起を密布することが多く，とくに♂で顕著．上唇縁後部から後方にむかい，前肢基部の前方で終わる顕著な隆条をもつ．背側線隆条はにぶくて比較的幅が広く，明瞭なことも不明瞭なこともある．背側線隆条は鼓膜の後背側で外方へ曲がり，弱い鼓膜後背側隆条を分枝するが，後方では断続することがある．

二次性徴：♀は♂よりも明らかに大型である．♂は1対の鳴嚢を下顎基部内側にもち，鳴嚢孔も1対あって上下顎会合部の内側に小さな円形に開く．♂の婚姻瘤は灰色の顆粒からなり，前肢第1指の基部から末端関節と関節下隆起の間までの背内側を広くおおい，さらに細い帯状にのびて指端近くにおよぶ．♂は♀よりも前腕部が頑強である．♂ののどは銀白色の色素におおわれる．

卵・幼生：蔵卵数は700-1,100個，卵径は1.7-2.3 mmで，動物極は黒色．卵を取り巻くゼリー層は粘性と吸水性が非常に高く，放卵後極めて速やかに膨大し，十分に吸水すると，その直径が9 mmほどになる．幼生は全長45 mmに達し，胴部背面に暗色の点状斑紋がない．尾は太くはなく中程度の長さで，尾鰭の丈は比較的高い．口器は小さく，歯式は1:3+3/1+1:3．変態時の体長は11-15 mmほど．

核型：染色体数は24本で，大型5対，小型7対からなる．大型対のうち，第2, 4対が次中部動原体型で，他は中部動原体型である．小型対では第11対が次端部動原体型で，他は次中部動原体型である．二次狭窄は第10対の長腕にある．

鳴き声：クーワ・クーワ……と聞こえる．1声は約0.4秒続き，連続する6-7ノートほどからなる．優位周波数は1.6 kHzで周波数変調が認められ，倍音も明瞭．

生態：海岸に近い平地から，標高2,000 mの山地にまで分布し，森林や草原に棲息する．繁殖期は融雪直後で，4-5月がふつうだが，高地では7月となる．繁殖場所は湿原，湿地，道路の水たまり，池などで，総じて浅い止水が選ばれるが，ゆるく流れる渓流のたまりなどにも産卵する．♀を待つ♂は岸辺近くで水面に浮きながら鳴いている．卵は一時に球をひどく圧平したような形の卵塊として産み出され，多数の卵塊が互いにくっつき合って，非常に大きな卵塊群を形成することが多い．水深のある大きい池でも，卵塊は岸近くの浅い部分に産み出され，深い場所には少ない．このため，卵塊の一部は完全に水面より上に出ているのがふつう．繁殖期の水温は6.5℃ほどである．幼生は越冬したエゾサンショウウオ大型幼生やヤゴの餌となり，これらの捕食を防ぐために尾鰭を高くして逃避能力を高めたり，胴体を膨満化させて呑み込まれるのを防ぐという形態的可塑性をもつ．幼生は速やかに成長し，高地でも幼生越冬はしないらしい．非繁殖期には沢沿いの湿地などで生活し，ヒルの1種が多数吸着している．鞘翅類，双翅類をはじめとする昆虫，クモ，ワラジムシなどを食べる．越冬は池や川岸などの水底でなされ，その間にアメリカミンクに捕食された例がある．

分類：種小名は「美しい」の意味で，アイヌ語に由来する．タイプ産地は札幌市で，タイプ標本は大阪市立自然史博物館に保存されている．本種は長いこと，ヨーロッパアカガエル*R. temporaria* Linnaeus, 1758と同一種とされ，その後，中国西部産のチュウゴクアカガエル*R. chensinensis* David, 1875も

しくはタイリクヤマアカガエル R. dybowskii Günther, 1876 と同一（亜）種とされてきた．染色体数から，ヤマアカガエル，タイリクヤマアカガエル（およびそれから区分されたチョウセンヤマアカガエル）と近縁で，分子系統樹上でもこれらは単系統群をなすが，実験的に，これらとの繁殖後隔離は完全なことが知られている．本種とされる化石がヤマアカガエルとともに青森県から発見されている．樺太産個体群は北海道産と形態的にかなり異なる．

核型 Karyotype

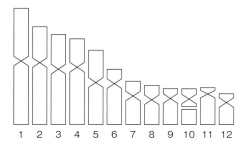

声紋 Sonagram

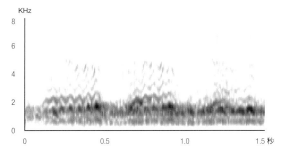

Ezo Brown Frog
Ezo-Aka-Gaeru
Rana pirica Matsui, 1991

Distribution: Kunashiri Is., Hokkaido. Outside of Japan, Sakhalin.

Description: Males 46-55 (mean＝52) mm and females 54-72 (mean＝63)mm in SVL. Body broad and robust. Head short, width 35 % of SVL in males and 33 % in females, slightly wider than long. Canthus blunt, lore concave. Snout rounded dorsally, length as large as eye. Nostril midway between tip of snout and eye. Interorbital as large as or smaller than upper eyelid. Internarial usually larger than distance from eye, and larger than interorbital. Tympanum nearly circular, 1/2-2/3 eye diameter. Vomerine tooth series oval with 2-4 teeth, the center on line connecting posterior margins of choanae. Hand and arm length 49 % of SVL in males and 44 % in females. Tibia length 51 % of SVL in males and 46 % in females. Tips of fingers and toes blunt. Webs rather well developed, broad web leaving 1-2 phalanges free on outer margin of 4th toe. Inner metatarsal tubercle elliptical, outer one small and sometimes rudimentary. Tibiotarsal articulation reaching center of tympanum or anterior border of eye. Skin of back scattered with weakly developed small tubercles. Dorsolateral fold blunt, flaring outwards above tympanum, and sometimes interrupted posteriorly. Supratympanic fold weak. A pair of vocal sacs and vocal openings at corners of mouth in males. Nuptial pads in males gray.

Eggs and larvae: Laid in globular mass with 700-1,100 eggs dark brown in animal hemisphere and 1.7-2.3 mm in diameter. Matured larva 45 mm in total length, without a dark spot on each side of back. Dental formula usually 1:3+3/1+1:3. SVL at metamorphosis 11–15 mm.

Karyotype: Diploid chromosome 2n＝24, with 5 large and 7 small pairs.

Call: Mating call lasting 0.4 sec with 6-7 notes. Dominant frequency 1.6 kHz, with frequency modulation and clear harmonics.

Natural History: Lives from plains to montane regions up to 2,000 m. Breeds in a short period during April and July in still waters in marshes, ponds, and small pools. Eggs laid in large masses in shallows with large portion of egg mass above water. Embryonic and larval development swift, usually without larval hibernation even at high altitudes. Larvae exhibit morphological plasticity against predators.

Taxonomy: Type locality Sapporo. Long identified as *R. temporaria*. Often regarded as a population of *R. chensinensis* or *R. dybowskii*, but representing a good species, since artificial hybrids between these and *R. pirica* are inviable or sterile. Forming a clade with other Asian brown frogs with 2n＝24 chromosomes on phylogenetic tree, but their relationships unresolved. Populations from Hokkaido and Sakhalin fairly differ morphologically.

ヤマアカガエル *Rana ornativentris* Werner, 1903

アカガエル科

栃木県日光市産♂（×1.5）
A male from Tochigi Pref.

栃木県日光市産♀（×1.5）
A female from Tochigi Pref.

島根県松江市産♂（×1.5）
A male from Shimane Pref.

山形県小国町産♀（×1.5）
A female from Yamagata Pref.

Montane Brown Frog
Yama-Aka-Gaeru
Rana ornativentris Werner, 1903

Distribution: Honshu, Shikoku, Kyushu, Sado Is.
Description: Males 42-60 (mean=48) mm and females 36-78 (mean=68)mm in SVL. Body rather broad. Head broad, width 36 % of SVL in males and 33 % in females, as long as or wider than long. Canthus blunt, lore slightly concave. Snout blunt or very slightly pointed dorsally, length larger or smaller than eye. Nostril nearer to tip of snout than to eye. Interorbital smaller than upper eyelid. Internarial usually larger than distance from eye, and larger than interorbital. Tympanum circular, 1/2-3/4 eye diameter. Vomerine tooth series elliptical with 3-7 teeth, the center on or posterior to the line connecting posterior margins of choanae. Hand and arm length 49 % of SVL in males and 44 % in females. Tibia length 56 % of SVL in males and 58 % in females. Tips of fingers and toes blunt. Webs rather well developed, broad web leaving 2-2.5 phalanges free on outer margin of 4th toe. Inner metatarsal tubercle elliptical, outer one small and sometimes absent. Tibiotarsal articulation reaching beyond nostril. Skin of back with weakly developed small tubercles or granules. Dorsolateral fold flaring outwards above tympanum and sometimes interrupted posteriorly. Supratympanic fold weak or strong. A pair of vocal sacs and vocal openings at corners of mouth in males. Nuptial pads in males grayish brown. Males with silver-gray throat.
Eggs and larvae: Laid in a large depressed globular mass with 1,000-1,900 eggs, 1.5-2.4 mm in diameter and dark brown in animal hemisphere. Matured larva 43-60 mm in total length, without a dark spot on each side of back. Dental formula usually 1:2+2/1+1:3. SVL at metamorphosis 11-20 mm.
Karyotype: Diploid chromosome 2n=24, with 5 large and 7 small pairs.
Call: Mating call lasting 0.5 sec with 5-6 notes. Dominant frequency 1.2 kHz, with marked frequency modulation and clear harmonics.
Natural History: Inhabits in plains and hillsides, but usually abundant in montane regions up to 1,900 m. Breeds in a short period during January and late June in still waters in rice fields, marshes, and small pools. Occasionally found with *R. japonica* at lower altitudes. Metamorphosis between June and August. Feeds on various insects, snails, slugs, and earthworms. Hibernates in soils on land or on bottom of water in ditches and rice fields.
Taxonomy: Type locality is Akanuma, Nikko, Tochigi Pref. Considerable genetic variation present among populations. Together with *R. pirica* and *R. uenoi*, karyotypically unique with only 24 diploid chromosomes like continental *R. dybowskii*, *R. chensinensis*, and *R. kukunoris*.

核型 Karyotype

声紋 Sonagram

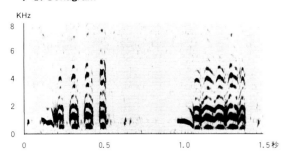

チョウセンヤマアカガエル（ツシマヤマアカガエル） *Rana uenoi* Matsui, 2014

長崎県対馬産♂（×1.5）
A male from Tsushima Is., Nagasaki Pref.

長崎県対馬産♂（×1.5）
A male from Tsushima Is., Nagasaki Pref.

長崎県対馬産♀（×1.5）
A female from Tsushima Is., Nagasaki Pref.

長崎県対馬産♂背面
Dorsal view of a male from Tsushima Is., Nagasaki Pref.

長崎県対馬産♀背面
Dorsal view of a female from Tsushima Is., Nagasaki Pref.

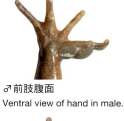

♂前肢腹面
Ventral view of hand in male.

♀前肢腹面
Ventral view of hand in female.

長崎県対馬産♂腹面
Ventral view of a male from Tsushima Is., Nagasaki Pref.

長崎県対馬産♀腹面
Ventral view of a female from Tsushima Is., Nagasaki Pref.

♂後肢腹面
Ventral view of foot in male.

♀後肢腹面
Ventral view of foot in female.

卵塊 Egg mass.

幼生前面
Frontal view of larva.

幼生背面（×2.1） Dorsal view of larva.

変態後幼体（×4.8）
A froglet just after metamorphosis.

幼生側面　Lateral view of larva.

幼生腹面　Ventral view of larva.

RANIDAE　117

チョウセンヤマアカガエル（ツシマヤマアカガエル）*Rana uenoi* Matsui, 2014

分布：対馬．国外では朝鮮半島．
保全：環境省レッドリスト2017の準絶滅危惧（NT）．

ツシマアカガエルとともに対馬に棲息するが，固有種ではなく，朝鮮にも分布するアカガエル．ツシマアカガエルより大型で，より山地性．沿海州産のタイリクヤマアカガエルとされていたが，遺伝的に異なる．

記載：成体の体長は♂で51-62（平均58）mm，♀で59-76（平均69）mm．体は比較的幅広く頑丈．頭部は比較的短い．頭幅は体長の34％ほどで頭長よりやや小さい．頭部は背面観ではやや直線状に前方に狭まるが，吻端はにぶく終わり，側面観では比較的丈が高く，吻端は円く終わる．眼鼻線はにぶく不明瞭なことが多い．頬部はかなり斜向し，やや凹む．吻長は上眼瞼長および眼前角間とほぼ等しい．外鼻孔は，吻端と眼の前端との中央よりも吻端寄りにある．左右の上眼瞼の間は平坦で凹まず，その間隔は比較的狭く，上眼瞼の幅より小さい．左右の外鼻孔の間隔は眼からの距離より大きく，上眼瞼間の間隔より大きい．鼓膜はほぼ円形で大きく，直径は眼径の1/2ほど．鋤骨歯板は楕円形で斜向し，その中心は左右の内鼻孔の後端を結んだ線より，後方にかたよる．各歯板には5-8個の歯をそなえている．

手腕長は♂で体長の48％，♀で44％ほど．脛長は体長の57％ほど．前肢指端はにぶく終わる．指式は2<1<4<3．内掌隆起は長楕円形であまり隆起しない．後肢趾端もにぶく終わる．趾間のみずかきは比較的よく発達し，切れこみはふつう．みずかきは第1趾から第3趾の外縁と，第5趾の内縁では末端関節に達し，第4趾では内縁で遠位の2.5-3関節，外縁で2-2.5関節を残して幅広く発達する．内蹠隆起は比較的大きな楕円形で，著しく隆起する．外蹠隆起は小さい円形だが，これを欠くことも多い．後肢を体軸に沿って前方にのばしたとき，脛跗関節は♂で吻端と鼻孔の間，♀で鼻孔と眼の前端の間の水準に達する．後肢を体軸と直角にのばして膝関節を折り曲げると，左右の脛跗関節は重複する．

背表は微細でにぶい顆粒でおおわれているか，ほぼ平滑で小さくにぶい隆起が散布する程度．シェブロン斑隆起も不明瞭である．上唇縁後部から後方にむかい，前肢基部の前方で終わる顕著な隆条をもつ．背側線隆条は比較的細く，鼓膜の後背側で外方へ曲がり，鼓膜後背側隆条を分枝したあと，いったん分断することが多い．鼓膜後背側隆条も弱い．

二次性徴：♀は♂よりも明らかに大型である．♂は1対の鳴嚢を下顎基部内側にもち，鳴嚢孔も1対あって上下顎会合部の内側に小さな円形に開く．♂の婚姻瘤は灰褐色の顆粒からなり，前肢第1指の基部から，末端関節と関節下隆起の間までの背内側を広くおおい，さらに細い帯状にのびて指端近くにおよぶ．♂は♀よりも前腕部が頑強である．♂ののどは銀白色の色素でおおわれる．

卵・幼生：蔵卵数は1,700個ほど，卵径は1.5-1.8mmで，動物極は黒褐色．丈夫なゼリー膜に包まれる．幼生は成長すると，全長43mmほどに達し，胴部背面に点状斑紋をもたず，尾は中程度の長さで，口器は大きくはない．歯式は1:3+3/2+2:2．変態時の体長は12mmほど．

核型：染色体数は24本で，大型5対，小型7対からなる．大型対のうち，第4対のみが次中部動原体型で，他は中部動原体型である．小型対では第10，12対が次中部動原体型，第6，9，11対が次端部動原体型で，他は中部動原体型である．二次狭窄は第10対の長腕にある．

鳴き声：キャララ……と聞こえる．1声は約0.8秒続き，4-8ほどの連続的なノートからなる．優位周波数は1.2kHzで顕著な周波数変調が認められ，倍音は明瞭．

生態：平地や丘陵地の水田周辺にも分布するが，山間の森林，水田に多い．繁殖期は2-4月で，繁殖場所は水田，湿地，水たまり，池などの止水である．卵は不規則な球形の卵塊として産み出される．繁殖期の水温は9℃ほどである．ツシマアカガエルとの関係はすでに述べた通り．

分類：学名は「上野氏のアカガエル」の意味で，高名な昆虫学者である上野俊一博士に献名したもの．タイプ産地は対馬市上県町で，タイプ標本は京都大学に保管されている．本種やエゾアカガエルは，形態的に大陸産のアカガエル類と非常によく似ており，その分類は非常にむずかしい．本種が対馬に分布することは戦後になって知られた．当初は大陸産の一部個体群と同一分類群で，固有の亜種をなすと考えられ，ヨーロッパアカガエルの未記載の亜種*R. temporaria* ssp.，次いでヤマアカガエルの未記載の亜種とされたが，その後，交雑実験の結果，対馬産と，ヤマアカガエルやエゾアカガエルとは別種であること，対馬産と韓国産のチョウセンヤマアカガエルとは同一種であることが判明し，ロシア沿海州で記載されたタイリクヤマアカガエル*R. dybowskii* Günther, 1876とされてきた．しかし，沿海州産とは遺伝的に大きく異なることから独立種とされた．

Ueno's Brown Frog
Chosen-Yama-Aka-Gaeru
Rana uenoi Matsui, 2014

Distribution: Tsushima. Outside of Japan, Korea

Description: Males 51-62 (mean=58) mm and females 59-76 (mean=69) mm in SVL. Body rather robust. Head broad, width 34 % SVL, slightly narrower than long. Canthus blunt, lore slightly concave. Snout blunt, length equal to eye. Nostril nearer to tip of snout than to eye. Interorbital narrower than upper eyelid. Internarial larger than distance from eye, and larger than interorbital. Tympanum circular, 1/2 eye diameter or larger. Vomerine tooth series elliptical with 5-8 teeth, the center posterior to the line connecting posterior margins of choanae. Hand and arm length 48 % of SVL in males and 44 % in females. Tibia length 57 % of SVL. Tips of fingers and toes blunt. Webs rather well developed, broad web leaving 2-2.5 phalanges free on outer margin of 4th toe. Inner metatarsal tubercle elliptical, outer one small and often absent. Tibiotarsal articulation reaching between snout tip and nostril in males, and between nostril and anterior border of eye in females. Skin of back nearly smooth. Dorsolateral fold slender, flaring outwards above tympanum. Supratympanic fold weak. A pair of vocal sacs and vocal openings at corners of mouth in males. Nuptial pads in males grayish brown.

Eggs and larvae: Laid in rather small globular mass with 1,700 eggs, dark brown in animal hemisphere and 1.5-1.8 mm in diameter. Matured larva 43 mm in total length, lacking a dark spot on each side of back. Dental formula 1:3+3/2+2:2. Size at metamorphosis 12 mm.

Karyotype: Diploid chromosome 2n=24, with 5 large and 7 small pairs.

Call: Mating call lasting 0.8 sec with 4-8 notes. Dominant frequency 1.2 kHz, with marked frequency modulation and clear harmonics.

Natural History: Inhabits in plains and hillsides, but more abundant in montane forests. Breeds from February to April in still waters in rice fields and small pools. Occasionally found with *R. tsushimensis*.

Taxonomy: Type locality is Kamiagatamachi, Tsushima City, Tsushima Is. Once regarded as a subspecies of *R. temporaria* or *R. ornativentris*, then a population of *R. dybowskii* described from Primorskii, Russia. However, populations from Korea and Tsushima clearly differ from *R. dybowskii* molecular phylogenetically and were described as a distinct species.

Conservation: Listed as Near Threatened in The Japanese Red List 2017.

核型 Karyotype

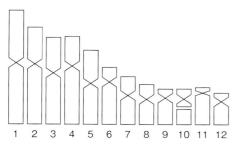

声紋 Sonagram

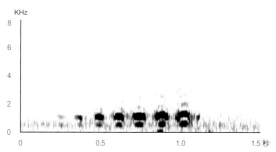

トノサマガエル *Pelophylax nigromaculatus* (Hallowell, 1861)

アカガエル科

愛知県豊田市産♂婚姻色（×1.2）
A male from Aichi Pref (nuptial color).

愛知県豊田市産♀（×1.2）
A female from Aichi Pref.

広島県三次市産♂（×1.2）
A male from Hiroshima Pref.

広島県三次市産♀（×1.2）
A female from Hiroshima Pref.

福井県あわら市産♂高田型（×1.2）
A male from Fukui Pref. (Takata type)

富山県南砺市産♀高田型（×1.2）
A female from Toyama Pref. (Takata type)

愛知県産♂背面
Dorsal view of a male from Aichi Pref (nuptial color).

愛知県産♀背面
Dorsal view of a female from Aichi Pref.

富山県産♀高田型背面
Dorsal view of a female from Toyama Pref. (Takata type)

♂前肢腹面
Ventral view of hand in male.

♀前肢腹面
Ventral view of hand in female.

愛知県産♂腹面
Ventral view of a male from Aichi Pref.

愛知県産♀腹面
Ventral view of a female from Aichi Pref.

福井県産♂高田型腹面
Ventral view of a male from Fukui Pref. (Takata type)

♂後肢腹面
Ventral view of foot in male.

♀後肢腹面
Ventral view of foot in female.

卵塊 Egg mass.

幼生前面
Frontal view of larva.

幼生背面（×1.3） Dorsal view of larva.

変態後幼体（×2.5）
A froglet just after metamorphosis.

幼生側面 Lateral view of larva.

幼生腹面 Ventral view of larva.

RANIDAE 121

トノサマガエル *Pelophylax nigromaculatus* (Hallowell, 1861)

分布：本州（関東地方から仙台平野を除く），四国，九州．北海道，対馬の一部に人為移入．国外では朝鮮半島，中国，ロシア沿海州の一部．

保全：環境省レッドリスト2017の準絶滅危惧（NT）

水田に多くその姿勢のいかめしさから大名にたとえられ，殿様の名で呼ばれる．日本産のカエル類の中では代表的な存在だが，関東地方などには分布していない．

記載：成体の体長は♂で38-81（平均69）mm，♀で63-94（平均77）mm．体は比較的頑丈．頭幅は♂で体長の34％ほど，♀で33％ほどで頭長よりも小さい．頭部は背面観では直線状に前方に狭まるが，吻端はにぶくやや尖る程度．側面観ではゆるく斜向し，吻端は円く終わる．眼鼻線はにぶく，やや不明瞭なことが多い．頬部は斜向し，かなり強く凹む．吻長は上眼瞼長および眼前角間よりも大きい．外鼻孔は吻端と眼の前端との中央，またはやや吻端寄りにある．左右の上眼瞼の間は平坦で凹まず，その間隔は上眼瞼の幅より小さい．左右の外鼻孔の間隔は眼からの距離に等しく，上眼瞼間の間隔よりずっと大きい．鼓膜は明瞭な円形ないし短楕円形で，直径は眼径の3/5-4/5くらい．鋤骨歯板は卵形，またはほぼ円形で，わずかに斜向し，その中心は左右の内鼻孔の後端を結んだ線よりずっと前方にある．各歯板には1-4個の歯をそなえている．

手腕長は♂で体長の44％，♀で41％ほど．脛長は雌雄とも体長の48％ほど．前肢指端はにぶく終わる．指式は2<1<4<3．内掌隆起は長楕円形でほぼ扁平．後肢趾端もにぶく終わる．趾間のみずかきはよく発達し，切れこみは♂では浅く♀ではふつう．みずかきの幅広い部分は，第1趾から第3趾の外縁と第5趾の内縁で，趾端近くに達するが，♀の一部では遠位の1関節を残すことがある．第4趾では，♂の内縁で遠位の2関節，外縁で1ないし2関節，♀では内外縁とも2関節を残して発達する．前後肢とも関節下隆起は小さい．内蹠隆起は長楕円形で著しく隆起し切断縁をもつが，外蹠隆起は小さい円形で，ごくわずかに隆起するにすぎない．後肢を体軸に沿って前方にのばしたとき，脛跗関節は♂では眼の中心ないし外鼻孔に達し，♀では眼の後縁ないし前縁の水準に達する．後肢を体軸と直角にのばして膝関節を折り曲げると，左右の脛跗関節は接し合う程度．

体背面の皮膚はほぼ平滑だが，明瞭な背側線隆条をもち，その間に，やや長く不規則な隆条がならぶ．この隆条は体側にもある．上唇縁後部から後方にむかい，前肢基部の前方で終わる顕著な隆条をもつ．背側線隆条は比較的太く，鼓膜の後背側でまったく曲がらない．鼓膜の後背側には浅い溝があり，その後ろの皮膚はひだ，または弱い隆条を形成する．

二次性徴：♀は♂よりも明らかに大型である．四肢の比率は♂でやや大きい．♂は1対の鳴嚢をもち，通常は鼓膜の下方で口唇腺の下にたたみこまれている．鳴嚢孔は上下顎会合部のかなり内側に円く開く．♂の婚姻瘤は灰褐色の顆粒からなり，前肢第1指の基部から，関節下隆起遠位端の間までの背内側を広くおおい，さらに細い帯状にのびて指端近くにおよ

ぶ．♂は♀よりも前腕部が頑強である．♂には顕著な婚姻色が現れ，雌雄で体色がまったく異なる．

卵・幼生：蔵卵数は1,800-3,000個で，卵径は1.4-2.0 mm．動物極は黒褐色．ゼリー層は粘性が乏しい．幼生は成長すると，全長69 mmほどになり，体背面には不明瞭な黒点があり，多くの場合背中線をもつ．尾は比較的丈が低く，後方に次第に狭まって尾端はにぶく尖る．尾鰭には明瞭な網目状模様をもたない．口器は小さく，歯式は若齢個体では1/1+1:2だが，成熟個体では1:1+1/1+1:2．変態時の体長は20-30 mmほどである．

核型：染色体数は26本で，大型5対，小型8対からなる．大型対のうち第3対のみが次中部動原体型で，他は中部動原体型である．小型対では第7，9，12対が次中部動原体型で，他は中部動原体型である．二次狭窄は第11対の長腕にある．

鳴き声：グルルル……と聞こえる．1声は約0.3-0.5秒続き，4-6ノートほどからなる．優位周波数は2.1 kHzで周波数変調は認められず，倍音も不明瞭．なお，産卵済みの♀は♂の抱接回避のための鳴き声を発する．

生態：水田と密接に結びついて分布しているが，非繁殖期には水辺からかなり離れた場所でも生活する．繁殖期は4-6月，繁殖場所は水田がふつうで，その外，河川敷の水たまりなどの浅い止水に産卵が見られる．♀を待つ♂は，水面に浮きながら鳴き，1.6 m²ほどのなわばりをもつ．卵は球を圧平したような形の卵塊として，一時に水底に産み出される．繁殖期の水温は20℃前後である．変態期は6月下旬から9月．♂は変態の翌年秋に性的成熟に達し，2歳で繁殖に参加する．♀はそれより1年遅れるが，トウキョウダルマガエルと異なり1繁殖期間に一度しか産卵しない．トウキョウダルマガエルとの分布の接点では，しばしば自然雑種が起きており，同所分布するナゴヤダルマガエルとの間でも自然雑種が見つかっている．大きな餌も食べ，クモ類や，ほとんどあらゆる昆虫類の他に，同種の幼蛙，他種のカエルなども食べる．土中で冬眠する．

分類：属名*Pelophylax*は「泥を見守る」の意味で，この属の生活場所にあまりそぐわない命名．種小名は「黒い斑紋をもつ」の意味で，成体♀の体色に因むと思われる．タイプ産地は日本であることしか判明せず，タイプ標本の所在も不明．核DNA系統樹では日本，朝鮮半島，中国を含む全個体群が単系統群となる．一方，ミトコンドリアDNA系統樹では，朝鮮半島産以外の個体群は，近縁種プランシーガエル*P. plancyi*（Lataste, 1880）と単系統群をなす．この矛盾は，両種の共通祖先からの分化過程におけるミトコンドリアDNA遺伝子の

Black-spotted Pond Frog
Tonosama-Gaeru
Pelophylax nigromaculatus (Hallowell, 1861)

Distribution: Honshu, except Kanto District to Sendai Plain, Shikoku, Kyushu. Artificialiy introduced into Hokkaido. Outside of Japan, Korea, China, Amur basin of Russia.

Description: Males 38-81 (mean＝69) mm and females 63-94 (mean＝77) mm in SVL. Body rather robust. Head longer than wide, width 34 % of SVL in males and 33 % in females. Canthus blunt, lore rather strongly concave. Snout blunt only slightly pointed dorsally, length larger than eye. Nostril midway between tip of snout and eye or slightly nearer to the former. Interorbital smaller than upper eyelid. Internarial as large as distance from eye, and much larger than interorbital. Tympanum circular, 3/5-4/5 eye diameter. Vomerine tooth series oval or circular with 1-4 teeth, the center far anterior to the line connecting posterior margins of choanae. Hand and arm length 44 % of SVL in males and 41 % in females. Tibia length 48 % of SVL. Tips of fingers and toes blunt. Webs well developed, broad web leaving 1-2 phalanges free on outer margin of 4th toe. Inner metatarsal tubercle elliptical and strongly elevated, outer one small. Tibiotarsal articulation reaching posterior border of eye to nostril. Skin of back with irregularly scattered short ridges between strongly developed, straight dorsolateral folds. Shallow groove behind tympanum edged by fold of skin. A pair of external vocal sacs and vocal openings at corners of mouth in males. Nuptial pads in males grayish brown. Yellowish nuptial colour strongly developed in males.

Eggs and larvae: Laid in a depressed globular mass with 1,800-3,000 eggs, 1.4-2.0 mm in diameter and dark brown in animal hemisphere. Matured larva 69 mm in total length, with middorsal stripe and indistinct dark dots on back. Tail fin low, gradually narrowed posteriorly. Dental formula 1:1+1/1+1:2. SVL at metamorphosis 20-30 mm.

Karyotype: Diploid chromosome 2n＝26, with 5 large and 8 small pairs.

Call: Mating call lasting 0.3-0.5 sec with 4-6 notes. Dominant frequency 2.1 kHz, without frequency modulation or clear harmonics.

Natural History: Inhabits plains and hillsides, around rice fields. Breeds during April and June in still waters mostly in rice fields and surrounding ditches, and sometimes in small pools. A definite territory formed by calling males. A single clutch spawned by a female in a year. Metamorphosis between late June and September. Females breed for the first time in the 2nd year following metamorphosis. Feeds on various foods including conspecific young and other frog species. Hibernates in soils on land. Natural hybridization between *P. porosus brevipodus* occurring frequently due to artificial habitat modifications.

Taxonomy: Type locality is Japan without detailed locality record.Populations from Japan, Korea, and China forming a clade in nuclear DNA phylogeny, but except for Korean population, the species forming a clade with *P. plancyi* on mitochondrial DNA tree. This discordance thought to be caused by genetic introgression of mitochondrial haplotypes from *P. nigromaculatus* to *P. plancyi*, and not by incomplete lineage sorting of the two species in their divergence history. Within Japan, morphological and genetic variations not extensive among populations. A genetic variant, Takata (tb) type, superficially resembling *P. porosus brevipodus*, is found in northern regions of Chubu District.

Conservation: Listed as Near Threatened in The Japanese Red List 2017.

不完全な系列選別のためではなく，トノサマガエルからプランシーガエルへの遺伝子浸透が生じたためと推定される．中国では2，3の亜種が認められたこともあり，形態的に日本産とかなり異なる．日本国内での形態的分化，遺伝的分化の程度はそれほど著しくないが，背中線を欠き，個々の暗色斑紋が孤立した，一見ナゴヤダルマガエルに似た高田型（tb型）と呼ばれる遺伝型が新潟，長野，富山，石川，福井の各県に出現するが，背中線や暗色斑紋の変異の程度はさまざまである．

核型 Karyotype

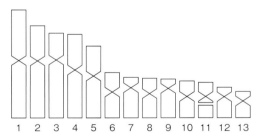

声紋 Sonagram

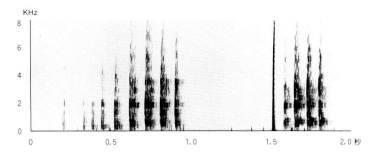

トウキョウダルマガエル　*Pelophylax porosus porosus* (Cope, 1868)

アカガエル科

神奈川県相模原市産♂（×1.2）
A male from Kanagawa Pref.

神奈川県相模原市産♀（×1.2）
A female from Kanagawa Pref.

埼玉県さいたま市産♂（×1.2）
A male from Saitama Pref.

千葉県大多喜町産♂（×1.2）
A male from Chiba Pref.

宮城県村田町産♂（×1.2）
A male from Miyagi Pref.

宮城県村田町産♀（×1.2）
A female from Miyagi Pref.

神奈川県産♂背面
Dorsal view of a male from Kanagawa Pref.

神奈川県産♀背面
Dorsal view of a female from Kanagawa Pref.

宮城県産♂背面
Dorsal view of a male from Miyagi Pref.

♂前肢腹面
Ventral view of hand in male.

♀前肢腹面
Ventral view of hand in female.

神奈川県産♂腹面
Ventral view of a male from Kanagawa Pref.

神奈川県産♀腹面
Ventral view of a female from Kanagawa Pref.

宮城県産♂腹面
Ventral view of a male from Miyagi Pref.

♂後肢腹面
Ventral view of foot in male.

♀後肢腹面
Ventral view of foot in female.

卵塊 Egg mass.

幼生前面
Frontal view of larva.

幼生背面（×1.5） Dorsal view of larva.

幼生側面 Lateral view of larva.

幼生腹面 Ventral view of larva.

変態後幼体（×2.3）
A froglet just after metamorphosis.

RANIDAE 125

トウキョウダルマガエル　*Pelophylax porosus porosus* (Cope, 1868)

分布：本州（仙台平野，関東平野，新潟県中部・南部，長野県北部・中部）．北海道の一部に人為移入．
保全：環境省レッドリスト2017の準絶滅危惧（NT）．

大きさも形もトノサマガエルとよく似ており，混同されることが多いが，個々の黒い斑紋が孤立し雌雄で体色が違わない．また分布域もあまり重複しない．より西の地域に分布するナゴヤダルマガエルの基亜種．

記載：成体の体長は♂で39-75（平均60）mm，♀で43-87（平均67）mm．体は比較的頑丈．頭幅は体長の35％ほどで頭長よりも小さい．頭部は背面観では直線状に前方に狭まるが，吻端はやや尖る程度．側面観ではゆるく斜向し，円く終わる．眼鼻線はにぶいが明瞭．頬部は斜向し，かなり強く凹む．吻長は上眼瞼長および眼前角間よりも大きい．外鼻孔は吻端と眼の前端とのほぼ中央にある．左右の上眼瞼の間は平坦で凹まず，その間隔は上眼瞼の幅より小さい．左右の外鼻孔の間隔は眼からの距離より小さく，上眼瞼間の間隔より大きい．鼓膜は明瞭，ほぼ円形で，直径は眼径の2/3程度．鋤骨歯板はほぼ円形で，その中心は左右の内鼻孔の後端を結んだ線上にある．各歯板には約3個の歯をそなえている．

　手腕長は体長の42％，脛長は42％ほど．前肢指端はにぶく終わる．指式は2<4<1<3．内掌隆起は扁平な楕円形で不明瞭．後肢趾端もにぶく終わる．趾間のみずかきはよく発達し，切れこみは浅く，みずかきの幅広い部分は第1趾から第3趾の外縁と，第5趾の内縁で趾端近くに達する．第4趾では内外縁で遠位の2関節を残して発達する．内蹠隆起は長楕円形で著しく隆起し，切断縁をもつが，外蹠隆起は小さい短楕円形で，ごくわずかに隆起するにすぎない．後肢を体軸に沿って前方にのばしたとき，脛跗関節は鼓膜の後端ないし，眼の前端に達する．後肢を体軸と直角にのばして膝関節を折り曲げると，左右の脛跗関節は接し合わない．

　体背面の皮膚はほぼ平滑なことも，微細な顆粒におおわれることもある．太く明瞭な背側線隆条をもち，その間に短かく不規則な隆条がならぶ．この隆条はあまり隆起せず，体側にもある．上唇縁後部から後方にむかい，前肢基部の前方で終わる顕著な隆条をもつ．背側線隆条は比較的太く，鼓膜の後背側でまったく曲がらない．鼓膜後背側には浅い溝があり，その後ろの皮膚は弱いひだ状．

二次性徴：♀は♂よりも明らかに大型である．♂は1対の鳴嚢をもち，通常は鼓膜の下方で上唇後部の隆条の下にたたみこまれている．鳴嚢孔は，上下顎会合部のかなり内側に円く開く．♂の婚姻瘤は灰褐色の顆粒からなり，前肢第1指の基部から，関節下隆起遠位端の間までの背内側を広くおおい，さらに細い帯状にのびて指端近くにおよぶ．♂は♀よりも前腕部が頑強である．体色の性差はない．

卵・幼生：一腹中の完熟卵数は800-2,700個，卵径は1.3-1.9 mmで，動物極は黒褐色．ゼリー層は粘性が高く，胚の孵化後数日で溶けてしまう．幼生は全長60 mmほどに達し，体背面にやや明瞭な黒点と，背中線をもつ．尾にはやや明瞭な網目模様があって後方でやや急に細まり，先端は尖る．口器は小さく，歯式は通常，1:1+1/1+1:2ないし1:2+2/1+1:2で，稀に1/1+1:2．変態時の体長は25 mmほどである．

核型：染色体数は26本で，大型5対，小型8対からなる．大型対のうち，第2，3対が次中部動原体型で，他は中部動原体型である．小型対では第7，9，12対が次中部動原体型で，他は中部動原体型である．二次狭窄は第11対の長腕にある．

鳴き声：ンゲゲゲゲ……と聞こえる．1声は約0.5秒続き7ノートほどからなる．優位周波数は2.1 kHzで，周波数変調は認められず，倍音も明瞭ではない．

生態：平地に棲息し，水辺をあまり離れない．繁殖期は4月下旬から7月におよび，1産卵場でも長く続く．繁殖はもっぱら水田でなされるが，浅い池，沼などの止水や，稀にゆるい流れの小川でなされることもある．♀を待つ♂は，水面に浮きながら鳴き，なわばりをもつ．卵は小さくて不規則な球形の卵塊として，数回にわたり水底に産み出されるのがふつうだが，地域によっては単一の大卵塊となる．大型の♀は一度産卵を終えた後，しばらくして1度目より少量の卵を再び産むらしい．1繁殖期中に3回産卵するという推定もあるが，確かな証拠はない．1個体の♀がこのように複数回産卵をするため，産卵数は確定できない．繁殖期の水温は20℃前後である．変態期は7月下旬から9月下旬で，変態した個体のうち，♂の一部は0歳の10月中旬頃に，♀の一部は1歳で性的成熟に達する．大きな餌も食べ，双翅類，鞘翅類，鱗翅類幼虫など，ほとんどあらゆる昆虫，クモ，陸貝をはじめ，カエルや小さいヘビをも食べる．新潟県下の低湿地など，本種とトノサマガエルとの分布の接点では，古くから両者の自然雑種が発見されている．

分類：種小名は「孔の多い」の意味だが，語源はさだかではない．タイプ産地は神奈川県で，タイプ標本はハーバード大学比較動物学博物館に保管されている．トノサマガエル・ダルマガエル群の中で，かつて新潟中間種族・東京中間種族と呼ばれたもので，亜種ナゴヤダルマガエルとトノサマガエルとの中間的形態をもつため，過去に両者の交雑によって生じた，という雑種起源説さえあった．核DNA系統樹上でも，ミトコンドリアDNA系統樹上でも亜種ナゴヤダルマガエルと単系統群をなし，それらはトノサマガエルと単系統群をなす．実験下で作成されたトノサマガエルとの雑種♂は不妊になるが，♀にはある程度の妊性があり，分布の接点ではトノサマガエルからの遺伝子浸透が生じている．形態的・生態的にトノサマガエルとより離れたナゴヤダルマガエル*brevipoda*を種小名として用い，基亜種としないのは，本基亜種の種小名*porosus*に命名規約上の先取権があり，しかもこれまで頻繁に使用された実績があるためである．

Tokyo Daruma Pond Frog

Tokyo-Daruma-Gaeru
Pelophylax porosus porosus (Cope, 1868)

Distribution: Northern Honshu: from Kanto District to Sendai Plain, central and southern Niigata Pref., northern and central Nagano Pref. Artificialiy introduced into Hokkaido.

Description: Males 39-75 (mean=60) mm and females 43-87 (mean=67) mm in SVL. Body stocky. Head longer than wide, width 35 % of SVL. Canthus blunt, lore strongly concave. Snout obtusely pointed dorsally, length larger than eye. Nostril midway between tip of snout and eye. Interorbital smaller than upper eyelid. Internarial smaller than distance from eye, and larger than interorbital. Tympanum circular, 2/3 eye diameter. Vomerine tooth series nearly circular with 3 teeth, the center on the line connecting posterior margins of choanae. Hand and arm length 42 % and tibia length 42 % of SVL. Tips of fingers and toes blunt. Webs well developed, broad web leaving 2 phalanges free on outer margin of 4th toe. Inner metatarsal tubercle elliptical and strongly elevated, outer one small. Tibiotarsal articulation reaching posterior border of tympanum to anterior border of eye. Skin of back with irregularly scattered weak, short ridges between strongly developed, straight dorsolateral folds. Shallow groove behind tympanum edged by fold of skin. A pair of outer vocal sacs and vocal openings at corners of mouth in males. Nuptial pads in males grayish brown.

Eggs and larvae: Fully matured ova in a clutch 800-2,000. Eggs usually laid in small, irregularly globular masses. Diameter 1.3-1.9 mm and dark brown in animal hemisphere. Matured larva about 60 mm in total length, with middorsal stripe and rather distinct dark dots on back. Tail fin abruptly narrowed posteriorly with pointed tip. Dental formula 1:1+1/1+1:2 or 1:2+2/1+1:2. SVL at metamorphosis 25 mm.

Karyotype: Diploid chromosome 2n=26, with 5 large and 8 small pairs.

Call: Mating call lasting 0.5 sec with 7 notes. Dominant frequency 2.1 kHz, without frequency modulation or clear harmonics.

Natural History: Inhabits plains and lowlands. Breeds for a long period during April and July in still waters mostly in rice fields, surrounding ditches, and shallow ponds. Territoriality exhibited by calling males. Multiple clutches spawned by a large female in a year. Metamorphosis from late July to late September and some males sexually mature by mid-October. Occurrence of natural hybrids between *P. nigromaculatus* long known in boggy regions in Niigata.

Taxonomy: Type locality is Kanagawa Pref. Once supposed to have arisen through hybridization between *P. p. brevipodus* and *P. nigromaculatus*, but the hypothesis now rejected. On both nuclear and mitochondrial DNA phylogeneic tree, forming a clade with *P. p. brevipodus*, which clade is sister to *P. nigromaculatus*. Artificially produced hybrid males between *P. porosus* and *P. nigromaculatus* are almost always sterile, but genetic introgression of *P. nigromaculatus* occasionally found in the zone of contact. The specific name *porosus* has priority over *brevipodus* and must be used regardless of problems about origin and relationships.

Conservation: Listed as Near Threatened in The Japanese Red List 2017

核型 Karyotype

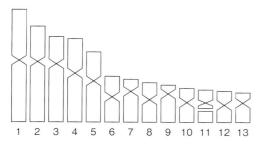

声紋 Sonagram

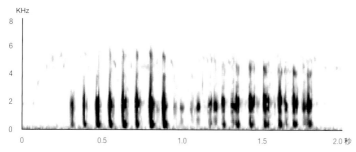

ナゴヤダルマガエル　*Pelophylax porosus brevipodus* (Ito, 1941)

愛知県愛西市産♂（×1.2）
A male from Aichi Pref.

愛知県愛西市産♀（×1.2）
A female from Aichi Pref.

岡山県倉敷市産♂（×1.2）
A male from Okayama Pref.

岡山県倉敷市産♀（×1.2）
A female from Okayama Pref.

長野県伊那市産♂（×1.2）
A male from Nagano Pref.

広島県三次市産♂（×1.2）
A male from Hiroshima Pref.

愛知県産♂背面
Dorsal view of a male from Aichi Pref.

愛知県産♀背面
Dorsal view of a female from Aichi Pref.

岡山県産♀背面
Dorsal view of a female from Okayama Pref.

♂前肢腹面
Ventral view of hand in male.

♀前肢腹面
Ventral view of hand in female.

愛知県産♂腹面
Ventral view of a male from Aichi Pref.

愛知県産♀腹面
Ventral view of a female from Aichi Pref.

岡山県産♀腹面
Ventral view of a female from Okayama Pref.

♂後肢腹面
Ventral view of foot in male.

♀後肢腹面
Ventral view of foot in female.

卵塊 Egg mass.

幼生前面
Frontal view of larva.

幼生背面（×1.8） Dorsal view of larva.

幼生側面 Lateral view of larva.

幼生腹面 Ventral view of larva.

変態後幼体（×2.5）
A froglet just after metamorphosis.

RANIDAE 129

ナゴヤダルマガエル *Pelophylax porosus brevipodus* (Ito, 1941)

分布：本州（中部地方南部，東海，近畿地方中部，山陽地方東部），四国（香川県）.
保全：環境省レッドリスト2017の絶滅危惧IB類（EN）.

トウキョウダルマガエルの亜種. 東海から瀬戸内海沿岸にかけての温暖な地域にトノサマガエルと重複して分布するが，体は小さく，四肢は短い. ほとんど水辺から離れることがないので，水の入ったバケツから逃げ出さないといわれる.

記載：成体の体長は♂で35-62（平均56）mm，♀で37-73（平均63）mm. 体は比較的頑丈で太く，頭部はやや小さい. 頭幅は体長の33％ほどで頭長よりも小さい. 頭部は背面観では直線状に前方に狭まり，吻端はやや尖るか円く終わる. 側面観ではゆるく斜向し，吻端は円く終わる. 眼鼻線はにぶいが明瞭なことが多い. 頬部は斜向し，明らかに凹む. 吻長は上眼瞼長および眼前角間よりも大きい. 外鼻孔は吻端と眼の前端との中央にあるが，やや吻端寄りのこともある. 左右の上眼瞼の間は平坦で凹まず，その間隔は上眼瞼の幅よりはるかに小さい. 左右の外鼻孔の間隔は眼からの距離に等しく，上眼瞼間の間隔よりずっと大きい. 鼓膜は明瞭なほぼ円形，ないし短楕円形で，直径は眼径の1/2-2/3くらい. 鋤骨歯板はごく短い楕円形で斜向し，その中心は左右の内鼻孔の後端を結んだ線上，またはそれより前方にある. 各歯板には2-4個の歯をそなえている.

手腕長は♂で体長の44％，♀で41％ほど. 脛長は雌雄とも体長の43％程度. 前肢指端はにぶく終わる. 指式は2<1<4<3. 内掌隆起は長楕円形で不明瞭. 後肢趾端にもにぶく終わる. 趾間のみずかきはよく発達し，切れこみは浅い. みずかきの幅広い部分は第1趾から第3趾の外縁と，第5趾の内縁で，末端関節ないし亜端近くに達する. 第4趾では♂の内縁で遠位の2関節，♀の内縁で2ないし3関節を，雌雄とも外縁では1ないし2関節を残して発達する. 内蹠隆起は長楕円形で著しく隆起，切断縁をもつ. 外蹠隆起は小さい円形で，顕著に隆起することも，痕跡的なこともある. 後肢を体軸に沿って前方にのばしたとき，脛跗関節は♂では眼の中心に，♀では鼓膜の後縁ないし眼の後縁に達する. 後肢を体軸と直角にのばして膝関節を折り曲げると，左右の脛跗関節は接し合わない.

体背面の皮膚はほぼ平滑だが，幅広く明瞭な背側線隆条をもち，その間に短く弱い隆条が不規則にならぶ. この隆条は体側にもある. 上唇縁後部から後方にむかい，前肢基部の前方で終わる顕著な隆条をもつ. 背側線隆条はかなり太く，鼓膜の後背側で曲がることはない. 鼓膜後背側には浅い溝があり，その後ろの皮膚は弱いひだ状.

二次性徴：♀は♂よりも大型である. ♂は1対の鳴嚢をもち，通常は鼓膜の下方で口唇腺の下にたたみこまれている. 鳴嚢孔は1対あり，上下顎会合部のかなり後方内側に円く開く. ♂の婚姻瘤は灰褐色の顆粒からなり，前肢第1指の基部から，関節下隆起遠位端の間までの背内側を広くおおい，さらに細い帯状にのびて指端近くにおよぶ. ♂は♀よりも前腕部が頑強である. ♂の一部に婚姻色が現れることがある.

卵・幼生：一腹中の完熟卵数は1,300-2,200個，卵径は1.2-1.6 mm程度で，動物極は褐色. ゼリー層は粘性が高く，胚の孵化後，数日で溶けてしまう. 幼生は全長50 mmを超え，体背面には黒色の明瞭な小斑点をもつ. 背中線をもつことも欠くこともある. 尾は後方で急に細まって先端は尖り，黒色網目状の模様をもつ. 口器は小さく，歯式は1/1+1:2，1:1+1/1+1:2，ないし2+2/1+1:2. 変態時の体長は22-28 mmほどである.

核型：染色体数は26本で，大型5対，小型8対からなる. 大型対のうち，第2，3対が次中部動原体型で，他は中部動原体型である. 小型対では第7，9，12対が次中部動原体型で，他は中部動原体型である. 二次狭窄は第11対の長腕にある.

鳴き声：東海から近畿産ではギギギギギ……と聞こえる. 1声は約0.5秒続き，間隔の短い6-7のノートからなる. 優位周波数は2.6 kHzで，周波数変調はほとんど認められず，倍音も不明瞭. 瀬戸内海沿岸産ではギャーーウ……と聞こえる. 1声は長く約1秒続き，多数の連続した細かいパルスを含む. 優位周波数は2.5 kHzで，周波数変調はほとんど認められず，倍音も不明瞭.

生態：繁殖期，非繁殖期ともに，低湿地帯の水辺に棲息する. 繁殖期は長く4月下旬から7月中旬におよぶ. 繁殖場所は水田がふつうで，その他，溝，浅い池，沼など，いずれも浅い止水が利用される. ♀を待つ♂は，水面に浮きながら鳴き，1.1 m²ほどの強いなわばりをもつ. ♀は移動しながら卵を少数ずつ，何度にも分けて産み出す. 卵はごく小さい不定形の卵塊として，水面に浮いたり，水底の泥や水草などに付着する. 繁殖期の水温は15-25℃ほどである. 孵化した胚はトノサマガエルよりも高温耐性が高い. 変態期は7月以降で，早期に変態した個体のうち，♂の多くと♀の一部は10月頃には性的成熟に達し，また♀の残りは，翌年の繁殖期間中に性的成熟し，繁殖に参加するのがふつうだが，高地では1年遅れる. 大型の♀では完熟卵を産み終わった後しばらくすると，再び少量の卵が完熟するため2度目の産卵を行う. 比較的小さな餌を好み，クモ類，双翅類，鞘翅類，半翅類などをよく食べるが，小型のカエルを食べることもある. シマヘビやヤマカガシに捕食される. 近年の環境開発の結果，繁殖環境が減少し，各地でトノサマガエルとの自然交雑が生じている.

分類：亜種小名は「足が短い」の意味で，近縁種トノサマガエルより後肢の短いことに因む. タイプ標本は存在しないが，タイプ産地は後に愛知県西春日井郡師勝村（現北名古屋市）と指定された. 形態や鳴き声の分化程度はやや高く，東海・近畿産のいわゆる名古屋種族と，瀬戸内海沿岸産の岡山種族

Nagoya Daruma Pond Frog

Nagoya-Daruma-Gaeru
Pelophylax porosus brevipodus (Ito, 1941)

Distribution: Southwestern Honshu, in Tokai, central Kinki, and eastern San'yo Districts, and northeastern Shikoku.

Description: Males 35-62 (mean＝56) mm and females 37-73 (mean＝63) mm in SVL. Body rather small and stocky. Head rather small, longer than wide, width 33 % of SVL. Canthus blunt, lore concave. Snout blunt or slightly pointed dorsally, length larger than eye. Nostril usually midway between tip of snout and eye. Interorbital much smaller than upper eyelid. Internarial as large as distance from eye, and much larger than interorbital. Tympanum circular, 1/2–2/3 eye diameter. Vomerine tooth series oval with 2–4 teeth, the center on or anterior to the line connecting posterior margins of choanae. Hand and arm length 44 % of SVL in males and 41 % in females. Tibia length 43 % of SVL. Tips of fingers and toes blunt. Webs well developed, broad web leaving 1–2 phalanges free on outer margin of 4th toe. Inner metatarsal tubercle elliptical and strongly elevated, outer one small and sometimes rudimentary. Tibiotarsal articulation reaching posterior border of tympanum to center of eye. Skin of back with irregularly scattered weak, short ridges between much strongly developed, straight dorsolateral folds. Shallow groove behind tympanum edged by fold of skin. A pair of outer vocal sacs and vocal openings at corners of mouth. Nuptial pads in males grayish brown. Some males with light yellowish nuptial colour.

Eggs and larvae: Fully matured ova in a clutch 1,300–2,200. Eggs laid separately or in irregularly shaped small clumps. Diameter 1.2-1.6 mm and bluish brown in animal hemispere. Matured larva over 50 mm in total length, with or without middorsal line and with distinct dark dots on back. Tail fin abruptly narrowed posteriorly with pointed tip. Dental formula 1/1+1:2, 1:1+1/1+1:2 or 2+2/1+1:2. SVL at metamorphosis 22–28 mm.

Karyotype: Diploid chromosome 2n＝26, with 5 large and 8 small pairs.

Call: In Nagoya race, mating call lasting 0.5 sec with 6–7 notes, but in Okayama race, call lasting 1 sec with continuous fine pulses. Dominant frequency 2.5–2.6 kHz, without frequency modulation or clear harmonics.

Natural History: Lives exclusively in boggy lowlands. Breeds for a long period during April and July in still waters mostly in rice fields, surrounding ditches, and shallow ponds. A strong territoriality exhibited by calling males. Multiple clutches spawned by a large female in a year. Metamorphosis in July or later. The first breeding in a female usually in the 1st year following metamorphosis. Feeds on comparatively small foods, but occasionally takes small frogs.

Taxonomy: Incomplete original description without designation of type. Type locality later restricted to Shikatsu-mura, Nishikasugai-gun (now Kitanagoya-shi). Nagoya race from Tokai and Kinki Districts and Okayama race from coastal region of Seto Inland Sea are split because of their morphological and acoustic differentiation. They are also genetically divergent and, when *P. p. porosus* was added, show trichotomic relationships on nuclear phylogenetic tree, suggesting necessity of their taxonomic revision. Morphological and ecological differentiation from sympatric *P. nigromaculatus* much more evident than in allopatric *P. p. porosus*, indicating presence of character displacement. Male hybrids produced with *P. nigromaculatus* nearly sterile, but increase fertility through several generations of back-crosses. Genetic introgression of *P. nigromaculatus* in progress in nature.

Conservation: Listed as Endangered in The Japanese Red List 2017.

が区別される．両者はある程度遺伝的に分化しており，核系統樹上で基亜種トウキョウダルマガエルと３分岐する．これらの結果から分類学的再検討が必要と思われる．トウキョウダルマガエルの場合にくらべ，トノサマガエルとの間に顕著な形態的・生態的差異が見られるが，これは同所的に棲息する際に，二者間の競合を減少させる方向で生じた形質置換と見ることができる．実験的にトノサマガエルとの間で作成された雑種の♂はほとんど完全に妊性を欠くが，両親のどちらか一方のみと戻し交雑を繰り返すと，数代で妊性が回復するという．野外ではトノサマガエルからの一方的な遺伝子浸透が進行している．

核型 Karyotype

声紋 Sonagram

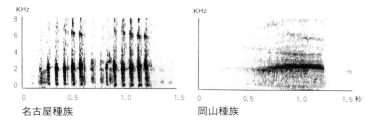

名古屋種族　　　　　　　　　岡山種族

ツチガエル *Glandirana rugosa* (Temminck et Schlegel, 1838)

アカガエル科

高知県北川村産♂（×1.8）
A male from Kochi Pref.

高知県北川村産♀（×1.8）
A female from Kochi Pref.

宮城県村田町産♂（×1.8）
A male from Miyagi Pref.

新潟県佐渡島産♀（×1.8）
A female from Sado Is., Niigata Pref.

東京都あきる野市産♂（×1.8）
A male from Tokyo Pref.

埼玉県日高市産♀（×1.8）
A female from Saitama Pref.

高知県産♂背面
Dorsal view of a male from Kochi Pref.

高知県産♀背面
Dorsal view of a female from Kochi Pref.

宮城県産♂背面
Dorsal view of a male from Miyagi Pref.

♂前肢腹面
Ventral view of hand in male.

♀前肢腹面
Ventral view of hand in female.

高知県産♂腹面
Ventral view of a male from Kochi Pref.

高知県産♀腹面
Ventral view of a female from Kochi Pref.

宮城県産♂腹面
Ventral view of a male from Miyagi Pref.

♂後肢腹面
Ventral view of foot in male.

♀後肢腹面
Ventral view of foot in female.

卵塊 Egg mass.

幼生前面
Frontal view of larva.

幼生背面（×1.5） Dorsal view of larva.

幼生側面 Lateral view of larva.

変態後幼体（×2.5）
A froglet just after metamorphosis.

幼生腹面 Ventral view of larva.

RANIDAE 133

ツチガエル *Glandirana rugosa* (Temminck et Schlegel, 1838)

分布：本州，四国，九州，佐渡島，隠岐，壱岐，五島列島，屋久島，種子島など．北海道（南・西部），伊豆諸島（大島，新島，三宅島）には人為移入．トカラ列島口之島の記録もある．日本からハワイに移出され定着している．

水辺でふつうに見られ，体が多数のいぼにおおわれているためイボガエルと呼ばれ，捕らえると悪臭を放つので嫌われる．九州以北産の在来のカエル類の中では，幼生越冬することで特異的．

記載：成体の体長は♂で37-46（平均41）mm，♀で44-53（平均50）mm．胴部は比較的細いが頭部は大きい．頭幅は体長の39％ほどで頭長よりも大きい．頭は背面観では直線状に前方に狭まるが，吻端はやや尖る程度．吻は側面観では♂では円く終わり，♀ではやや裁断状．眼鼻線は厚い稜状に隆起し，明瞭．頬部は比較的急な角度で傾斜し，明らかに凹む．吻長は上眼瞼長と等しいかやや小さく，眼前角間より小さい．外鼻孔は，吻端と眼の前端との中央よりも吻端寄りにある．吻の背面は明瞭に凹むが，左右の上眼瞼の間は平坦で凹まず，その間隔は♂では上眼瞼の幅にほぼ等しいが，♀では後者より大きい．左右の外鼻孔の間隔は，眼からの距離に等しいか，それより大きく，上眼瞼間の間隔にほぼ等しいか，やや小さい．鼓膜は水平方向の短楕円形ないし，ほぼ円形で，長径はふつう，眼径の4/5ないし等大．鋤骨歯板は楕円形で斜向し，その中心は左右の内鼻孔の後端を結んだ線より前にあることもあるが，ふつうはずっと後方にある．各歯板には1-3個の歯をそなえているが，これを左右ないし片側のみ欠くこともある．

手腕長は♂で体長の47％，♀で48％ほど．脛長は♂で体長の48％，♀で50％程度．前肢指端はあまり細まらず，やや扁平．指式は2<4<1<3．内掌隆起は楕円形で，比較的よく隆起する．後肢趾端の状態は前肢に似る．趾間のみずかきはよく発達し，切れこみはふつう．みずかきは第1趾から第3趾の外縁と，第5趾の内縁では趾端近くに達し，第4趾では外縁で遠位の1-2関節，内縁で2関節を残して幅広く発達する．内蹠隆起は楕円形でよく隆起し，外蹠隆起も比較的大きな円形で明瞭だが，ないこともある．後肢を体軸に沿って前方にのばしたとき，脛跗関節は雌雄とも，眼の中心ないし前縁の水準に達する．後肢を体軸と直角にのばして膝関節を折り曲げると，左右の脛跗関節は少し重複する．

背表には多数の短く不規則な隆条が散在し，その間に小さい顆粒がある．後肢背面には長い隆条がならぶ．腹面も円い顆粒でおおわれる．上唇縁後部と前肢基部の間に隆条をもたず，背側線隆条もない．鼓膜後背側隆条は太く，かなり明瞭．跗部内縁には皮膚ひだが強い稜状に発達し，第5趾外縁にも，趾端から脛跗関節にかけて皮膚稜をそなえる．

二次性徴：♀は♂よりも明らかに大型である．♂は咽喉下に，単一だが，正中部で軽く左右に分かれる鳴嚢をもち，鳴嚢孔は1対あって，上下顎関節内側に円く開く．♂の婚姻瘤は灰黄色の顆粒からなり，前肢第1指の基部から，関節下隆起までの背内側に発達し，さらに細くのびて指端近くに達する．♂は♀よりも前腕部がやや頑強である．

卵・幼生：1回の産卵数は690-2,600個くらい．卵径は0.8-1.0 mmで，動物極は淡褐色．幼生は成長すると全長45-80 mmほどに達し，尾鰭に多数の小さな黒色と銀白色の点をもち，胴体腹面にも銀白色の小点が散在するのが特徴である．口器は小さく，歯式は1:1+1/1+1:2で，稀に1/1+1:2．変態時の体長は25 mmほど．

核型：染色体数は26本で，大型5対，小型8対からなる．性染色体に顕著な地理的変異があり，少なくとも5つの型が見つかっている．西日本型では大型対のうち，第3対のみが次中部動原体型で，他は中部動原体型である．小型対では第7，9，11-13対が次中部動原体型で，他は中部動原体型である．二次狭窄は第11対の長腕にある．

鳴き声：ギュウ・ギュウ……と聞こえる．1声は約0.41秒続き，20ほどのパルスを含む．優位周波数は約2.7 kHzで周波数変調は認められず，倍音も不明瞭．

生態：平地から低山地にかけて分布し，高地には少ない．市街地の池から山地の渓流付近，広い河川の川原まで広い範囲に棲息するが，水辺のすぐ近くに棲息し，これを離れることはない．繁殖期は長く，5-9月におよぶ．繁殖場所は水田，池，沼，溝，用水路，湿原，湿地の水たまり，広い河川の川原にある水たまりなどの浅い止水や，ゆるい流れである．♀を待つ♂は，岸辺近くの陸上で鳴いていることが多い．卵は水草などに10-60個ほど含んだ不規則な形の小卵塊として，またはばらばらに産みつけられる．♀の一部は長い繁殖期間内に2回産卵する．通常は幼生越冬し，翌年の5-8月に変態する．♂は変態後1-2年，♀は2-3年で性成熟する．野外での寿命は♂で最低4年，♀で5年と推定される．餌としてアリを非常に多く食べるのが特徴．クモ，双翅類の成虫・幼虫，ゴミムシなどの鞘翅類，鱗翅類幼虫などもよく食べる．幼体と成体は池や小川の底の泥の中など，水中で越冬することが多い．皮膚からの分泌物のいやな臭いによってヘビ類の捕食を回避する．

分類：属名は「腺のあるカエル」，種小名は「皺の多い」の意味．シンタイプ（等価基準標本）は9個体あり，オランダ・ライデンの王立博物館（現ナチュラリス生物多様性センター）に保管されている．産地は日本とされ，詳細は不明だが，たぶん長崎県と考えられる．複雑な性決定様式をもち，性染色体に雌雄同形のXY型，雌雄異形のXY型，雌雄異形のZW型など，形状が異なる地方集団が少なくとも5つ（ZW，東日本，XY，新ZW，西日本の各型）は認められるが，これらの間に生殖隔離はないという．一方，かつて本種とされていた朝鮮半島産の個体群は最近，沿海州南部から記載されたG.

Wrinkled Frog
Tsuchi-Gaeru
Glandirana rugosa (Temminck et Schlegel, 1838)

Distribution: Honshu, Shikoku, Kyushu, Sado Is., Oki Is., and other islands. Artificially introduced into Hokkaido and Izu island.

Description: Males 37-46 (mean=41) mm and females 44-53 (mean=50) mm in SVL. Body rather slender but head large, wider than long, width 39 % of SVL. Canthus thick and ridge-like, lore concave. Snout only slightly pointed dorsally, length as large as or smaller than eye. Nostril nearer to tip of snout than to eye. Interorbital as large as or larger than upper eyelid. Internarial as large as or larger than distance from eye, and as large as or smaller than inter orbital. Tympanum elliptical or circular, 4/5 to equal of eye diameter. Vomerine tooth series elliptical with 1-3 teeth, the center far posterior to the line connecting posterior margins of choanae. Hand and arm length 47 % of SVL in males and 48 % in females. Tibia length 48 % of SVL in males and 50 % in females. Tips of fingers and toes slightly depressed. Webs rather well developed, broad web leaving 1-2 phalanges free on outer margin of 4th toe. Inner metatarsal tubercle elliptical, outer one relatively large and distinct, but sometimes absent. Tibiotarsal articulation reaching center of to anterior border of eye. Skin of back with many short ridges. Dorsolateral fold absent, but supratympanic fold strong. Strong tarsal ridge, and skin fold on outer edge of 5th toe. A median subgular vocal sac and a pair of vocal openings. Nuptial pads in males grayish yellow.

Eggs and larvae: Laid in small clumps with 690-2,600 eggs, 0.8-1.0 mm in diameter and light brown in animal hemisphere. Matured larva 45-80 mm in total length with silvery dots on body and tail. Dental formula 1:1+1/1+1:2. SVL at metamorphosis 25 mm.

Karyotype: Diploid chromosome 2n=26, with 5 large and 8 small pairs. Marked geographic variation present in sex chromosomes.

Call: Mating call with notes containing 20 pulses and lasting 0.4 sec. Dominant frequency 2.7 kHz, without frequency modulation or clear harmonics.

Natural History: Distributed widely in plains and low mountains, usually near the water. Breeds during May and September in still waters in rice fields, ponds, ditches, and sometimes in pools of dry riverbeds. Usually multiple clutches spawned by a female in a year. Larvae usually overwinter and metamorphose from May to August of the following year. Feeds on spiders and various insects, and particularly likes ants. Metamorphosed frogs usually hibernate underwater. Avoiding snake predation by distasteful odor of skin secretion.

Taxonomy: Type locality Japan, probably around Nagasaki. Highly diversified in sex determining mechanisms with at least five geographic races (XY, ZW and Neo-ZW with heteromorphic chromosome No.7 pair; and West- and East-Japan with homomorphic pair) recognized, but no reproductive isolation among them. On mitochondrial DNA phylogenetic tree, three clades (East-Japan, XY, Neo-ZW, and *G. susurra*; ZW and West-Japan; and *G. emeljanowi* from Korea) exhibiting trichotomous relationships. Thus *G. rugosa* is a paraphyletic species awaiting for taxonomic revision.

emeljanowi (Nikolsky, 1913) とされたが，ミトコンドリアDNA系統樹上では，東日本・XY・新ZW・サドガエルを含む群，ZW・西日本を含む群，*G. emeljanowi* の群が3分岐し，本種は側系統群となる．したがってこれらの種の関係については核DNAなど，より詳細な再検討が必要で，将来，本種は分類学的に細分される可能性がある．なお，佐渡島ではサドガエルと異所的に分布している

核型 Karyotype

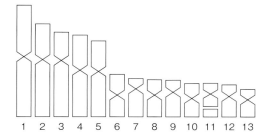

声紋 Sonagram

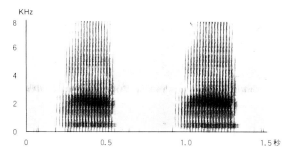

サドガエル *Glandirana susurra* (Sekiya, Miura et Ogata, 2012)

アカガエル科

新潟県佐渡島産♂（×2.0）
A male from Sado Is., Niigata Pref.

新潟県佐渡島産♂（×2.0）
A male from Sado Is., Niigata Pref.

新潟県佐渡島産♀（×2.0）
A female from Sado Is., Niigata Pref.

新潟県佐渡島産♀（×2.0）
A female from Sado Is., Niigata Pref.

新潟県佐渡島産♂背面
Dorsal view of a male from Sado Is., Niigata Pref.

新潟県佐渡島産♀背面
Dorsal view of a female from Sado Is., Niigata Pref.

新潟県佐渡島産♀背面
Dorsal view of a female from Sado Is., Niigata Pref.

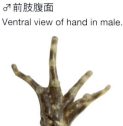
♂前肢腹面
Ventral view of hand in male.

♀前肢腹面
Ventral view of hand in female.

新潟県佐渡島産♂腹面
Ventral view of a male from Sado Is., Niigata Pref.

新潟県佐渡島産♀腹面
Ventral view of a female from Sado Is., Niigata Pref.

新潟県佐渡島産♀腹面
Ventral view of a female from Sado Is., Niigata Pref.

♂後肢腹面
Ventral view of foot in male.

♀後肢腹面
Ventral view of foot in female.

卵塊 Egg mass.

幼生前面
Frontal view of larva.

幼生背面（×1.2） Dorsal view of larva.
幼生側面 Lateral view of larva.

変態後幼体（×2.5）
A froglet just after metamorphosis.

幼生腹面 Ventral view of larva.

RANIDAE 137

サドガエル *Glandirana susurra* (Sekiya, Miura et Ogata, 2012)

分布：佐渡島.
保全：環境省レッドリスト2018の絶滅危惧IB類（EN）.

ツチガエルと形態，鳴き声が大きく異なることから独立種とされた. 佐渡島唯一の固有両棲類.

記載：成体の体長は♂で33-44（平均37）mm，♀で38-50（平均45）mm. 胴部は比較的細いが頭部は大きい. 頭幅は♂で体長の38％，♀では36％ほどで頭長よりわずかに大きい. 頭は背面観では直線状に前方に狭まるが，吻端は円く終わる. 吻は側面観では円く終わる. 眼鼻線は隆起し，明瞭. 頬部は比較的急な角度で傾斜し，明らかに凹む. 吻長は上眼瞼長，眼前角間とほぼ等しい. 外鼻孔は，吻端と眼の前端との中央よりも吻端寄りにある. 吻の背面は明瞭に凹むが，左右の上眼瞼の間は平坦で凹まず，その間隔は上眼瞼の幅より大きい. 左右の外鼻孔の間隔は眼からの距離より大きく，上眼瞼間の間隔にほぼ等しいか，やや小さい. 鼓膜は水平方向の短楕円形ないし，ほぼ円形で，長径は眼径の3/5-4/5ほど. 鋤骨歯板は楕円形で斜向し，その中心は左右の内鼻孔の後端を結んだ線よりずっと後方にある. 各歯板には1-2個の歯をそなえている.

手腕長は雌雄とも体長の47％ほど. 脛長は♂で体長の51％，♀で49％ほど. 前肢指端はあまり細まらず，やや扁平. 指式は2<4<1<3. 内掌隆起は楕円形で，比較的よく隆起する. 後肢趾端の状態は前肢に似る. 趾間のみずかきはよく発達し，切れこみは小さい. みずかきは第1趾から第3趾の外縁と，第5趾の内縁では趾端近くに達し，第4趾では遠位の2関節を残して幅広く発達する. 内蹠隆起は楕円形でよく隆起するが，外蹠隆起は不明瞭か，ない. 後肢を体軸に沿って前方にのばしたとき，脛跗関節は♂で眼の前縁，♀で眼の中心の水準に達する. 後肢を体軸と直角にのばして膝関節を折り曲げると，左右の脛跗関節は少し重複する.

頭部を除く背表には長く不規則な隆条が散在し，その間に小さい顆粒がある. 後肢背面には長い隆条が散在する. 腹面はのどを含め，ほぼ平滑. 上唇縁後部と前肢基部の間に隆条をもたず，背側線隆条もない. 鼓膜後背側隆条は太く，かなり明瞭. 跗部内縁の皮膚ひだの発達は弱く，第5趾外縁皮膚稜も不明瞭.

二次性徴：♀は♂よりも大型である. ♂は鳴嚢，鳴嚢孔をもたない. ♂の婚姻瘤は灰褐色の顆粒からなり，前肢第1指の基部から，関節下隆起までの背内側に発達する. ♂は♀よりも前腕部がやや頑強である.

卵・幼生：1回の産卵数は710個くらい. 卵径は1.2-1.5 mmで，動物極は濃褐色. 幼生は成長すると全長74 mmほどに達し，尾鰭は褐色の地に多数の小さな黄白色の点を散在し，胴体腹面前半には黄白色の小点を密布する. 口器は小さく，歯式は1:1+1/1+1:2で，ときに1:1+1/3または1/1+1:2. 変態時の体長は21 mmほど.

核型：ツチガエルの東日本型とほぼ同様. 核型に性差はない. 染色体数は26本で，大型5対，小型8対からなる. 大型対のうち，第3対のみが次中部動原体型で，他は中部動原体型である. 小型対では第7対が次端部動原体型，6, 8, 10対が中部動原体型で，他は次中部動原体型である. 二次狭窄は第11対の長腕にある.

鳴き声：ギューウ……と聞こえる. 1声は長くて約1.3秒続き，79ほどのパルスを含む. 優位周波数は約1.2 kHzで周波数変調は認められず，倍音は不明瞭.

生態：平地に分布する. 常に水辺のすぐ近くに棲息し，これを離れることはない. 繁殖期は5月中旬から8月初旬で，繁殖場所は水田とその周囲の用水路，池，小川などの浅い止水や，ゆるい流れである. 卵は水中の枯れ枝や水草などに40個ほどを含んだ不規則な形の小卵塊として，またはばらばらに産みつけられる. 幼生は越冬して翌年に変態することが多いらしい. 幼体と成体は越冬幼生と同様に水中の泥の中で越冬する. トキに捕食される.

分類：種小名は「ささやく」の意味で，同所的に棲息する他種のカエル類より小さな声で鳴くことに由来する. タイプ標本は神奈川県立生命の星・地球博物館に保管されている. タイプ産地は佐渡市秋津. 地域によって背中線をもつ個体がかなりの頻度で出現する. 集団遺伝学的に異なる3集団が認められている. ツチガエルとの間で交配後隔離のあることが実験的に確認されている. 分子系統樹では，佐渡の対岸を含む東日本の日本海側産ツチガエル個体群とは別系統で，東日本の太平洋側産，近畿産ツチガエル個体群と単系統群をなし，ツチガエルの分類学的再検討の必要性を示している.

Sado Wrinkled Frog
Sado-Gaeru
Glandirana susurra (Sekiya, Miura et Ogata, 2012)

Distribution: Endemic to Sado Is.
Description: Males 33-44 (mean＝37)mm and females 38-50 (mean＝45) mm in SVL. Body rather slender but head large, slightly wider than long, width 38 % in males and 36 % in females of SVL. Canthus raised and clear, lore concave. Snout rounded dorsally, length subequal to eye. Nostril nearer to tip of snout than to eye. Interorbital larger than upper eyelid. Internarial larger than distance from eye, and as large as or smaller than inter orbital. Tympanum elliptical or circular, 3/5 to 4/5 of eye diameter. Vomerine tooth series elliptical with 1-2 teeth, the center far posterior to the line connecting posterior margins of choanae. Hand and arm length 47 % of SVL, and tibia length 51 % of SVL in males and 49 % in females. Tips of fingers and toes slightly depressed. Webs rather well developed, broad web leaving 2 phalanges free on outer margin of 4th toe. Inner metatarsal tubercle elliptical, outer one indistinct or absent. Tibiotarsal articulation reaching center to anterior border of eye. Skin of back scattered with irregular long ridges. Dorsolateral fold absent, but supratympanic fold distinct. Weak tarsal ridge, and indistinct skin fold on outer edge of 5th toe. No vocal sac and vocal openings in males. Nuptial pads in males grayish brown.
Eggs and larvae: Fully matured ova in a clutch 710. Eggs laid separateIy or in irregularly shaped small clumps. Diameter 1.2-1.5 mm and dark brown in animal hemisphere. Matured larva to 74 mm in total length with yellowish white dots on body and tail. Dental formula 1:1+1/1+1:2, sometimes 1:1+1/3 or 1/1+1:2. Size at metamorphosis 21 mm.
Karyotype: Diploid chromosome 2n＝26, with 5 large and 8 small pairs.
Call: Mating call long with notes containing 79 pulses and lasting 1.3 sec. Dominant frequency 1.2 kHz, without frequency modulation or clear harmonics.
Natural History: Distributed in plains, always near the water. Breeds during May and August in still waters in rice fields and surrounding ditches, ponds, and small streams. Larvae usually overwinter and metamorphose in the following year. Metamorphosed frogs usually hibernate underwater. Eaten by an endangered bird, Japanese crested ibis (*Nipponia nippon*).
Taxonomy: Type locality Akitsu, Sado City, Sado Is. Occasionally individuals with mid-dorsal stripe occur. Post-mating isolation present between *G. rugosa*. Phylogenetically forming a clade with populations of *G. rugosa* from Pacific side of east Japan and Kinki district, and not with those from Japan Sea side of east Japan, suggesting necessity of taxonomic revision of *G. rugosa*.
Conservation: Listed as Endangered in The Japanese Red List 2018.

核型 Karyotype

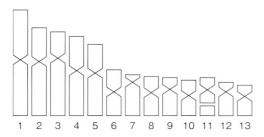

声紋 Sonagram

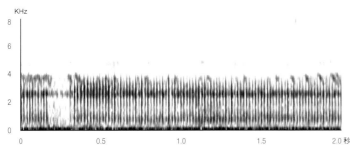

ウシガエル（ショクヨウガエル） *Lithobates catesbeianus* (Shaw, 1802)

アカガエル科

神奈川県相模原市産♂（×1.0）
A male from Kanagawa Pref.

埼玉県産♀（×1.0）
A female from Saitama Pref.

神奈川県産♂背面
Dorsal view of a male from Kanagawa Pref.

埼玉県産♀背面
Dorsal view of a female from Saitama Pref.

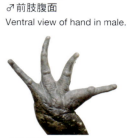
♂前肢腹面
Ventral view of hand in male.

♀前肢腹面
Ventral view of hand in female.

神奈川県産♂腹面
Ventral view of a male from Kanagawa Pref.

埼玉県産♀腹面
Ventral view of a female from Saitama Pref.

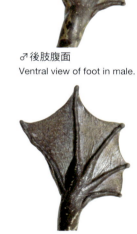
♂後肢腹面
Ventral view of foot in male.

♀後肢腹面
Ventral view of foot in female.

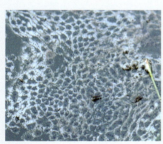
卵塊 Egg mass.

幼生前面
Frontal view of larva.

幼生背面（×0.7）Dorsal view of larva.

幼生側面 Lateral view of larva.

変態後幼体（×1.0）
A froglet just after metamorphosis.

幼生腹面 Ventral view of larva.

RANIDAE 141

ウシガエル（ショクヨウガエル） *Lithobates catesbeianus* (Shaw, 1802)

分布：北海道，本州，四国，九州の他，徳之島，沖縄島，石垣島などの島嶼（すべて人為移入）．原産地はカナダ南部からメキシコ中部までの北米東部．西インド諸島をはじめ，世界各地に移入されている．

保全：環境省指定の特定外来生物．環境省と農林水産省の生態系被害防止外来種（重点対策外来種）．

アメリカ原産の帰化種．非常に大型で，いわゆる食用ガエルとして有名．牛に似た太い鳴き声を出すため，ウシガエルの名をもつが，この声は不気味で，騒音公害ともなっている．

記載：成体の体長は♂で111-178（平均152）mm，♀で120-183（平均162）mm．体は非常に大型で頑丈．頭部は大きく，頭幅は体長の37％ほどで頭長よりも大きい．頭部は背面観では直線状に前方に狭まるが，吻端は円い．側面観ではゆるく斜向し，にぶく終わる．眼鼻線は極めてにぶい．頬部は斜向し，浅く凹む．吻長は上眼瞼長および眼前角間よりも大きい．外鼻孔は吻端と眼の前端との中央よりもやや吻端寄りにある．左右の上眼瞼の間は吻の背面に続いて凹み，その間隔は上眼瞼の幅よりはるかに小さい．左右の外鼻孔の間隔は眼からの距離に等しく，上眼瞼間の間隔よりずっと大きい．鼓膜は明瞭で短楕円形，長径は眼径の0.9-1.7倍で性差がある．鋤骨歯板は卵形ないし円形で，しばしば著しく斜向し，その中心は左右の内鼻孔の後端を結んだ線より前方にある．各歯板には3-5個の歯をそなえている．

手腕長は体長の42％，脛長は体長の45％ほど．前肢指端は細まり，にぶく終わる．指式は2<1<4<3．内掌隆起はほとんど発達しない．後肢趾端もにぶく終わる．趾間のみずかきは非常によく発達し，切れこみは非常に浅い．みずかきの幅広い部分は，第1趾から第3趾の外縁と第5趾の内縁で趾端近くに達し，第4趾では内外とも1関節を残して発達する．内蹠隆起は小さな長楕円形で弱く隆起するが，外蹠隆起を欠く．後肢を体軸に沿って前方にのばしたとき，脛跗関節は鼓膜の中心ないし，眼の前縁と外鼻孔の間の水準に達する．後肢を体軸と直角にのばして膝関節を折り曲げると，左右の脛跗関節は接し合う．

体背面の皮膚はやや鮫肌状で，にぶい小隆起を散布する．上唇縁後部から前肢基部に向かう隆条をもたず，背側線隆条もない．鼓膜後背側隆条は，鼓膜の背側では極めて明瞭で，それより後ろでは皮膚ひだとなる．後肢第5趾外縁に明瞭な皮膚ひだをもつ．

二次性徴：♀は♂よりやや大きい．鼓膜の直径は，♂では眼径の1.3-1.7倍あるが，♀では0.9-1.2倍しかない．♂は咽喉下に単一の鳴嚢をもち，鳴嚢孔は1対あって上下顎会合部内側に円く開く．♂の前肢第1指中手部は肥大し，婚姻瘤となるが，顆粒は生じない．♂は♀よりも前腕部が頑強である．

卵・幼生：蔵卵数は6,000-40,000個，卵径は1.2-1.5 mmで，動物極は黒褐色．幼生は成長すると全長120-150 mmほどに達し，背面には明色の細点と，やや大きな暗色の小点を散布する．尾は中程度の長さで，口器は小さい．歯式は1:1+1/1+1:2．変態時の体長は36-60 mmほどである．

核型：染色体数は26本で，大型5対，小型8対からなる．大型対のうち，第2, 3対のみが次中部動原体型で，他は中部動原体型である．小型対では第9, 12対が次中部動原体型で，他は中部動原体型である．二次狭窄は第10対の長腕と，第9, 13対の短腕にある．

鳴き声：ウオー・ウオーと聞こえる．1ノートは約0.8秒続き，多数の細かいパルスを含む．優位周波数は1.0 kHzで周波数変調は認められず，倍音も不明瞭．

生態：本来は平地性だが，道路ができると山地にまで入り込むことがある．常に繁殖場所周辺の草の茂った水辺に棲息する．繁殖場所は池，沼，湖がふつうで，その他，泥田，ダム湖，大きな河川のたまりなど，いずれも広い水面をもち，水深の大きな止水ないし，ゆるい流水である．繁殖期は長く5-9月上旬にわたる．♀を待つ♂は，水面に浮きながら鳴き，激しいつかみ合いをしてなわばりを守る．産卵は水草の多い場所でなされる．数分の間に，一時に産み出された後，卵は水面に拡がり，50×50 cm以上の大きな1層の卵塊となって浮かぶ．繁殖期の水温は23-27℃ほどである．♀の一部は1繁殖期内に2回産卵するらしい．早期に産下された卵から孵化した幼生は年内に変態するが，通常は幼生越冬し，寒冷地では2回越冬する．幼生は鳥類やナマズなどに捕食される．変態期は5-10月．変態の2-3年後に性的成熟に達する．変態直後には種々の小さな昆虫を食べるが，次第に好んで大きな餌を食べるようになり，成体は主にアメリカザリガニ，甲虫を中心とする昆虫を好んで食べるが，ドジョウ，同種の幼生，幼体，他種のカエル，ヘビ，水鳥のヒナ，小鳥，ネズミなども食べる．成体は土中で冬眠もするが，水底で越冬することが多く，この場合にはしばしば水面に現れ，完全な冬眠はしない．

分類：属名*Litobates*は「岩の上を歩いたり登ったりする者」の意味．種小名は「ケーツビー氏の」の意味で，18世紀初めに米国各地で採集を行った英国人 Mark Catesby 氏に献名したもの．タイプ産地は北米とされていたが，後にサウスカロライナ州チャールストン付近に限定された．タイプ標本の所在は不明．日本には1918（大正7）年に初めてニューオーリンズから導入され，その後も何度か移入されて，各地の水産試験場を中心に養殖され，冷凍肉が缶詰として輸出された．現在は養殖されていないが，放逐された個体や逸出した個体が全国各地に定着し，自然繁殖個体群を形成している．形態的分化はほとんど認められない．

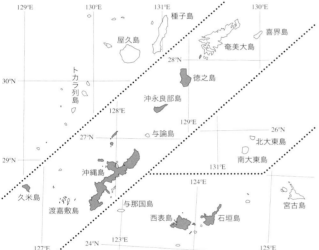

核型 Karyotype

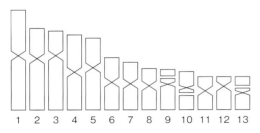

声紋 Sonagram

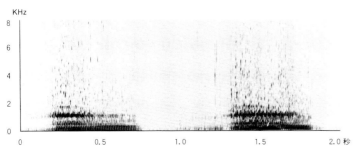

American Bullfrog
Ushi-Gaeru
Lithobates catesbeianus (Shaw, 1802)

Distribution: Hokkaido, Honshu, Shikoku, Kyushu, Tokunoshima Is., Okinawajima Is., Ishigakijima Is., and many small islands. Artificially introduced from U.S.A.

Description: Males 111-178 (mean = 152) mm and females 120-183 (mean = 162) mm in SVL. Body very large and stocky. Head wider than long, width 37 % of SVL. Canthus indistinct, lore weakly concave. Snout rounded dorsally, length larger than eye. Nostril nearer to tip of snout than to eye. Interorbital concave, much smaller than upper eyelid. Internarial as large as distance from eye, and much larger than interorbital. Tympanum elliptical, 0.9-1.7 times eye diameter. Vomerine tooth series oval or circular with 3-5 teeth, the center anterior to the line connecting posterior margins of choanae. Hand and arm length 42 % and tibia length 45 % of SVL. Tips of fingers and toes blunt. Webs very well developed, broad web leaving 1 phalanx free on both margins of 4th toe. Inner metatarsal tubercle elliptical and only weakly elevated, outer one absent. Tibiotarsal articulation reaching center of tympanum to near nostril. Skin of back rough with scattered small tubercles. No dorsolateral fold, but strong supratympanic fold. A strong skin fold on outer margin of 5th toe. A median subgular vocal sac and vocal openings at corners of mouth in males. Nuptial pads in males pigmented.

Eggs and larvae: Egg mass laid in large surface-film with 6,000-40,000 eggs, 1.2-1.5 mm in diameter and dark brown in animal hemisphere. Matured larva 120-150 mm in total length, with small clear dots and dark spots on body and tail. Dental formula 1:1+1/1+1:2. SVL at metamorphosis 36-60 mm.

Karyotype: Diploid chromosome 2n = 26, with 5 large and 8 small pairs.

Call: Mating call with 1 note lasting 0.8 sec. Dominant frequency 1.0 kHz, without frequency modulation or clear harmonics.

Natural History: Inhabits plains and lowlands, in association with large bodies of water. Breeds during May and early September in deep still waters mostly in ponds, marshes, lakes, paddy fields, and sometimes in very slowly flowing portions of large rivers. A definite territory formed by calling males. Multiple clutches spawned by some females in a year. Some larvae hatched from eggs laid earlier metamorphose by autumn, but a larger number of larvae overwinter and metamorphose in the following year or later. Sexual maturation in 2-3 years following metamorphosis. Feeds on various foods, chiefly crayfishes and beetles, and prefers large foods including conspecific larvae and young, other frog species, fishes, birds, and mice. Hibernates in soils on land or on bottoms of ponds and rivers.

Taxonomy: Type locality North America, later specified to near Charleston. Artificially introduced into Japan several times in and after 1918.

Note: Controlled as Invasive Alien Species.

オキナワイシカワガエル *Odorrana ishikawae* (Stejneger, 1901)

アカガエル科

沖縄県沖縄島産♂（×1.0）
A male from Okinawajima Is., Okinawa Pref.

沖縄県沖縄島産♀（×1.0）
A female from Okinawajima Is., Okinawa Pref.

沖縄県沖縄島産♂（×1.0）
A male from Okinawajima Is., Okinawa Pref.

沖縄県沖縄島産♂背面
Dorsal view of a male from Okinawajima Is., Okinawa Pref.

沖縄県沖縄島産♀背面
Dorsal view of a female from Okinawajima Is., Okinawa Pref.

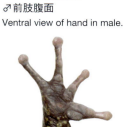
♂前肢腹面
Ventral view of hand in male.

♀前肢腹面
Ventral view of hand in female.

沖縄県沖縄島産♂腹面
Ventral view of a male from Okinawajima Is., Okinawa Pref.

沖縄県沖縄島産♀腹面
Ventral view of a female from Okinawajima Is., Okinawa Pref.

♂後肢腹面
Ventral view of foot in male.

♀後肢腹面
Ventral view of foot in female.

卵塊 Egg mass.

幼生前面
Frontal view of larva.

幼生背面（×1.8） Dorsal view of larva.

幼生側面 Lateral view of larva.

変態後幼体（×2.5）
A froglet just after metamorphosis.

幼生腹面 Ventral view of larva.

RANIDAE 145

オキナワイシカワガエル *Odorrana ishikawae* (Stejneger, 1901)

分布：沖縄島（北部）.
保全：環境省レッドリスト2017の絶滅危惧IB類（EN），国内希少野生動植物種.

大型で，緑色の地に金紫色の斑紋をもち，日本産のカエル類の中で，もっとも美しいという定評がある．個体数も少ない．沖縄島の固有特産種で，沖縄県指定の天然記念物.

記載：成体の体長は♂で92-108（平均98）mm，♀で103-116（平均109）mm．体は比較的細いが，頭部は大きい．頭幅は♂で体長の38％，♀で37％ほどで頭長よりやや大きい．吻は背面観，側面観ともに円く終わる．眼鼻線はにぶく不明瞭．頬部は垂直に近く，大きく凹む．吻長は上眼瞼長より大きい．外鼻孔は，吻の側面に開き，吻端と眼の前端との中央よりもずっと吻端寄りにある．左右の上眼瞼の間は平坦，またはやや凹み，その間隔は上眼瞼の幅より小さい．左右の外鼻孔の間隔は，眼からの距離および上眼瞼間の幅より大きい．鼓膜はほぼ円形で，直径は眼径の半分よりやや大きい．鋤骨歯板は楕円形でやや斜向し，その中心は左右の内鼻孔の後端を結んだ線よりかなり後方にある．各歯板には1-7個の歯をそなえている.

前肢は比較的細く，手腕長は♂で体長の53％，♀で50％ほど，脛長は♂で体長の55％ほど，♀で53％ほどである．前肢指端は吸盤になっている．吸盤は周縁溝をもち，第3指と第4指のものがほぼ同幅で，第2指のものより大きく，鼓膜の直径の2/3-4/5に達する．第1指の吸盤は幅が狭く，とくに♂ではあまり広がらない．指は長く，指式は1=4<2<3だが，第4指が第1指よりはるかに長いこともある．第1指の内縁と第4指の外縁を除き，各指の内外側縁に弱い皮膚ひだをもつ．内掌隆起は楕円形で雌雄ともよく隆起し，とくに♂では顕著．各指は近位端の関節下隆起より近位側に過剰隆起をもつ．後肢趾端も，前肢のものより小さい吸盤となっている．趾間のみずかきは厚くてよく発達し，通常切れこみはほどほど．みずかきの幅広い部分は，第1趾から第3趾の外縁と，第5趾の内縁ではふつう吸盤基部に達するが，♀では第3趾外縁で末端関節までにとどまることがある．第4趾では，♂の外縁で末端関節に達することがあるが，通常は雌雄とも内外縁で遠位関節下隆起まで幅広く発達し，それより先では幅が狭くなって吸盤に達する．内蹠隆起は楕円形で弱く隆起している．外蹠隆起は円形で不明瞭なことが多く，ないこともある．後肢を体軸に沿って前方にのばしたとき，脛跗関節は♂では外鼻孔，♀で眼の後縁ないし前縁に達する．後肢を体軸と直角にのばして膝関節を折り曲げると，左右の脛跗関節は重複する.

背表の皮膚は頭部も含め，円形の大型隆起が散在し，斑紋の縁は平滑で，不明瞭な褐色の小さな隆起に囲まれる．斑紋の中心にある顆粒は金銅色で，そこから外方に向かう放射状の線はない．のどから胸にかけての皮膚はほぼ平滑だが，それより後ろの腹面はにぶい顆粒におおわれる．上唇縁後部と前肢基部の間に隆条をもたず，背側線隆条もない．眼の後縁から鼓膜後背方にかけて浅い構があり，その後部の皮膚はひだ状となる.

二次性徴：♀は♂よりもやや大型．♂は下顎基部内側に1対の鳴嚢をもち，鳴嚢孔も1対あって，上下顎会合部のすぐ内側で小さな円形に開く．♂の婚姻瘤は黄色の非常に微細な顆粒からなり，前肢第1指中部の背内側にある狭い範囲に限って発達し，細い帯状にのびて末端関節の水準におよぶ．♂は前腕部がやや頑強である.

卵・幼生：蔵卵数は約1,000個，卵径は2.9-3.5 mmで，黒色素をもたず全体がクリーム色．直径11 mmほどの粘着力の弱い包層におおわれる．孵化時の幼生は12 mmほどで，成長すると全長50 mmほどに達し，吻部が短く，胴末端部背面に褐色の帯状斑紋をもつのが特徴．尾はやや長く太い．歯式は1:3+3/1+1:3．変態時の体長は24 mmほどである.

核型：染色体数は26本で，大型5対，小型8対からなる．大型対のうち，第2, 3対のみが次中部動原体型で，他は中部動原体型である．小型対では第8, 11, 12対が次中部動原体型で，他は中部動原体型である．二次狭窄は第9対の長腕にある.

鳴き声：クオ……ないし，ピューと聞こえる．1声は約0.6秒続き，1ノートからなる．優位周波数は1.4 kHzで，高周波域では顕著な周波数変調が認められ，倍音も非常に明瞭.

生態：山地の森林中や，渓流の近くだけに棲息する．繁殖生態は1977年に初めて明らかにされた．繁殖期は1-2月だが，降雨がないと4月にずれこむ．繁殖は山間渓流源流部の岩の多い場所で行われ，滝の近くの岩の割れ目の水たまり，岸の斜面の洞中の地下水中で産卵が確認されている．洞の入口は通常，渓流の水面より高く，その差は80-150 cmにおよぶ．洞の入口は直径約6 cm．♀を待つ♂は産卵洞の中ないしすぐ近くで鳴いている．洞内にいる♂は，これを占有しているらしい．卵塊は球状だが個々の卵は分離しやすい．繁殖期の水温は15-18℃ほどである．幼生は産卵場所近くの渓流のよどみにとどまる．変態期は8月だが，幼生の一部は越年して翌年の5-6月に変態する．雌雄とも変態後5-6年で性成熟し，寿命は7年以上という．ヤスデ，ザトウムシ，鞘翅類，アリなどを食べる．ヒメハブに捕食される.

分類：属名は「臭うカエル」の意味．種小名は「石川氏の」の意味で，東京大学の石川千代松氏に献名したもの．タイプ産地は沖縄島で，タイプ標本は東京帝室博物館（現国立科学博物館）に置かれていたが，消失した可能性が高い．かつて本種に含められていた奄美大島産は，近年独立種アマミイシカワガエルに区分された．背面の円形斑紋間の隆起が不明瞭なために，背面はアマミイシカワガエルよりずっと平滑に見える．中国から東南アジアに分布するニオイガエル属の中では，早い時期に分化したらしい.

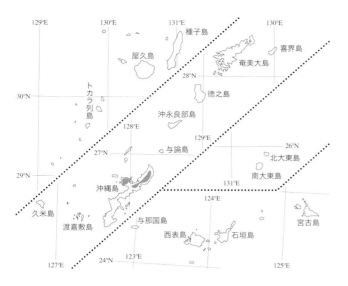

Okinawa Ishikawa's Frog
Okinawa-Ishikawa-Gaeru
Odorrana ishikawae (Stejneger, 1901)

Distribution: Okinawajima Is.

Description: Males 92-108 (mean = 98) mm and females 103-116 (mean = 109) mm in SVL. Body slender and head large, as long as wide, width 38 % in males and 37 % in females of SVL. Canthus blunt, lore vertical and concave. Snout longer than eye. Nostril much nearer to tip of snout than to eye. Interorbital narrower than upper eyelid. Internarial wider than distance from eye and larger than interorbital. Tympanum circular, slightly larger than half eye diameter. Vomerine tooth series elliptical with 1-7 teeth, the center far posterior to the line connecting posterior margins of choanae. Hand and arm length 53 % in males and 50 % in females, and tibia length 55 % in males and 53 % in females of SVL. Tips of fingers and toes with large round discs having circummarginal groove. Hindlimb webbing moderate, broad web leaving 2 phalanges free on both margins of 4th toe. Inner metatarsal tubercle elliptical and not much elevated. Tibiotarsal articulation reaching to nostril in males, to posterior or anterior border of eye in females. Skin of back scattered with large crater-like warts, edges of which are rather smooth, surrounded by small, indistinct, and brownish, tubercles. Tubercles with gold-brown tips are at center of spots, from where gold lines are rarely radiating. No dorsolateral fold. A pair of vocal sacs and vocal openings at corners of mouth in males. Nuptial pad in males yellowish brown, poorly developed.

Eggs and larvae: Laid in loose globular mass containing 1,000 creamy eggs with diameter of 2.9-3.5 mm. Mature larvae 50 mm in total length, with short snout and a dark band on back at base of tail, and dental formula 1:3+3/1+1:3. Size at metamorphosis 24 mm.

Karyotype: Diploid chromosome 2n = 26, with 5 large and 8 small pairs.

Call: Mating call lasting 0.6 sec with 1 note. Dominant frequency 1.4 kHz, with marked frequency modulation and clear harmonics.

Natural History: Lives near streams in montane forests. Breeds from January to February, sometimes to April, in small pools in cracks of large rocks or under the ground on banks of streams. Larvae are washed into streams and grow there. Metamorphosis in August, but some larvae overwinter and metamorphose in May to June of the following year. Sexually mature 5-6 years after metamorphosis.

Taxonomy: Type locality is Okinawajima. The population once treated as conspecific from Amamioshima has been split as a distinct species *O. splendida*. Dorsal surface looks much smoother than in *O. splendida* because tubercles among large round spots are indistinct. These two species seem to have diverged in older ages than other congeners occurring in China and Southeast Asia.

Conservation: Listed as Endangered in The Japanese Red List 2017.

核型 Karyotype

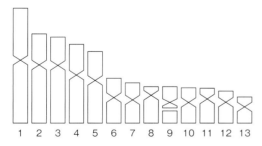

声紋 Sonagram

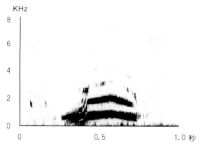

アマミイシカワガエル *Odorrana splendida* Kuramoto, Satou, Oumi, Kurabayashi et Sumida, 2011

アカガエル科

鹿児島県奄美大島産♂（×1.0）
A male from Amamioshima Is., Kagoshima Pref.

鹿児島県奄美大島産♀（×1.0）
A female from Amamioshima Is., Kagoshima Pref.

鹿児島県奄美大島産♀（×1.0）
A female from Amamioshima Is., Kagoshima Pref.

鹿児島県奄美大島産♂背面
Dorsal view of a male from Amamioshima Is., Kagoshima Pref.

鹿児島県奄美大島産♀背面
Dorsal view of a female from Amamioshima Is., Kagoshima Pref.

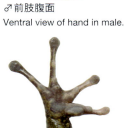

♂前肢腹面
Ventral view of hand in male.

♀前肢腹面
Ventral view of hand in female.

鹿児島県奄美大島産♂腹面
Ventral view of a male from Amamioshima Is., Kagoshima Pref.

鹿児島県奄美大島産♀腹面
Ventral view of a female from Amamioshima Is., Kagoshima Pref.

♂後肢腹面
Ventral view of foot in male.

♀後肢腹面
Ventral view of foot in female.

卵塊 Egg mass.

幼生前面
Frontal view of larva.

幼生背面（×1.4） Dorsal view of larva.

幼生側面 Lateral view of larva.

変態後幼体（×3.0）
A froglet just after metamorphosis.

幼生腹面 Ventral view of larva.

RANIDAE 149

アマミイシカワガエル　*Odorrana splendida* Kuramoto, Satou, Oumi, Kurabayashi et Sumida, 2011

分布：奄美大島．徳之島からの記録は誤りと思われる．
保全：環境省レッドリスト2017の絶滅危惧IB類（EN），国内希少野生動植物種．

オキナワイシカワガエルと形態的によく似ており，遺伝的にもそれほど異ならないものの，両者を人工交雑すると雑種致死ないし，精子形成異常となることから独立種とされた奄美大島の固有特産種．

記載：成体の体長は♂で74-124（平均101）mm，♀で95-137（平均113）mm．頭部は大きく，頭幅は♂で体長の36%，♀で35%ほどで頭長より大きい．吻は背面観，側面観ともに円く終わる．眼鼻線はにぶく不明瞭．頬部は垂直に近く，大きく凹む．吻長は上眼瞼長とほぼ同大．外鼻孔は，吻の側面に開き，吻端と眼の前端との中央よりもずっと吻端寄りにある．左右の上眼瞼の間は平坦，またはやや凹み，その間隔は上眼瞼の幅より小さい．左右の外鼻孔の間隔は，眼からの距離および上眼瞼間の幅より大きい．鼓膜はほぼ円形で，直径は眼径の半分よりやや大きい．鋤骨歯板は楕円形でやや斜向し，その中心は左右の内鼻孔の後端を結んだ線よりかなり後方にある．

　前肢は比較的細く，手腕長は♂で体長の54%，♀で52%ほど，脛長は体長の55%ほどである．前肢指端は吸盤になっている．吸盤は周縁溝をもち，第3指と第4指のものがほぼ同幅で，第2指のものより大きく，鼓膜の直径の2/3-4/5に達する．第1指の吸盤は幅が狭く，とくに♂ではあまり広がらない．指は長く，指式は1=4<2<3だが，第4指が第1指よりはるかに長いこともある．第1指の内縁と第4指の外縁を除き，各指の内外側縁に弱い皮膚ひだをもつ．内掌隆起は楕円形で雌雄ともよく隆起し，とくに♂では顕著．各指は近位端の関節下隆起より近位側に過剰隆起をもつ．後肢趾端も，前肢のものより小さい吸盤となっている．趾間のみずかきは厚くてよく発達し，通常切れこみはほどほど．みずかきの幅広い部分は，第1趾から第3趾の外縁と，第5趾の内縁では吸盤基部に達するが，♀では第3趾外縁で末端関節までにとどまることがある．第4趾では，♂の外縁で末端関節に達することがあるが，通常は雌雄とも内外縁で遠位関節下隆起まで幅広く発達し，それより先では幅が狭くなって吸盤に達する．内蹠隆起はやや大きな楕円形で弱く隆起している．外蹠隆起は円形で不明瞭なことが多く，ないこともある．後肢を体軸に沿って前方にのばしたとき，脛跗関節は♂では外鼻孔，♀で眼の後縁ないし前縁に達する．後肢を体軸と直角にのばして膝関節を折り曲げると，左右の脛跗関節は重複する．

　背表の皮膚は頭部も含め，円形の大型斑紋が散在し，その間の隆起は明瞭で，斑紋の縁は鋸歯状，先端が黄緑色の小さな隆起に囲まれる．斑紋の中心にある顆粒は黄緑色で，そこから短い金色の皺が放射状に出る．のどから胸にかけての皮膚はほぼ平滑だが，それより後ろの腹面はにぶい顆粒におおわれる．上唇縁後部と前肢基部の間に隆条をもたず，背側線隆条もない．眼の後縁から鼓膜後背方にかけて浅い構があり，その後部の皮膚はひだ状となる．

二次性徴：♀は♂よりもやや大型．♂は下顎基部内側に1対の鳴嚢をもち，鳴嚢孔も1対あって，上下顎会合部のすぐ内側で小さな円形に開く．♂の婚姻瘤は黄色の非常に微細な顆粒からなり，前肢第1指中部の背内側にある狭い範囲に限って発達し，細い帯状にのびて末端関節の水準におよぶ．♂は前腕部がやや頑強である．

卵・幼生：蔵卵数は750-1,500個，卵径は4.3 mmほどで，オキナワイシカワガエル同様に黒色素をもたず全体がクリーム色．直径11 mmほどの粘着力の弱い包層におおわれる．幼生は成長すると全長60-71 mmに達し，オキナワイシカワガエルに似る．変態時の体長は17-22 mmほどである．

核型：染色染色体数は26本で，大型5対，小型8対からなる．大型対のうち，第2，3対のみが次中部動原体型で，他は中部動原体型である．小型対で，は第8，11，12対が次中部動原体型で，他は中部動原体型である．二次狭窄は第9対の長腕にある．第9対長腕にCバンドをもたないこと以外は，オキナワイシカワガエルと区別できない．

鳴き声：オキナワイシカワガエルとほぼ同様．グルグル・ーという後鳴きもよく聞かれる．

生態：山地の森林中や，渓流の近くだけに棲息する．繁殖期は1-4月下旬．繁殖は山間渓流源流部の岩の多い場所で行われ，岩の割れ目の水たまり，岸の斜面の洞中の地下水中で産卵が確認されている．♀を待つ♂は1月下旬から，産卵場所から少し離れた樹上（数m以上の高さ）や岩の上で鳴き，次第に産卵場所に近づく．洞内にいる♂は，これを占有する．繁殖期の水温は18℃ほどである．幼生は産卵場所近くの渓流のよどみにとどまり，あまり分散せずに越年して翌年の5-9月に変態するが，一部はさらに1年かけて変態する．オオゲジ，カマドウマ類など地表性無脊椎動物を食べる．

分類：種小名は「輝く」の意味で，美しい体色に基づく．タイプ産地は鹿児島県奄美大島大和村で，タイプ標本は広島大学両生類研究施設（現センター）に保管されている．オキナワイシカワガエルとは，成体の色彩・皮膚隆起の様子・幼生の尾の長さ・核型にわずかながら明瞭な違いがある．腹面にはオキナワイシカワガエルほど暗斑が発達しない．島の南西部には体が異常に大きい個体群が見られるが，遺伝的にはふつうの大きさの個体群と区別できない．種子島の下部更新統からイシカワガエルとされる化石が報告されており，地理的には本種に相当する可能性があるものの，その同定には大きな疑問がある．

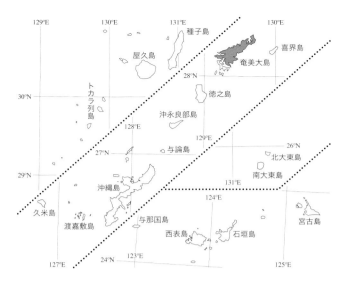

Amami Ishikawa's Frog
Amami-Ishikawa-Gaeru
Odorrana splendida Kuramoto, Satou, Oumi, Kurabayashi et Sumida, 2011

Distribution: Amamioshima Is.
Description: Males 74-124 (mean=101)mm and females 95-137 (mean=113) mm in SVL. Body slender and head large, width 36 % SVL in males and 35 % SVL in females, wider than long. Canthus blunt, lore vertical and concave. Snout nearly as long as eye. Nostril much nearer to tip of snout than to eye. Interorbital narrower than upper eyelid. Internarial wider than distance from eye and larger than interorbital. Tympanum circular, slightly larger than 1/2 eye diameter. Vomerine tooth series elliptical, the center far posterior to the line connecting posterior margins of choanae. Hand and arm length 54 % in males and 52 % in females, and tibia length 55 % of SVL. Tips of fingers and toes with large round discs having circummarginal groove. Hindlimb webbing moderate, broad web leaving 2 phalanges free on both margins of 4th toe. Inner metatarsal tubercle elliptical and feebly elevated. Tibiotarsal articulation reaching to nostril in males, to posterior or anterior border of eye in females. Skin of back scattered with large crater-like warts having radiating gold striae, and edged by very rugged lines, being encircled by many small tubercles, with light yellow-green tips. Central tips of spots yellowish green. No dorsolateral fold. A pair of vocal sacs and vocal openings at corners of mouth. Nuptial pad in males yellowish brown, poorly developed.
Eggs and larvae: Laid in loose globular mass containing 750-1,500 creamy eggs with diameter of 4.3 mm. Matured Larvae 60–71 mm in total length and similar to those of *O. ishikawae*. Size at metamorphosis 17–22 mm.
Karyotype: Diploid chromosome 2n=26, with 5 large and 8 small pairs.
Call: Mating call similar to those of *O. ishikawae* often followed by additional call.
Natural History: Lives near streams in montane forests. Breeds from January to late April in small pools in cracks of large rocks or under the ground on banks of streams. Larvae stay in deeps of streams near breeding site, and grow there. Larvae overwinter and metamorphose in May to September of the following year, but some spend larval life one more year.
Taxonomy: Type locality is Amamioshima. Morphologically, karyotypically, and genetically different from *O. ishikawae* from Okinawajima Is., and split from it at the species level. Tubercles among dorsal round spots distinct, giving rough impression of dorsum. Ventral dark marking less developed than in *O. ishikawae*. Frogs from southwestern area of the island very large in body size, but not distinct genetically.
Conservation: Listed as Endangered in The Japanese Red List 2017.

核型 Karyotype

声紋 Sonagram

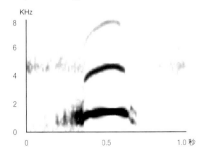

ハナサキガエル *Odorrana narina* (Stejneger, 1901)

沖縄県沖縄島産♂（×1.5）
A male from Okinawajima Is., Okinawa Pref.

沖縄県沖縄島産♀（×1.5）
A female from Okinawajima Is., Okinawa Pref.

沖縄県沖縄島産♂（×1.5）
A male from Okinawajima Is., Okinawa Pref.

沖縄県沖縄島産♂背面
Dorsal view of a male from Okinawajima Is., Okinawa Pref.

沖縄県沖縄島産♀背面
Dorsal view of a female from Okinawajima Is., Okinawa Pref.

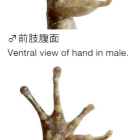

♂前肢腹面
Ventral view of hand in male.

♀前肢腹面
Ventral view of hand in female.

沖縄県沖縄島産♂腹面
Ventral view of a male from Okinawajima Is., Okinawa Pref.

沖縄県沖縄島産♀腹面
Ventral view of a female from Okinawajima Is., Okinawa Pref.

♂後肢腹面
Ventral view of foot in male.

♀後肢腹面
Ventral view of foot in female.

卵塊 Egg mass.

幼生前面
Frontal view of larva.

幼生背面（×2.4） Dorsal view of larva.

幼生側面 Lateral view of larva.

変態後幼体（×4.3）
A froglet just after metamorphosis.

幼生腹面 Ventral view of larva.

RANIDAE

ハナサキガエル *Odorrana narina* (Stejneger, 1901)

分布：沖縄島北部.
保全：環境省レッドリスト2017の絶滅危惧II類（VU）.

山地渓流付近に棲息するスマートなカエルで足が長く，強い跳躍力をもつ.

記載：成体の体長は♂で42-55（平均49）mm，♀で65-75（平均70）mm. 体は細く，頭部も細長い. 頭幅は♂で体長の32％ほど，♀で33％ほどで頭長よりも小さい. 頭部は背面観では直線状に前方に狭まり，吻端はやや尖る. 側面観では，吻端は顕著に突出する. 眼鼻線は明瞭. 頬部は垂直で大きく凹む. 吻長は上眼瞼長と同長かやや大きく，眼前角間と同長かやや小さい. 外鼻孔は吻端と眼の前端との中央よりもずっと吻端寄りにある. 左右の上眼瞼の間は平坦で凹まず，その間隔は上眼瞼の幅より小さい. 左右の外鼻孔の間隔は，眼からの距離および上眼瞼間の間隔より大きい. 鼓膜は垂直方向の短楕円形で，直径は眼径の3/5程度. 鋤骨歯板は短楕円形でやや斜向し，その中心は左右の内鼻孔の後端を結んだ線上ないし，やや後方にある. 各歯板には4-7個の歯をそなえている.

手腕長は雌雄とも体長の48％程度. 脛長は♂で体長の58％，♀で62％程度. 前肢指端は膨大し，周縁溝のある吸盤をつくる. 第1指，第2指の吸盤はあまり拡がらないが，第3指と第4指のものはほぼ同大で，その幅は鼓膜の直径の1/3ほどである. 指は長く，指式は2<4=1<3. 各指の内外縁に皮膚ひだをもたず，みずかきもない. 内掌隆起は楕円形で顕著. 後肢指端にも吸盤が発達し，第3趾のものが最大で前肢の吸盤より大きい. 趾間のみずかきはよく発達し，切れ込みは比較的浅い. みずかきの幅広く発達する部分は，第1趾から第3趾の外縁と，第5趾の内縁で吸盤基部に達し，♂では第4趾外縁でも吸盤基部に達するが，♂の内縁では末端関節，♀では内外縁とも2関節を残し，それより先では細い縁状になって吸盤基部に達する. 内蹠隆起は楕円形でよく隆起しているが，外蹠隆起は小さい円形で痕跡的. 後肢を体軸に沿って前方にのばしたとき，脛跗関節は雌雄とも吻端か，それより前方に達するのがふつう. 後肢を体軸と直角にのばして膝関節を折り曲げると，左右の脛跗関節は大きく重複する.

体表の皮膚はほぼ平滑でにぶい顆粒を散在する程度だが，吻部側面，上唇，鼓膜の周囲，脛部，後肢外縁の踵から吸盤基部まで，各部分に白く鋭い棘状顆粒をもつ. 上唇縁後部から後方にむかい，鼓膜の後下方で終わる顕著な隆条をもつ. 背側線隆条は断続し弱い. 鼓膜後背側隆条は太いが弱い.

二次性徴：♀は♂よりも明らかに大型である. ♂は1対の鳴嚢を下顎基部の内側にもち，鳴嚢孔も1対あって，上下顎会合部の内側かなり深くに円い孔状に開く. ♂の婚姻瘤は灰黄色の顆粒からなり，前肢第1指の基部から末端関節と関節下隆起の間までの背内側を広くおおい，さらに細い帯状にのびて吸盤基部におよぶ. ♂は♀よりも前腕部が頑強である.

卵・幼生：蔵卵数は150-250個，卵径は3.5-3.7 mmで，全体がクリーム色である. 幼生は成長すると全長37 mmほどに達し，頭胴部は細長くて尾は太く，丈が低くて長い. 歯式は1:4+4/1+1:3. 変態時の体長は13 mmほどである.

核型：染色体数は26本で，大型5対，小型8対からなる. 大型対のうち，第3対のみが次中部動原体型で，他は中部動原体型である. 小型対では第9，12対が次中部動原体型，第7対が次端部動原体型で，他は中部動原体型である. 二次狭窄は第7，10対の長腕にある.

鳴き声：ピ・ピ・ピヨ・ピーヨと多様な声を発する. 短いノートは，0.4秒ほどの間隔を置いて0.05秒ほど続き，長いノートは0.1秒ほど続く. 優位周波数は約4 kHzで非常に強い周波数変調が認められ，倍音も極めて明瞭.

生態：繁殖期は12月下旬から3月上旬で，山地渓流の上流部で滝壷に大量の産卵が見られる. 繁殖期の水温は10-15℃ほどで，♀を待つ♂は周囲の岩石の上で鳴いている. 比較的小さな餌を好み，陸貝，ムカデ，直翅類，半翅類，鱗翅類幼虫，鞘翅類などをよく食べる. 繁殖期にはヒメハブに捕食される.

分類：種小名は「鼻の」の意味で，外鼻孔が極度に吻端近くにあることに由来する. タイプ産地は沖縄島で，タイプ標本は帝国大学理科大学博物館（現東京大学総合博物館）に保管されていたが，消失した可能性が高い. かつて南西諸島・台湾に広域分布するとされていたが，島間，あるいは島内部での形態的・生態的・遺伝的分化の程度が高いために細分された. アマミハナサキガエル，オオハナサキガエルと単系統群をなす. 沖縄島から記載された *Rana ijimae* (Stejneger, 1901) は本種の同物異名である.

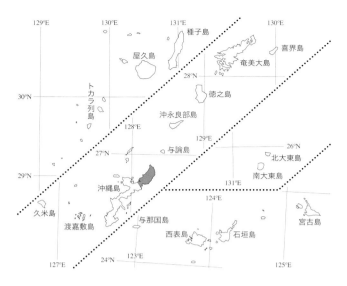

Okinawa Tip-nosed Frog
Hanasaki-Gaeru
Odorrana narina (Stejneger, 1901)

Distribution: Okinawajima Is.

Description: Males 42-55 (mean = 49) mm and females 65-75 (mean = 70) mm in SVL. Head and body slender. Head longer than wide, width 32 % of SVL in males and 33 % in females. Canthus distinct, lore concave. Snout longer than eye. Nostrils on tip of snout. Interorbital narrower than upper eyelid. Internarial wider than distance from eye and interorbital. Tympanum elliptical, 3/5 eye diameter. Vomerine tooth series oval with 4-7 teeth, center on or posterior to line connecting choanal hind rims. Hand and arm length 48 % SVL. Tibia length 58 % of SVL in males and 62 % in females. Finger and toe tips with discs having circummarginal groove. Hindlimb webbing well developed, broad web reaching to base of disc in males on outer margin of 4th toe. Inner metatarsal tubercle elliptical, outer one rudimentary. Tibiotarsal articulation beyond tip of snout. Skin of back nearly smooth with granules tipped with white asperities on sides of head and on hindlimbs. Dorsolateral fold weak, interrupted. Males with a pair of vocal sacs and vocal openings. Nuptial pads in males grayish yellow.

Eggs and larvae: Creamy eggs laid scatteredly or in loosely connected mass. Clutch size 150–250 and egg diameter 3.5–3.7 mm. Larva to 37 mm in total length, with thick, elongated tail. Dental formula 1:4+4/1+1:3. Size at metamorphosis 13 mm.

Karyotype: Diploid chromosome 2n = 26, with 5 large and 8 small pairs.

Call: Mating call includes short notes lasting 0.05 sec and long notes lasting 0.1 sec. Dominant frequency 4 kHz, with strong frequency modulation and clear harmonics.

Natural History: Inhabits montane forests. Breeds from December to March at bottoms of waterfall in montane streams.

Taxonomy: Type locality Okinawajima Is. Long regarded as conspecific with *O. amamiensis*, *O. supranarina*, and *O. utsunomiyaorum*, but each is a valid species. *Odorrana swinhoana* from Taiwan also is distinct. Phylogenetically forming a clade with *O. amamiensis* and *O. supranarina*. *Rana ijimae* is a junior synonym.

Conservation: Listed as Vulnerable in The Japanese Red List 2017.

核型 **Karyotype**

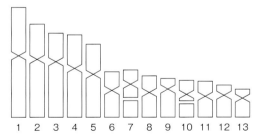

声紋 **Sonagram**

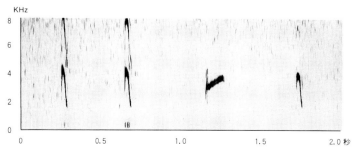

RANIDAE 155

アマミハナサキガエル　*Odorrana amamiensis* (Matsui, 1994)

アカガエル科

鹿児島県奄美大島産♂（×1.0）
A male from Amamioshima Is., Kagoshima Pref.

鹿児島県奄美大島産♀（×1.0）
A female from Amamioshima Is., Kagoshima Pref.

鹿児島県徳之島産♀（×1.0）
A female from Tokunoshima Is., Kagoshima Pref.

鹿児島県奄美大島産♂背面
Dorsal view of a male from Amamioshima Is., Kagoshima Pref.

鹿児島県奄美大島産♀背面
Dorsal view of a female from Amamioshima Is., Kagoshima Pref.

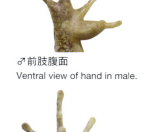
♂前肢腹面
Ventral view of hand in male.

♀前肢腹面
Ventral view of hand in female.

鹿児島県奄美大島産♂腹面
Ventral view of a male from Amamioshima Is., Kagoshima Pref.

鹿児島県奄美大島産♀腹面
Ventral view of a female from Amamioshima Is., Kagoshima Pref.

♂後肢腹面
Ventral view of foot in male.

♀後肢腹面
Ventral view of foot in female.

卵塊 Egg mass.

幼生前面
Frontal view of larva.

幼生背面（×1.8） Dorsal view of larva.

変態後幼体（×4.7）
A froglet just after metamorphosis.

幼生側面 Lateral view of larva.

幼生腹面 Ventral view of larva.

RANIDAE 157

アマミハナサキガエル　*Odorrana amamiensis* (Matsui, 1994)

分布：奄美大島, 徳之島.
保全：環境省レッドリスト2017の絶滅危惧II類（VU）

ハナサキガエルに極めて近いが, より大型で遺伝的にも異なるため, 別種として記載された.

記載：成体の体長は♂で56-72（平均65）mm, ♀で68-101（平均88）mm. 体はやや細い. 頭部は細長い. 頭幅は♂で体長の32％ほど, ♀で34％ほどで頭長よりも小さい. 頭部は背面観では直線状に前方に狭まり, 吻端はやや尖る. 側面観では, 吻端は顕著に突出する. 眼鼻線は明瞭. 頬部は垂直で大きく凹む. 吻長は上眼瞼長よりやや大きく, 眼前角間と同長. 外鼻孔は吻端と眼の前端との中央よりも吻端寄りにある. 左右の上眼瞼の間は平坦で凹まず, その間隔は上眼瞼の幅よりずっと小さい. 左右の外鼻孔の間隔は, 眼からの距離および上眼瞼間の間隔よりずっと大きい. 鼓膜は垂直方向の短楕円形で, 直径は眼径の1/2程度. 鋤骨歯板は短楕円形でやや斜向し, その中心は左右の内鼻孔の後端を結んだ線上ないしやや前方にある. 各歯板には5-6個の歯をそなえている.

手腕長は♂で体長の50％, ♀で48％ほど. 脛長は体長の62％ほど. 前肢指端は膨大し, 周縁溝のある吸盤をつくる. 第1指, 第2指の吸盤はあまり拡がらないが, 第3指と第4指のものはほぼ同大で, その幅は鼓膜の直径の1/2よりやや小さい. 指は長く, 指式は2<4=1<3. 各指の内外縁に皮膚ひだをもたず, みずかきもない. 内掌隆起は楕円形で顕著. 後肢指端にも吸盤が発達し, 第3趾のものが最大で前肢の吸盤とほぼ同大. 趾間のみずかきは非常によく発達し, 切れ込みは浅い. みずかきの幅広く発達する部分は, 第1趾から第3趾の外縁と, 第5趾の内縁で吸盤基部に達し, 第4趾内外縁では末端関節を残し, それより先では細い縁状になって吸盤基部に達する. 内蹠隆起は楕円形でよく隆起しているが, 外蹠隆起は小さい円形で痕跡的. 後肢を体軸に沿って前方にのばしたとき, 脛跗関節は雌雄とも吻端より前方に達するのがふつう. 後肢を体軸と直角にのばして膝関節を折り曲げると, 左右の脛跗関節は大きく重複する.

体表の皮膚はほぼ平滑で, 腰部などににぶい顆粒を散在する程度. 鼓膜の周囲, 後肢外縁の踵から第5趾にかけて, 白くて弱い棘状顆粒をもつ. 上唇縁後部から後方にむかい, 鼓膜の後下方で終わる顕著な隆条をもつ. 背側線隆条は断続し弱い. 鼓膜後背側陵条も弱い.

二次性徴：♀は♂よりも明らかに大型である. ♂は1対の鳴嚢を下顎基部の内側にもち, 鳴嚢孔も1対あって, 上下顎会合部の内側かなり深くに円い孔状に開く. ♂の婚姻瘤は灰色の顆粒からなり, 前肢第1指の基部から末端関節と関節下隆起の間までの背内側を広くおおい, さらに細い帯状にのびて吸盤基部におよぶ. ♂は♀よりも前腕部が頑強である.

卵・幼生：蔵卵数は約1,500個, 卵径は3.0-3.1 mmで, 全体がクリーム色. 幼生は, 成長すると全長50 mmほどに達し, 頭胴部は細長く, 尾は太く, 丈が低くて長い. 歯式は1:3+3/1+1:3ないし1:4+4/1+1:3で, 変態時の体長は12 mmほどである.

核型：染色体数は26本で, 大型5対, 小型8対からなる. 大型対のうち, 第2, 3対のみが次中部動原体型で, 他は中部動原体型である. 小型対では第7, 8, 11, 12, 13対が次中部動原体型で, 他は中部動原体型である. 二次狭窄は第7対と第10対の長腕にある.

鳴き声：ピヨ・ピーヨと多様な声を発する. 短いノートは0.06秒ほど続き, 長いノートは0.16秒ほど続く. 優位周波数は約2.2 kHzで, 非常に強い周波数変調が認められ, 倍音もかなり明瞭.

生態：奄美大島では10月中旬から5月上旬, 徳之島では12月下旬から1月上旬が繁殖期で, 上流中流域の急流の下のよどみなどに産卵が見られる. 多数の♂が集合し, ♀を待って周囲の岩石の上で鳴いている. 産卵期の水温は13-14℃ほど. 幼生は, 産卵場所より下流の周囲にできたよどみで, 底に堆積した落ち葉の中に潜っているのが発見されている. 変態後, ♂は1年半, ♀は2年半で繁殖参加するといわれる.

分類：種小名は「奄美の」の意味で, 奄美群島に分布することに由来する. タイプ産地は奄美大島名瀬市金作原で, タイプ標本は京都大学に保管されている. 沖縄島産のハナサキガエルと形態的によく似ているが, 遺伝的にはかなり異なる.

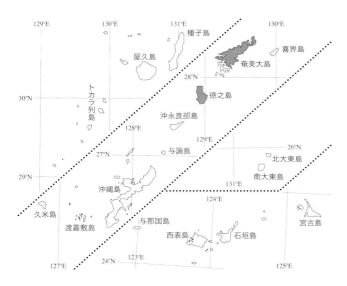

Amami Nostril-Tipped Frog
Amami-Hanasaki-Gaeru
Odorrana amamiensis (Matsui, 1994)

Distribution: Amamioshima Is. and Tokunoshima Is.

Description: Males 56-72 (mean＝65) mm and females 68-101 (mean＝88) mm in SVL. Head and body slender. Head longer than wide, width 32 % of SVL in males and 34 % in females. Canthus distinct, lore concave. Snout longer than eye. Nostril on tip of snout. Interorbital narrower than upper eyelid. Internarial wider than distance from eye and interorbital. Tympanum elliptical, 1/2 eye diameter. Vomerine tooth series oval with 5-6 teeth, center on or anterior to line connecting choanal hind rims. Hand and arm length 50 % of SVL in males and 48 % in females. Tibia length 62 % SVL. Finger and toe tips with discs having circummarginal groove. Hindlimb webbing well developed, broad web reaching to base of disc on outer margin of 4th toe. Inner metatarsal tubercle elliptical, outer one rudimentary. Tibiotarsal articulation beyond tip of snout. Skin of back nearly smooth with granules tipped with white asperities around tympani and on hindlimbs. Dorsolateral fold weak, interrupted. Males with a pair of vocal sacs and vocal openings. Nuptial pads in males gray.

Eggs and larvae: Creamy eggs laid scatteredly or in loosely connected mass. Clutch size 1,500 and egg diameter 3.1 mm. Larva to 50 mm in total length, with thick, elongated tail. Dental formula 1:4+4/1+1:3. SVL at metamorphosis 12 mm.

Karyotype: Diploid chromosome 2n＝26, with 5 large and 8 small pairs.

Call: Mating call includes short notes lasting 0.06 sec and long notes lasting 0.16 sec. Dominant frequency 2.2 kHz, with strong frequency modulation and clear harmonics.

Natural History: Inhabits chiefly montane forests. Breeds from October to May at bottoms of montane streams. Larvae found among litters on the bottom of pools.

Taxonomy: Type locality Amamioshima. Closely related to *O. narina*, but distinct morphologically and genetically.

Conservation: Listed as Vulnerable in The Japanese Red List 2017.

核型 Karyotype

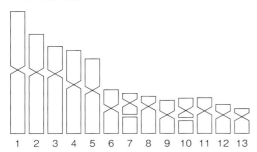

声紋 Sonagram

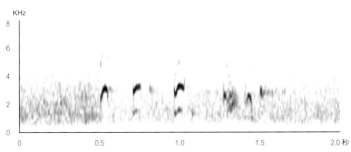

オオハナサキガエル　*Odorrana supranarina* (Matsui, 1994)

沖縄県西表島産♂（×1.0）
A male from Iriomotejima Is., Okinawa Pref.

沖縄県西表島産♀（×1.0）
A female from Iriomotejima Is., Okinawa Pref.

沖縄県石垣島産♀（×1.0）
A female from Ishigakijima Is., Okinawa Pref.

沖縄県石垣島産♂背面
Dorsal view of a male from Ishigakijima Is., Okinawa Pref.

沖縄県石垣島産♀背面
Dorsal view of a female from Ishigakijima Is., Okinawa Pref.

沖縄県西表島産♀背面
Dorsal view of a female from Iriomotejima Is., Okinawa Pref.

♂前肢腹面
Ventral view of hand in male.

♀前肢腹面
Ventral view of hand in female.

沖縄県石垣島産♂腹面
Ventral view of a male from Ishigakijima Is., Okinawa Pref.

沖縄県石垣島産♀腹面
Ventral view of a female from Ishigakijima Is., Okinawa Pref.

沖縄県西表島産♀腹面
Ventral view of a female from Iriomotejima Is., Okinawa Pref.

♂後肢腹面
Ventral view of foot in male.

♀後肢腹面
Ventral view of foot in female.

卵塊 Egg mass.

幼生前面
Frontal view of larva.

幼生背面（×1.8） Dorsal view of larva.

変態後幼体（×5.0）
A froglet just after metamorphosis.

幼生側面 Lateral view of larva.

幼生腹面 Ventral view of larva.

RANIDAE 161

オオハナサキガエル *Odorrana supranarina* (Matsui, 1994)

分布：石垣島, 西表島.
保全：環境省レッドリスト2017の準絶滅危惧（NT）.

八重山列島の山地から海岸近くまで, 森林の渓流付近に棲息する大型のカエルで, ハナサキガエルに似るが後足が短い.

記載：成体の体長は♂で59-77（平均68）mm, ♀で81-115（平均93）mm. 体は中程度に頑丈. 頭部は細長い. 頭幅は♂で体長の33％ほど, ♀で34％ほどで頭長よりも小さい. 頭部は背面観では直線状に前方に狭まり, 吻端は尖る. 側面観では, 吻端は顕著に突出する. 眼鼻線は明瞭. 頬部は垂直で大きく凹む. 吻長は上眼瞼長よりわずかに大きく, 眼前角間と同長かやや小さい. 外鼻孔は吻端と眼の前端との中央よりもやや吻端寄りにある. 左右の上眼瞼の間は平坦で凹まず, その間隔は上眼瞼の幅よりずっと小さい. 左右の外鼻孔の間隔は, 眼からの距離および上眼瞼間の間隔よりずっと大きい. 鼓膜は垂直方向の短楕円形で, 直径は眼径の2/3程度. 鋤骨歯板は短楕円形でやや斜向し, その中心は左右の内鼻孔の後端を結んだ線上にある. 各歯板には約8個の歯をそなえている.

手腕長は♂で体長の48％, ♀で46％ほど. 脛長は体長の53％ほど. 前肢指端は膨大し, 周縁溝のある吸盤をつくる. 第1指, 第2指の吸盤はあまり拡がらないが, 第3指と第4指のものはほぼ同大で, その幅は鼓膜の直径の1/2より小さい. 指は長く, 指式は2<4=1<3. 各指の内外縁に皮膚ひだをもたず, みずかきもない. 内掌隆起は楕円形で顕著. 後肢趾端にも吸盤が発達し, 第3趾のものが最大で前肢の吸盤よりやや大きい. 趾間のみずかきはよく発達し, 切れこみは比較的浅い. みずかきの幅広く発達する部分は, 第1趾から第3趾の外縁と, 第5趾の内縁で吸盤基部近くに達するが, 第4趾では内外縁とも2関節を残し, それより先では細い縁状になって吸盤基部に達する. 内蹠隆起は楕円形でよく隆起しているが, 外蹠隆起は痕跡的かない. 後肢を体側に沿って前方にのばしたとき, 脛跗関節は眼の前縁に達するのがふつう. 後肢を体軸と直角にのばして膝関節を折り曲げると, 左右の脛跗関節は重複する.

体表の皮膚は平滑でにぶい顆粒を散在する程度だが, 吻部側面, 上唇, 鼓膜の周囲, 後肢外縁の踵から吸盤基部まで, 各部分に白く鋭い刺状顆粒をもつ. 腹面はほぼ平滑. 上唇縁後部から後方にむかい, 鼓膜の後下方で終わる顕著な隆条をもつ. 背側線隆条は弱く断続することが多い. 鼓膜後背側隆条は弱い.

二次性徴：♀は♂よりも明らかに大型である. ♂は1対の鳴嚢を下顎基部の内側にもち, 鳴嚢孔も1対あって, 上下顎会合部の内側かなり深くに, 円い孔状に開く. ♂の婚姻瘤は灰黄色の顆粒からなり, 前肢第1指の基部から, 末端関節と関節下隆起の間までの背内側を広くおおい, さらに細い帯状にのびて吸盤基部におよぶ. ♂は♀よりも前腕部が頑強である.

卵・幼生：蔵卵数は680-1,600個, 卵径は2.6-2.9 mmである. 幼生は, 成長すると全長50 mmほどに達し, 頭胴部は細長く, 尾は太く丈が低くて長い. 歯式は2:3+3/1+1:3で, 変態時の体長は10-13 mmほどである.

核型：染色体数は26本で, 大型5対, 小型8対からなる. 大型対のうち, 第2, 3対のみが次中部動原体型で, 他は中部動原体型である. 小型対では第9, 13対が次中部動原体型, 第7対が次端部動原体型で, 他は中部動原体型である. 二次狭窄は第7, 10対の長腕にある.

鳴き声：チュッと聞こえる短い声を発する. ノートは0.15秒ほど続く. 優位周波数は約2 kHzで, 非常に強い周波数変調が認められ, 倍音もやや明瞭.

生態：繁殖期は長く, 7月下旬から翌年4月にわたるが, その間に短期間の爆発的繁殖を繰り返すと推定される. 繁殖場所も, 山地渓流（滝壷, よどみ, 岩盤上の水たまり）, 人家近くの用水, 湿地, 海岸に近い小川など多様な環境を含む. 繁殖期の水温は13-18℃で, 幼生も産卵場所付近に見られる. ♂は変態から2年後, ♀では2-3年後の繁殖期には性的成熟に達すると考えられる.

分類：種小名は「ハナサキガエルを超える」の意味で, 近縁種ハナサキガエルよりも体が大型であることに由来する. タイプ産地は西表島古見前良川で, タイプ標本は京都大学に保管されている. かつて長い間ハナサキガエルとされていたが, 形態的・遺伝的に大きく異なるため別種とされた.

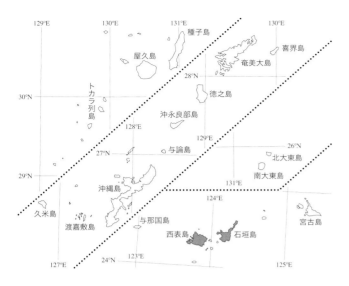

Large Tip-nosed Frog
O-Hanasaki-Gaeru
Odorrana supranarina (Matsui, 1994)

Distribution: Ishigakijima Is. and Iriomotejima Is.

Description: Males 59-77 (mean＝68) mm and females 81-115 (mean＝93) mm in SVL. Head and body moderately stout. Head longer than wide, width 33 % of SVL in males and 34 % in females. Canthus distinct, lore concave. Snout slightly longer than eye. Nostril on tip of snout. Interorbital narrower than upper eyelid. Internarial wider than distance from eye and larger than interorbital. Tympanum elliptical, 2/3 eye diameter. Vomerine tooth series oval with 8 teeth, center on line connecting choanal hind rims. Hand and arm length 48 % of SVL in males and 46 % in females. Tibia length 53 % SVL. Finger and toe tips with discs having circummarginal groove. Hindlimb webbing well developed, broad web leaving 2 phalanges free on outer margin of 4th toe. Inner metatarsal tubercle elliptical, outer one rudimentary or absent. Tibiotarsal articulation reaching anterior border of eye. Skin of back smooth with granules tipped with white asperities on sides of head and on hindlimbs. Dorsolateral fold weak, interrupted. Males with a pair of vocal sacs and vocal openings. Nuptial pads in males graysih yellow.

Eggs and larvae: Laid scattered or in loosely connected mass containing 680-1,600 creamy eggs with diameter of 2.6-2.9 mm. Mature larva 50 mm in total length, with thick, elongated tail. Dental formula 2:3+3/1+1:3. SVL at metamorphosis 10-13 mm.

Karyotype: Diploid chromosome 2n＝26, with 5 large and 8 small pairs.

Call: Mating call lasting 0.15 sec with 1 note. Dominant frequency 2 kHz, with marked frequency modulation and weak harmonics.

Natural History: Lives from plains to montane regions. Breeds from July to April in and around montane streams, swamps, and small streams near seashore. Larvae found in the breeding sites.

Taxonomy: Type locality Iriomotejima Is. Long identified as *O. narina*, but representing a good species. Syntopic with *O. utsunomiyaorum*, but markedly differentiated genetically and mophologically.

Conservation: Listed as Near Threatened in The Japanese Red List 2017.

核型 Karyotype

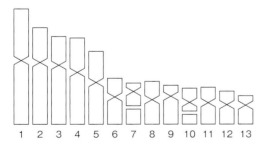

声紋 Sonagram

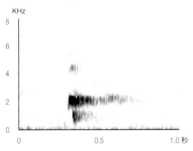

RANIDAE 163

コガタハナサキガエル *Odorrana utsunomiyaorum* (Matsui, 1994)

沖縄県石垣島産♂（×1.5）
A male from Ishigakijima Is., Okinawa Pref.

沖縄県石垣島産♀（×1.5）
A female from Ishigakijima Is., Okinawa Pref.

沖縄県西表島産♂（×1.5）
A male from Iriomotejima Is., Okinawa Pref.

沖縄県西表島産♀（×1.5）
A female from Iriomotejima Is., Okinawa Pref.

沖縄県石垣島産♂（×1.5）
A male from Ishigakijima Is., Okinawa Pref.

沖縄県石垣島産♀（×1.5）
A female from Ishigakijima Is., Okinawa Pref.

沖縄県石垣島産♂背面
Dorsal view of a male from Ishigakijima Is., Okinawa Pref.

沖縄県西表島産♀背面
Dorsal view of a female from Iriomotejima Is., Okinawa Pref.

沖縄県西表島産♂背面
Dorsal view of a male from Iriomotejima Is., Okinawa Pref.

♂前肢腹面
Ventral view of hand in male.

♀前肢腹面
Ventral view of hand in female.

♂後肢腹面
Ventral view of foot in male.

沖縄県石垣島産♂腹面
Ventral view of a male from Ishigakijima Is., Okinawa Pref.

沖縄県西表島産♀腹面
Ventral view of a female from Iriomotejima Is., Okinawa Pref.

沖縄県西表島産♂腹面
Ventral view of a male from Iriomotejima Is., Okinawa Pref.

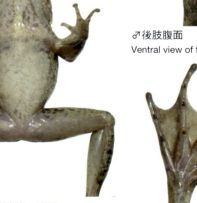
♀後肢腹面
Ventral view of foot in female.

卵塊 Egg mass.

幼生前面
Frontal view of larva.

変態後幼体（×7.0）
A froglet just after metamorphosis.

幼生背面（×2.7） Dorsal view of larva.

幼生側面 Lateral view of larva.

幼生腹面 Ventral view of larva.

RANIDAE 165

コガタハナサキガエル *Odorrana utsunomiyaorum* (Matsui, 1994)

分布：石垣島, 西表島.
保全：環境省レッドリスト2017の絶滅危惧IB類（EN）.

オオハナサキガエルとともに八重山列島に分布するが, 棲息域はより狭くて山地渓流付近のみに限られ, 個体数もより少ない小型のカエル.

記載：成体の体長は♂で40-48（平均44）mm, ♀で46-60（平均54）mm. 体は中程度に頑丈で, 頭部はやや細長い. 頭幅は体長の35％ほどで頭長とほぼ同長. 頭部は背面観では直線状に前方に狭まり, 吻端はあまり尖らない. 側面観では, 吻端は突出する. 眼鼻線はやや不明瞭. 頬部は垂直で大きく凹む. 吻長は上眼瞼長と同長で, 眼前角間より小さい. 外鼻孔は吻端と眼の前端との中央よりもずっと吻端寄りにある. 左右の上眼瞼の間は平坦で凹まず, その間隔は上眼瞼の幅より小さい. 左右の外鼻孔の間隔は, 眼からの距離および上眼瞼間の間隔より大きい. 鼓膜は垂直方向の短楕円形で, 直径は眼径の1/2程度. 鋤骨歯板は短楕円形でやや斜向し, その中心は左右の内鼻孔の後端を結んだ線上ないし後方にある. 各歯板には4-6個の歯をそなえている.

手腕長は♂で体長の48％, ♀で47％ほど. 脛長は♂で体長の53％, ♀で52％ほど. 前肢指端は膨大し, 周縁溝のある吸盤をつくる. 第1指, 第2指の吸盤はあまり拡がらないが, 第3指と第4指のものはほぼ同大で, その幅は鼓膜の直径の1/2 より小さい. 指は長く, 指式は2<4<1<3. 各指の内外縁に皮膚ひだをもたず, みずかきもない. 内掌隆起は楕円形で顕著. 後肢指端にも吸盤が発達し, 第3趾のものが最大だが前肢の吸盤より小さい. 趾間のみずかきはややよく発達し, 切れ込みは比較的浅い. みずかきの幅広く発達する部分は, 第1趾から第3趾の外縁と, 第5趾の内縁で吸盤基部近くに達するが, 第4趾では内外縁とも2関節を残し, それより先では細い縁状になって吸盤基部に達する. 内蹠隆起は楕円形でよく隆起しているが, 外蹠隆起を欠くのがふつう. 後肢を体軸に沿って前方にのばしたとき, 脛跗関節は眼の前縁と外鼻孔間に達する程度. 後肢を体軸と直角にのばして膝関節を折り曲げると, 左右の脛跗関節は重複する.

体表の皮膚にはにぶい顆粒が散在する. 上唇, 鼓膜の周囲, 後肢外縁の踵から吸盤基部まで, 各部分に白い棘状顆粒をもつ. 上唇縁後部から後方にむかい, 鼓膜の後下方で終わる顕著な隆条をもつ. 背側線隆条は断続し弱い. 鼓膜後背側隆条の発達は悪い.

二次性徴：♀は♂よりも大型である. ♂は1対の鳴嚢を下顎基部の内側にもち, 鳴嚢孔も1対あって, 上下顎会合部の内側かなり深くに円い孔状に開く. ♂の婚姻瘤は黄白色の顆粒からなり, 前肢第1指の基部から末端関節と関節下隆起の間での背内側を広くおおい, さらに細い帯状にのびて吸盤基部におよぶ. ♂は♀よりも前腕部が頑強である.

卵・幼生：蔵卵数は45-140個, 卵径は2.9-4.2 mmで, 全体がクリーム色. 幼生は, 成長すると全長33 mmほどに達し, 頭胴部は細長く, 尾は太く丈が低くて長い. 歯式は1:3+3/1+1:3で, 変態時の体長は7-10 mmほどである.

核型：染色体数は26本で, 大型5対, 小型8対からなる. 大型対のうち, 第2, 3対のみが次中部動原体型で, 他は中部動原体型である. 小型対では第7, 8, 13対が次中部動原体型で, 他は中部動原体型である. 二次狭窄は第7, 10対の長腕にある.

鳴き声：ピーヨと聞こえる声を発する. ノートは短く0.14秒ほど続く. 優位周波数は約2 kHzで非常に強い周波数変調が認められ, 倍音も明瞭.

生態：繁殖期は12-4月. 夏期にも繁殖する可能性がある. 繁殖場所は, 山地渓流に限られる. 繁殖期の水温は13-18℃である. ♂は変態から2年後, ♀では2-3年後の繁殖期には性的成熟に達すると考えられる.

分類：種小名は「宇都宮夫妻の」の意味で, 発見者宇都宮妙子氏と, その夫の泰明氏に献名したもの. タイプ産地は石垣島於茂登岳で, タイプ標本は京都大学に保管されている. 同所的に分布するオオハナサキガエルとの形態的・生態的・遺伝的分化の程度は高く, 両者は形質置換を起こして共存している可能性がある. 日本産の他のハナサキガエル類とは系統的に離れており, 台湾産のスインホーガエル *O. swinhoana* (Boulenger, 1903)と姉妹関係にある.

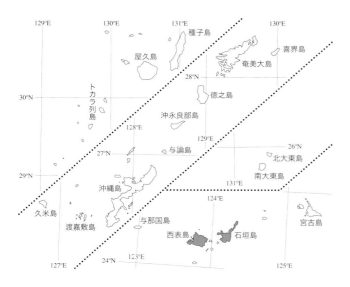

Utsunomiya's Tip-nosed Frog

Kogata-Hanasaki-Gaeru
Odorrana utsunomiyaorum (Matsui, 1994)

Distribution: Ishigakijima Is. and Iriomotejima Is.

Description: Males 40-48 (mean = 44) mm and females 46-60 (mean = 54) mm in SVL. Head and body moderately stout. Head as large as wide, width 35 % SVL. Canthus slightly distinct, lore concave. Snout as long as eye. Nostrils on tip of snout. Interorbital narrower than upper eyelid. Internarial wider than distance from eye and interorbital. Tympanum elliptical, 1/2 eye diameter. Vomerine tooth series oval with 4-6 teeth, center on or posterior to line connecting choanal hind rims. Hand and arm length 48 % of SVL in males and 47 % in females. Tibia length 53 % of SVL in males and 52 % in females. Finger and toe tips with discs having circummarginal groove. Hindlimb webbing developed, broad web leaving 2 phalanges free on outer margin of 4th toe. Inner metatarsal tubercle elliptical, outer one usually absent. Tibiotarsal articulation reaching anterior border of eye to nostril. Skin of back with scattered small granules. Sides of head and hindlimbs with granules tipped with white asperities. Dorsolateral fold weak, interrupted. Males with a pair of vocal sacs and vocal openings. Nuptial pads in males yellowish white.

Eggs and larvae: Laid in loosely connected mass containing 45-140 creamy eggs with diameter of 2.9-4.2 mm. Mature larva 33 mm in total length, with thick, elongated tail. SVL at metamorphosis 7-10 mm.

Karyotype: Diploid chromosome 2n = 26, with 5 large and 8 small pairs.

Call: Mating call lasting 0.14 sec with 1 note. Dominant frequency 2 kHz, with marked frequency modulation and clear harmonics.

Natural History: Lives chiefly near streams in montane forests. Breeds from December to April at bottoms of small waterfalls in montane streams.

Taxonomy: Type locality Ishigakijima. Thought to have evolved through character displacement with syntopic *O. supranarina*. Sister species of *O. swinhoana* from Taiwan and remotely related to other Japanese species of the *O. narina* group.

Conservation: Listed as Endangered in The Japanese Red List 2017.

核型 Karyotype

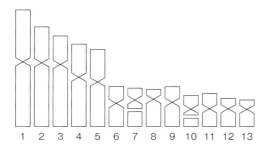

声紋 Sonagram

ヤエヤマハラブチガエル *Nidirana okinavana* (Boettger, 1895)

アカガエル科

沖縄県石垣島産♂（×1.8）
A male from Ishigakijima Is., Okinawa Pref.

沖縄県石垣島産♀（×1.8）
A female from Ishigakijima Is., Okinawa Pref.

沖縄県西表島産♂（×1.8）
A male from Iriomotejima Is., Okinawa Pref.

沖縄県西表島産♀（×1.8）
A female from Iriomotejima Is., Okinawa Pref.

沖縄県西表島産♀（×1.8）
A female from Iriomotejima Is., Okinawa Pref.

沖縄県石垣島♀（×1.8）
A female from Ishigakijima Is., Okinawa Pref.

沖縄県石垣島産♂背面
Dorsal view of a male from Ishigakijima Is., Okinawa Pref.

沖縄県石垣島産♀背面
Dorsal view of a female from Ishigakijima Is., Okinawa Pref.

沖縄県西表島産♂背面
Dorsal view of a male from Iriomotejima Is., Okinawa Pref.

♂前肢腹面
Ventral view of hand in male.

♀前肢腹面
Ventral view of hand in female.

沖縄県石垣島産♂腹面
Ventral view of a male from Ishigakijima Is., Okinawa Pref.

沖縄県石垣島産♀腹面
Ventral view of a female from Ishigakijima Is., Okinawa Pref.

沖縄県西表島産♀腹面
Ventral view of a female from Iriomotejima Is., Okinawa Pref.

♂後肢腹面
Ventral view of foot in male.

♀後肢腹面
Ventral view of foot in female.

卵塊 Egg mass.

幼生前面
Frontal view of larva.

変態後幼体（×2.5）
A froglet just after metamorphosis.

幼生背面（×1.3） Dorsal view of larva.

幼生側面 Lateral view of larva.

幼生腹面 Ventral view of larva.

RANIDAE 169

ヤエヤマハラブチガエル *Nidirana okinavana* (Boettger, 1895)

分布：石垣島, 西表島. 国外では台湾.
保全：環境省レッドリスト2017の絶滅危惧II類（VU）.

長い間, リュウキュウアカガエルと混同されていたが, 大きさ以外はまるで違う. 長く美しい声で鳴き, 泥を掘って産卵のための巣穴をつくる.

記載：成体の体長は♂で42-43（平均42）mm, ♀で42-44（平均43）mm. 体は比較的頑丈. 頭部はやや細いが短い. 頭幅は♂で体長の35％, ♀で34％ほどで, 頭長よりやや大きい. 頭部は背面観では直線状に狭まるが, 吻端はにぶく終わる. 側面観では吻端はやや突出するか, ほぼ裁断状に終わる. 眼鼻線はにぶく, やや明瞭. 頬部は垂直に近く凹みをもつ. 吻長は上眼瞼長より大きいことも等しいこともあり, 眼前角間より小さい. 外鼻孔は吻端と眼の前端とのほぼ中央, または吻端寄りにある. 左右の上眼瞼の間は平坦で凹まず, その間隔は上眼瞼の幅よりずっと大きい. 左右の外鼻孔の間隔は, 眼からの距離より大きく, 上眼瞼間の間隔に等しいかそれより大きい. 鼓膜はほぼ円形で, 直径は眼径の3/5-4/5ほど. 鋤骨歯板は楕円形で斜向し, その中心は左右の内鼻孔の後端を結んだ線上, またはやや後方にある. 各歯板には3-6個の歯をそなえている.

　手腕長は♂で体長の44％, ♀で45％ほど. 脛長は♂で体長の53％, ♀で52％ほど. 前肢指端は膨大して吸盤となり, 通常, さまざまな程度に発達した周縁溝をもつ. 指式はふつう2<4<1<3. 内掌隆起は明瞭な楕円形でよく突出する. 後肢趾端も膨大して吸盤となりV字形または半円形の周縁溝をそなえる. 趾間のみずかきは発達が悪く, 切れこみも深い. みずかきは, ♂では第1, 2趾の外縁では末端関節に達し, 第3趾外縁では末端関節ないし遠位関節下隆起に達するが, ♀では第1, 2趾の外縁では関節下隆起に達するだけのこともあり, 第3趾外縁でも遠位関節下隆起に達するにすぎない. 雌雄とも第5趾の内縁では末端関節に達し, 第4趾では内外縁とも遠位の3関節を残して幅広く発達する. 前後肢ともに関節下隆起は大きく顕著. 内蹠隆起は楕円形で, かなりよく隆起しているが, 外蹠隆起の状態はさまざまで, まったく欠く場合や片側のみにある場合, 過剰にもつ場合がある. 存在する場合には小さい円形で, 目立つ程度にやや強く隆起する. 後肢を体軸に沿って前方にのばしたとき, 脛跗関節は眼の中心ないし眼と外鼻孔の間に達する. 後肢を体軸と直角にのばして膝関節を折り曲げると, 左右の脛跗関節は重複する.

　体背面の皮膚は皺が多いが, あまり明瞭な隆起をもたず, 総排出口背面周辺ににぶい顆粒が散在する程度. 体側にもにぶい顆粒を散在する. 後肢背面には細長い隆条を数本もち, とくに脛部背面のものは長く, 全長にわたって連続的. 腹面はほぼ平滑. 上唇縁後部から後方にむかう隆条は顕著で, 一度分断して前肢基部の前方で終わるが, ♂ではその後方に扁平な皮膚隆起をそなえる. 背側線隆条は明瞭で, 鼓膜の後背側で外方へ曲がらない. 鼓膜後背側隆条は弱いか, 発達しない.

二次性徴：体長の性差はほとんどない. ♂は鳴嚢孔をもち, 婚姻瘤は黄色の顆粒からなり, 前肢第1指で内掌隆起および関節下隆起の内側の, それぞれごく一部のみの狭い範囲に限られ, かなり不明瞭である. 前腕部の頑強さにも性差はほとんど認められない. 前肢基部後背方にある扁平な皮膚隆起は, ♀では不明瞭ないし欠如する.

卵・幼生：蔵卵数は18-80個, 卵径は1.7-2.2 mmで動物極は褐色. 幼生は完全に成長すると全長70 mmほどになり, 体は金色の色素におおわれ, 口と眼の間, 背側面, 尾の基部に白い側線列がならぶのが特徴. 尾は長いが, 口器は大きくはない. 歯式は1:1+1/1+1:2. 変態時の体長は20 mmほどである.

核型：染色体数は26本で, 大型5対, 小型8対からなる. 大型対のうち, 第2, 4対が次中部動原体型で, 他は中部動原体型である. 小型対では第8, 9, 11, 13対が次中部動原体型で, 残りは中部動原体型である. 二次狭窄は第9対の長腕にある.

鳴き声：コッコッコッコッ……と尻上がりに聞こえる. 1声は約3秒続き18ノートほどからなる. 優位周波数は0.7 kHzで, 倍音は明瞭.

生態：平地から山地にかけて分布する. 繁殖期は2-11月だが主に夏期からで, 池の周囲や湿地の草むらにある止水の近くに造った"繁殖巣"内で行われる. 巣は内径, 深さともに5-6 cmほどの泥の穴で, 天井も直径2-3 cmの窓を残し, 泥で埋められている. 卵は球形の卵塊として産み出され, 巣内には水がないこともある. 繁殖期の水温は22-29℃ほどである. 幼生は降雨による増水によって穴の外に流れ出て, 近くの止水中で生活する.

分類：属名*Nidirana*は「繁殖巣のカエル」を意味し, 本種をはじめこの属の数種が繁殖巣穴を形成することに因む. 種小名は「沖縄の」を意味する. タイプ産地は, 琉球列島のたぶん沖縄島か奄美大島産とされているが, これは誤りと考えられる. タイプ標本はドイツのセンケンベルグ博物館に保管されているが, その後80年ほど本種は再発見されなかった. 再発見された当初は, 台湾産のハラブチガエル *N. adenopleura* (Boulenger, 1909) に含められていたが, 鳴き声がまるで異なり, 形態もやや異なることから, 後に独立種*Rana psaltes* Kuramoto, 1985 とされてきた. その間本種の学名*R. okinavana*はリュウキュウアカガエル（アマミアカガエルを含む）に当てられてきた. 虹彩の色, 幼生の形態, 核型などから, オットンガエル・ホルストガエルに近縁といわれ, 近年の分子系統解析の結果もそれを支持している. しかし, 番外指の形状, 体の大きさ, 背側線の形状, 鳴き声, 繁殖方法は大きく異なるから, 同属とする根拠はない. 分子系統解析の結

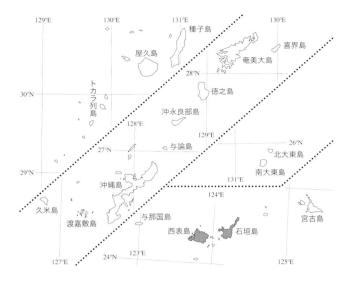

Yaeyama Harpist Frog
Yaeyama-Harabuchi-Gaeru
Nidirana okinavana (Boettger, 1895)

Distribution: Ishigakijima Is, and Iriomotejima Is. Outside of Japan, Taiwan.

Description: Males 42-43 (mean＝42) mm and females 42-44 (mean＝43) mm in SVL. Body relatively stocky. Head width 35 % of SVL in males and 34 % in females, slightly wider than long. Canthus blunt, lore nearly vertical and concave. Snout as long as or larger than eye. Nostril midway between tip of snout and eye or closer to the former. Interorbital much wider than upper eyelid. Internarial larger than distance from eye, and as large as or larger than interorbital. Tympanum circular, 3/5-4/5 eye diameter. Vomerine tooth series elliptical with 3-6 teeth, the center on or posterior to the line connecting posterior margins of choanae. Hand and arm length 44 % of SVL in males and 45 % in females. Tibia length 53 % of SVL in males and 52 %in females. Tips of fingers and toes dilated into small discs with circummarginal groove. Hindlimb webbing poorly developed, broad web leaving 3 phalanges free on outer margin of 4th toe. Inner metatarsal tubercle elliptical, outer one smaller and distinct, or absent. Tibiotarsal articulation reaching center of eye to near nostril. Skin of back slightly rugose, but without clear warts, with only scattered granules posteriorly. Sides scattered with tubercles. A flat glandular ridge above arm insertion in males, poorly developed or absent in females. Dorsolateral fold strongly developed, not flaring outwards above tympanum. Vocal opening present and nuptial pads poorly developed with yellow granules in males.

Eggs and larvae: Laid in a small globular mass with 18-80 eggs with diameter 1.7-2.2 mm and brown in animal hemisphere. Matured larva 70 mm in total length, with 3 whitish rows of lateral line organs one ach side. Dental formula 1:1+1/1+1:2.

Karyotype: Diploid chromosome 2n＝26, with 5 large and 8 small pairs.

Call: Mating call lasting 3 sec with 18 notes. Dominant frequency 0.7 kHz, without clear frequency modulation, but harmonics rather distinct.

Natural History: Inhabits plains and montane regions. Breeds from February, but mostly from August to November around ponds and among grasses in swampy places. Breeding nests about 5-6 cm in inner diameter and in depth, with an opening 3 cm in diameter made in the mud by parental frogs. After hatching, larvae are washed into nearby still waters by floods and grow there.

Taxonomy: Type locality "Ryukyu Is., either Okinawa or Oshima" is surely erroneous. Although phylogenetically forming a clade, *Nidirana* should be split from *Babina* by marked differences in body size, 1st metacarpal morphology, acoustic trait, and breeding habit. Genetic differentiation is small between Ishigakijima and Iriomotejima, but is fairly large between Japanese and Taiwanese populations. Split from its sister species *N. adenopleura* from Taiwan because of marked difference in call structure and breeding habit.

Conservation: Listed as Vulnerable in The Japanese Red List 2017.

果，石垣島と西表島間での分化の程度は小さいが，台湾産とはかなり異なることが分かっている．また，繁殖巣穴を造る中国産のコトヒキガエル *N. daunchina* (Chang, 1933) ではなく，卵を水中に産み放すハラブチガエルと姉妹群をなす．

核型 Karyotype
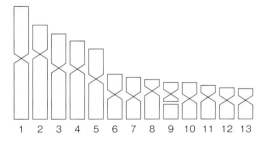

声紋 Sonagram
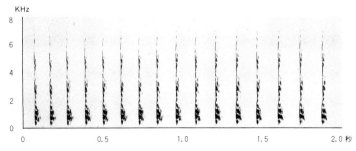

アカガエル科

オットンガエル　*Babina subaspera* (Barbour, 1908)

鹿児島県奄美大島産♂（×1.0）
A male from Amamioshima Is., Kagoshima Pref.

鹿児島県奄美大島産♀（×1.0）
A female from Amamioshima Is., Kagoshima Pref.

鹿児島県奄美大島産♂背面
Dorsal view of a male from Amamioshima Is., Kagoshima Pref.

鹿児島県奄美大島産♀背面
Dorsal view of a female from Amamioshima Is., Kagoshima Pref.

♂前肢腹面
Ventral view of hand in male.

♀前肢腹面
Ventral view of hand in female.

鹿児島県奄美大島産♂腹面
Ventral view of a male from Amamioshima Is., Kagoshima Pref.

鹿児島県奄美大島産♀腹面
Ventral view of a female from Amamioshima Is., Kagoshima Pref.

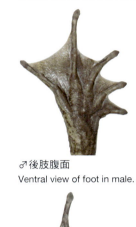
♂後肢腹面
Ventral view of foot in male.

♀後肢腹面
Ventral view of foot in female.

卵塊 Egg mass.

幼生前面
Frontal view of larva.

変態後幼体（×1.7）
A froglet just after metamorphosis.

幼生背面（×1.1） Dorsal view of larva.

幼生側面 Lateral view of larva.

幼生腹面 Ventral view of larva.

RANIDAE 173

アカガエル科

オットンガエル　*Babina subaspera* (Barbour, 1908)

分布：奄美大島，加計呂麻島．徳之島からの記録は誤りと思われる．
保全：環境省レッドリスト2017の絶滅危惧ⅠB類（EN），国内希少野生動植物種．

奄美群島の固有種で，形態，生態などホルストガエルに非常によく似ているが，体は大きく，多数のいぼをもつため，一見，ヒキガエルのように見える．

記載：成体の体長は♂で93-126（平均117）mm，♀で111-140（平均117）mm．体は大きく頑丈．頭部は大きくやや短い．頭幅は体長の41％ほどで，頭長より大きい．頭部は背面観ではかなり尖っており，側面観では吻端は顕著に突出する．眼鼻線は明瞭．頬部は垂直に近く，浅く凹む．吻長は上眼瞼長とほぼ等しく，眼前角間よりずっと小さい．外鼻孔は，吻端と眼の前端との中央よりもずっと吻端寄りにある．左右の上眼瞼の間はわずかに凹み，その間隔は上眼瞼の幅よりずっと大きい．外鼻孔は側方に開き，左右の間隔は眼からの距離より大きく，上眼瞼間の間隔より少し小さい．鼓膜は水平方向の短楕円形で，長径は眼径の4/5ほど．鋤骨歯板は短楕円形でわずかに斜向し，その中心は左右の内鼻孔の後端を結んだ線より後方にある．各歯板には5-6個の歯をそなえている．

手腕長は体長の46％，脛長は♂で体長の49％，♀で47％ほど．前肢指端は細まらず扁平であるが，周縁溝はない．指式は2<4<1<3．第1指内縁に拇指が発達する．拇指は肉質の袋状で，しばしばその先端に小孔をもち，そこから棘状の骨が突出する．内掌隆起は小さい楕円形で，少し隆起する．後肢趾端も扁平で，周縁溝をそなえる．趾間のみずかきはよく発達し，切れこみはふつう．みずかきは，第1趾から第3趾の外縁と第5趾の内縁では趾端基部に達し，第4趾では内縁で遠位の2.5関節，外縁で2関節を残して幅広く発達する．内蹠隆起は長楕円形で隆起するが，外蹠隆起を欠く．後肢を体軸に沿って前方にのばしたとき，脛跗関節は眼の後端に達する．後肢を体軸と直角にのばして膝関節を折り曲げると，左右の脛跗関節はわずかに接することがある程度．

体背面には大小の隆起を多数もつ．大型の隆起は先端が白い顆粒状となっている．腹面はほぼ平滑だが，♂ではのどと腹が白い顆粒でおおわれる．背側線隆条は，鼓膜後背側隆条の後部に始まる隆起列で断続する．鼓膜後背側隆条は太く明瞭．口唇後部から前肢基部背方にかけて隆起列があり，その後背方には扁平な楕円形の皮膚隆起をそなえる．後肢第5趾外縁には強い皮膚ひだが発達する．

二次性徴：体長の性差はほとんどない．♂は♀よりも後肢の比率が多少大きい．♂は咽頭下部に単一の鳴嚢をもち，鳴嚢孔は1対あって上下顎会合部のかなり内側に円く開く．♂はのどから腹面の前半にかけて小顆粒を密布し，後半部まで続くこともある．♂の婚姻瘤は白色の顆粒からなり，前肢拇指の背内側と第1，2指末端関節の背側の狭い範囲をおおう．♂は♀よりも前腕部が頑強である．

卵・幼生：蔵卵数は1,300個ほどと思われる．卵径は2.0-2.5mmで，動物極は褐色．幼生は完全に成長すると全長80mmほどになり，尾は太く，丈が低くてかなり長い．口器は大きくはない．歯式は1:2+2/1+1:2，または1:3+3/1+1:2．変態時の体長は18-27mmほど．

核型：染色体数は26本で，大型5対，小型8対からなる．大型対のうち，第2，3対が次中部動原体型で，他は中部動原体型である．小型対では第8，11，12対が次中部動原体型で，残りは中部動原体型である．二次狭窄は第4，9対の長腕にある．
鳴き声：ウワウ……と聞こえる．1ノートは約0.5秒続き，多数の細かいパルスからなる．優位周波数は0.9kHzで，倍音はやや明瞭，周波数変調をともなう．
生態：丘陵地から山地にかけて，森林の内部と周辺の草地や耕作地に棲息する．繁殖は集団で行われず，長期にわたり分散してなされる．繁殖期は4月中旬から10月で7月上旬から8月上旬が最盛期．繁殖場所は林道，土砂の堆積した川原，砂防ダム，イノシシの落とし穴などにある水たまりの周辺で，ふつう水辺の砂泥を内径30cm，深さ5cmほどに掘って周囲に土手をつくり，産卵穴とする．しかし，水たまりや人工池に直接産卵することもある．繁殖期の水温は17.5-26℃ほどである．変態期は秋までの間か，幼生越冬して翌年の5-6月となる．昆虫，陸貝，サワガニなどを食べる．本種を捕らえようとすると，棘状の拇指でひっかかれ，けがをすることがある．幼生はガラスヒバァ，卵は同種の幼生，シリケンイモリ，モクズガニ，ガラスヒバァに，成体はフイリマングースに捕食される．
分類：属名*Babina*の語源は不明で，アナグラムなど原著者Thompsonの言葉遊びの可能性がある．種小名は「やや隆起状の」を意味し，体背面に隆起が比較的多いことに因む．タイプ産地は琉球列島とされ，タイプ標本はハーバード大学比較動物学博物館に保管されている．形態，生態はホルストガエルと非常によく似ており，系統的に姉妹群をなす．両者は異所的に分布し，遺伝的な差異も大きくないので，その分類学的関係を決定するのはむずかしい．しかし．両者間で体背面の隆起の発達の程度は明瞭に違うし，鳴き声にもわずかだが一定の差があるので，それぞれを独立の種と考えるのが妥当と思われる．

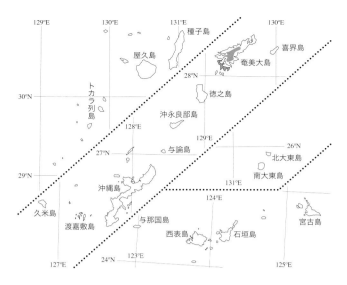

Otton Frog
Otton-Gaeru
Babina subaspera (Barbour, 1908)

Distribution: Amamioshima and Kakeromajima Is.
Description: Males 93-126 (mean＝117) mm and females 111-140 (mean＝117) mm in SVL. Body large and robust. Head large, width 41 % of SVL, wider than long. Canthus sharp, lore vertical and slightly concave. Snout as long as eye. Nostril much nearer to tip of snout than to eye. Interorbital much wider than upper eyelid. Internarial larger than distance from eye and smaller than interorbital. Tympanum elliptical, 4/5 eye diameter. Vomerine tooth series elliptical with 5-6 teeth, the center posterior to the line connecting posterior margins of choanae. Hand and arm length 46 % and tibia length 48 % of SVL. First finger medially and ventrally with fleshy sheath encasing spine-like elongated 1st metacarpal, giving an appearance of 5 fingers on hand. Tips of fingers and toes dilated, with circummarginal groove on toe tip. Hindlimb webbing moderate, broad web leaving 2 phalanges free on outer margin of 4th toe. Inner metatarsal tubercle elliptical, but outer one absent. Tibiotarsal articulation reaching posterior border of eye. Skin of back covered with irregular warts, larger ones with white granules on tip. An elliptical flat glandular ridge above arm insertion. Interrupted dorsolateral fold formed by a row of tubercles. A median subgular vocal sac and a pair of vocal openings on inner sides of mouth. Nuptial pads in males poorly developed with white spinules. Throat and venter of males covered with granules.
Eggs and larvae: Laid in a large mass with 1,300 eggs with diameter 2.0-2.5 mm and brown in animal hemisphere. Matured larva 80 mm in total length, with thick, elongated tail. Dental formula 1:2+2/1+1:2 or 1:3+3/1+1:2. Size at metamorphosis 18-27 mm.
Karyotype: Diploid chromosome 2n＝26, with 5 large and 8 small pairs.
Call: Mating call lasting 0.5 sec with 1 note. Dominant frequency 0.9 kHz, with frequency modulation and slightly clear harmonics.
Natural History: Inhabits hill sides and montane regions. Breeds from mid April to October around small pools on forest trails and muddy river beds. Breeding holes about 30 cm in diameter and 5 cm in depth made by parental frogs. Metamorphosis by autumn or from May to June of the following year. Feeds on insects, snails, and crabs. Stabs with spurs when handled.
Taxonomy: Type locality is Ryukyu Island. Close relative of *B. holsti*. Allopatric distribution of the two forms makes their taxonomic treatment difficult, but each thought to represent a distinct species from their morphology.
Conservation: Listed as Endangered in The Japanese Red List 2017.

核型 Karyotype

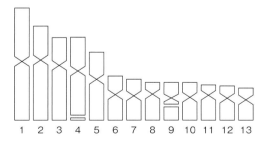

声紋 Sonagram

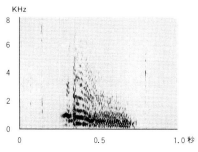

アカガエル科

ホルストガエル　*Babina holsti* (Boulenger, 1892)

沖縄県沖縄島産♂（×1.0）
A male from Okinawajima Is., Okinawa Pref.

沖縄県沖縄島産♀（×1.0）
A female from Okinawajima Is., Okinawa Pref.

沖縄県沖縄島産♂背面
Dorsal view of a male from Okinawajima Is., Okinawa Pref.

沖縄県沖縄島産♀背面
Dorsal view of a female from Okinawajima Is., Okinawa Pref.

♂前肢腹面
Ventral view of hand in male.

沖縄県沖縄島産♂腹面
Ventral view of a male from Okinawajima Is., Okinawa Pref.

沖縄県沖縄島産♀腹面
Ventral view of a female from Okinawajima Is., Okinawa Pref.

♀前肢腹面
Ventral view of hand in female.

♂後肢腹面
Ventral view of foot in male.

♀後肢腹面
Ventral view of foot in female.

卵塊 Egg mass.

幼生前面
Frontal view of larva.

幼生背面（×1.0） Dorsal view of larva.

変態後幼体（×2.3）
A froglet just after metamorphosis.

幼生側面 Lateral view of larva.

幼生腹面 Ventral view of larva.

RANIDAE 177

ホルストガエル *Babina holsti* (Boulenger, 1892)

分布：沖縄島, 渡嘉敷島.
保全：環境省レッドリスト2017の絶滅危惧IB類 (EN), 国内希少野生動植物種.

沖縄諸島の固有種で, 奄美群島産のオットンガエルとともに, 手に5本の指をもつことで, カエル類の中では極めて特異. 沖縄県指定の天然記念物だが, かつては食用とされた.

記載：成体の体長は♂で100-124 (平均107) mm, ♀で103-119 (平均115) mm. 体は大きく頭丈. 頭部は大きくやや短い三角形. 頭幅は体長の39％ほどで, 頭長よりやや大きい. 頭部は背面観ではかなり尖っており, 側面観では吻端は顕著に突出する. 眼鼻線は明瞭. 頬部はほぼ垂直に近く, 浅く凹む. 吻長は上眼瞼長とほぼ等しいか, 少し大きく, 眼前角間よりずっと小さい. 外鼻孔は, 吻端と眼の前端との中央よりもずっと吻端寄りにある. 左右の上眼瞼の間はわずかに凹み, その間隔は上眼瞼の幅よりずっと大きい. 外鼻孔は側方に開き, 左右の間隔は眼からの距離より大きく, 上眼瞼間の間隔にほぼ等しいか, それより少し小さい. 鼓膜はほぼ円形で, 直径は眼径よりわずかに小さい. 鋤骨歯板は短楕円形でわずかに斜向し, その中心は左右の内鼻孔の後端を結んだ線より後方にある. 各歯板には6-7個の歯をそなえている.

手腕長は体長の45％, 脛長は♂で体長の50％, ♀で47％ほど. 前肢指端は細まらず扁平であるが, 周縁溝はない. 指式は2<4<1<3. 第1指内縁に本来の第1指である肉質の拇指が発達し, しばしばその先端に小孔をもち, そこから棘状の骨が突出する. 内掌隆起は細い長方形で, 扁平か少し隆起する. 後肢趾端も扁平で周縁溝をそなえる. 趾間のみずかきは発達し, 切れこみはふつう. みずかきは第1趾から第3趾の外縁と, 第5趾の内縁では趾端基部に達し, 第4趾では内縁で遠位の2.5-3関節, 外縁で2関節を残して幅広く発達する. 内蹠隆起は長楕円形で隆起し, 外蹠隆起は小円形で明瞭なこともないこともある. 後肢を体軸に沿って前方にのばしたとき, 脛跗関節は眼の後端に達する. 後肢を体軸と直角にのばして膝関節を折り曲げると, 左右の脛跗関節は接することも接しないこともある.

体背面の皮膚はほぼ平滑で, 小顆粒が散在する程度だが, 体側にはやや大きな円形で頂部の白い顆粒を散布する. 腹面はほぼ平滑. 背側線隆条は, 鼓膜後背側隆条の後部に始まる楕円形の隆起列で, 少なくとも前部では連続的だが, 後部では断続する. 鼓膜後背側隆条は明瞭. 口唇後部から前肢基部背側にかけて隆起列をもち, その後背方には扁平な楕円形の皮膚隆起がある. 後肢第5趾外縁には弱い皮膚ひだが発達する.

二次性徴：成体の体長の性差はほとんどない. ♂は咽頭下部に単一の鳴嚢をもつ. 鳴嚢孔は1対あって, 上下顎会合部のかなり内側に円く開く. ♂はのどから腹面の前半部にかけて, 小顆粒を密布する. ♂の婚姻瘤は白色の顆粒からなり, 前肢拇指の背内側と第1指末端関節の狭い範囲をおおう. ♂は♀よりも前腕部が頑強である.

卵・幼生：蔵卵数は800-1,000個, 卵径は2.3-2.5 mmで, 動物極は茶褐色. 幼生は完全に成長すると, 全長90 mmほどになり, 吻端と眼鼻線の下部に白色の斑紋をもつ. 尾は太く, 長くて丈が低いが, 口器は大きくはない. 歯式は1:2+2/1+1:2, または1:3+3/3. 変態時の体長は25 mmほど.

核型：染色体数は26本で, 大型5対, 小型8対からなる. 大型対のうち, 第2, 3対が次中部動原体型で, 他は中部動原体型である. 小型対では第8, 11, 12対が次中部動原体型で, 残りは中部動原体型である. 二次狭窄は第4, 9対の長腕にある.

鳴き声：ワオッと聞こえる. 1ノートは約0.2秒続きで, 多数の細かいパルスからなる. 優位周波数は0.9 kHzで, 周波数変調が見られるが, 倍音は不明瞭.

生態：平地にも見られるが, 主な棲息場所は山地である. 繁殖期は4月下旬から9月中旬で, 最盛期は7-8月. 繁殖は分散してなされ, 集団では行われない. 繁殖場所は山地渓流源流部の浅い流れ, 池, 湿地, 林道の水たまりの近くである. これらの場所の砂泥を, ふつうは♂が内径30 cmほどの凹みに掘り, 周囲を低い土手で囲んでその中に, 直径20 cmほどもある大きな球形の卵塊を産み出す. 繁殖期の水温は22℃ほどである. 幼生は流れのたまりなどで生活し, その年の秋までか, 翌年の5-6月に変態する. 雌雄とも変態後5年で性成熟し, 寿命は6年以上という. 大きな餌を好み, 陸貝, 直翅類, 半翅類, 鱗翅類幼虫などを食べるが, ときに小型のヘビをも餌とする. 卵は同種の幼生に捕食されることがある.

分類：種小名は「ホルスト氏の」を意味し, タイプ標本を採集したP. A. Holst氏に献名したもの. タイプ産地は沖縄島で, タイプ標本は大英博物館 (現大英自然史博物館) に保管されている. 本種とオットンガエルとは, 本来の第1指である拇指をもつことで, 他のアジア産のカエル類と大きく異なる. この類は南西諸島のみに見られ, 前肢基部後背方に皮膚隆起をもつこと, 虹彩の色が背腹で異なることなどの形態の類似から, ヤエヤマハラブチガエルに近縁とされた. 鳴き声はまるで違うが, 分子系統解析の結果, ハラブチガエル類と姉妹群をなすことが分かった. しかし, 両者を同属とみなすことには問題がある. 沖縄島産と渡嘉敷島産との間にはかなりの遺伝的分化が見られる. なお, 沖縄島南部の後期更新統から化石が見つかっている.

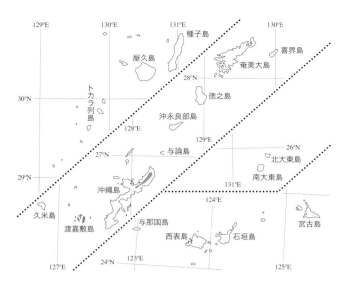

Holst's Frog
Holst-Gaeru
Babina holsti (Boulenger, 1892)

Distribution: Okinawajima and Tokashikijima Is.
Description: Males 100-124 (mean = 107) mm and females 103-119 (mean = 115) mm in SVL. Body large and robust. Head large triangular, width 39 % SVL, slightly wider than long. Canthus sharp, lore vertical and slightly concave. Snout as long as or slightly larger than eye. Nostril much nearer to tip of snout than to eye. Interorbital much wider than upper eyelid. Internarial larger than distance from eye, and as large as or slightly smaller than interorbital. Tympanum circular, slightly smaller than eye diameter. Vomerine tooth series short elliptical with 6-7 teeth, the center posterior to the line connecting posterior margins of choanae. Hand and arm length 45 % of SVL and tibia length 50 % in males and 47 % in females. First finger medially and ventrally with fleshy sheath encasing spine-like elongated 1st metacarpal, giving an appearance of 5 fingers on hand. Tips of fingers and toes dilated, with circummarginal groove onto tip. Hindlimb webbing moderate, broad web leaving 2 phalanges free on outer margin of 4th toe. Inner metatarsal tubercle elliptical, outer one smaller and distinct or absent. Tibiotarsal articulation reaching posterior border of eye. Skin of back nearly smooth with scattered small granules. Sides with tubercles with white granules on tip. An elliptical flat glandular ridge above arm insertion. Dorsolateral fold formed by a row of tubercles interrupted posteriorly. A median subgular vocal sac and a pair of vocal openings on inner sides of mouth. Nuptial pads in males poorly developed with white spinules. Throat and anterior half of venter in males covered with granules.
Eggs and larvae: Laid in a large globular mass with 800-1,000 eggs with diameter 2.3-2.5 mm and brown in animal hemisphere. Matured larva 90 mm in total length, with thick, elongated tail. Dental formula 1:2+2/1+1:2 or 1:3+3/3. Size at metamorphosis 25 mm.
Karyotype: Diploid chromosome 2n = 26, with 5 large and 8 small pairs.
Call: Mating call lasting 0.2 sec with 1 note. Dominant frequency 0.9 kHz, with frequency modulation, but harmonics indistinct.
Natural History: Chiefly inhabits montane regions. Breeds from late April to mid-September around shallow montane streams, small pools on forest trails, and muddy ponds. Breeding holes about 30 cm in diameter made by parental frogs. Larvae grow in pools in streams and metamorphose by autumn or from May to June of the following year. Sexually mature 5 years after metamorphosis. Feeds on relatively large prey, including snails, grasshoppers, Hemiptera, and even small snakes. Stabs with spurs when handled.
Taxonomy: Type locality is Okinawajima Is. Presence of remarkably elongated 1st metacarpal in this species and *B. subaspera* places them in distinct genus *Babina*.
Conservation: Listed as Endangered in The Japanese Red List 2017.

核型 Karyotype

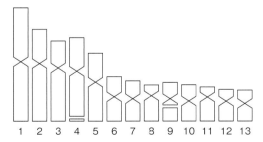

声紋 Sonagram

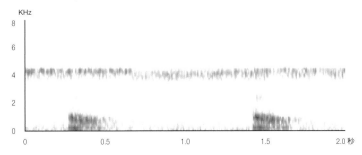

カジカガエル *Buergeria buergeri* (Temminck et Schlegel, 1838)

アオガエル科

千葉県君津市産♂（×2.0）
A male from Chiba Pref.

千葉県君津市産♀（×2.0）
A female from Chiba Pref.

福岡県産♀（×2.0）
A female from Fukuoka Pref.

千葉県産♂背面
Dorsal view of a male from Chiba Pref.

千葉県産♀背面
Dorsal view of a female from Chiba Pref.

♂前肢腹面
Ventral view of hand in male.

♀前肢腹面
Ventral view of hand in female.

♂後肢腹面
Ventral view of foot in male.

千葉県産♂腹面
Ventral view of a male from Chiba Pref.

千葉県産♀腹面
Ventral view of a female from Chiba Pref.

♀後肢腹面
Ventral view of foot in female.

卵塊 Egg mass.

幼生前面
Frontal view of larva.

幼生背面（×2.0） Dorsal view of larva.

幼生側面 Lateral view of larva.

変態後幼体（×4.0）
A froglet just after metamorphosis.

幼生腹面 Ventral view of larva.

RHACOPHORIDAE 181

カジカガエル *Buergeria buergeri* (Temminck et Schlegel, 1838)

分布：本州, 四国, 九州.

古くから美しい鳴き声で知られ, 河鹿として詩歌に登場した. 鳴き声とは対称的に, 岩石に似た灰褐色の目立たないカエルで, アオガエル科に属するが, 緑色となることはない.

記載：成体の体長は♂で37-44（平均42）mm, ♀で49-69（平均63）mm. 体は扁平. 頭部は短く扁平で, 頭幅は体長の33％ほどで頭長とほぼ等しい. 頭部は背面観ではゆるい弧を描いて前方に狭まり, 吻端は♂で弱く尖り, ♀ではややにぶく終わる. 側面観ではゆるく傾斜し, 吻端は円く終わる. 眼鼻線はにぶく不明瞭. 頰部はやや強く傾斜し, 強く凹む. 吻長は上眼瞼長よりも大きく, 眼前角間より小さいかほぼ同長. 外鼻孔は, 吻端と眼の前端との中央よりずっと吻端寄りにある. 左右の上眼瞼の間は平坦で, その間隔は上眼瞼の幅よりはるかに大きい. 左右の外鼻孔の間隔は, 眼からの距離より大きいことが多く, 上眼瞼間の幅よりやや小さい. 鼓膜は短楕円形で, 長径は眼径の1/2-3/5ほど. 鋤骨歯板は長方形で弱く斜向し, その中心は左右の内鼻孔の後端を結んだ線よりずっと前方にある. 各歯板には6-10個の歯をそなえている.

手腕長は♂で体長の51％, ♀で49％ほど. 脛長は♂で体長の53％, ♀で49％ほど. 前肢指端は膨大し, 吸盤となっている. 吸盤は周縁溝をもち, 第3指のものが最大, 第4指のものがやや小さく, 鼓膜の長径よりわずかに小さいか, 少し大きい. 第1指の吸盤はかなり小さい. 指式は1<2<4<3. 第1, 2指間と第2, 3指間に痕跡的なみずかきをもつ. 内掌隆起は大きな楕円形で明瞭. 中手部に過剰隆起をもつ. 後肢趾端も膨大し, 前肢のものより小さい吸盤となっている. 吸盤は第4趾のものが最大で, 第3趾, 5趾のものがやや小さく, 第1趾のものは比較的小さい. 趾間のみずかきは発達がよく, 切れこみは浅い. みずかきの幅広い部分は, 第1趾から第3趾の外縁と, 第5趾の内縁では, 吸盤基部に達し, 第4趾では♂で内外縁とも吸盤基部に, ♀の内縁で遠位関節下隆起ないし末端関節に, 外縁で末端関節に達する. 内蹠隆起は楕円形であまり隆起せず, 外蹠隆起を欠く. 後肢を体軸に沿って前方にのばしたとき, 脛跗関節は眼の前縁ないし, 外鼻孔に達する. 後肢を体軸と直角にのばして膝関節を折り曲げると, 左右の脛跗関節は重複する.

背表の皮膚は, にぶく尖った頂点をもつ不規則な顆粒を散在する. 上唇縁後部と前肢基部の間に隆条をもたず, 背側線隆条もないが, 鼓膜背側隆条は太く明瞭. 前後肢外縁に皮膚ひだをもたない.

二次性微：♀は♂よりも著しく大きい. ♂は咽頭下に単一の鳴嚢をもつ. 鳴嚢孔は単一または1対あって, 顎関節内側から下顎中央にかけて斜向する短いスリット状. ♂の婚姻瘤は黄色ないし灰黄色の顆粒からなり, 前肢第1指の背内側で基部から吸盤基部にかけて幅広く発達する.

卵・幼生：蔵卵数は200-600個, 卵径は2.0-3.0 mmで, 動物極は黒褐色. 幼生は成長すると全長44 mmほどに達し, 頭胴部は長い卵形で, 大きな口器をもつのが特徴. 尾は丈が低く長い. 歯式は完成すると, 2:4+4/1+1:3または2:4+4/1+1:2. 変態時の体長は15 mmほど.

核型：染色体数は26本で, 大型5対, 小型8対からなる. 大型対のうち, 第2対は次中部動原体型, 第5対は次端部動原体型で, 他は中部動原体型である. 小型対では第7対が次端部動原体型で, 他は中部動原体型である. 第7対長腕末端に付随体をもつ.

鳴き声：フイーヨ・フイーヨ……と聞こえる. 数種類の声を出すが, その1例を示すと, 1ノートは10個前後の明瞭なパルスを含み, 約0.2秒続き, 0.15秒ほどの間隔をおいて繰り返される. 優位周波数は2.3 kHzで, 周波数変調が認められ, 倍音も明瞭.

生態：海岸近くから平地にも見られるが, 主に山地に分布し, 川幅の広い渓流や湖と, その周辺の川原, 森林に棲息するが, 最近, 海岸の湿地でも繁殖が確認された. 繁殖期はふつう4-8月であるが, 温泉のある地域では2月には始まると推定されている. 1か所でも非常に長く続き約3か月間におよぶ. 繁殖は渓流中で行われる. ♂は水から出た岩石の上に, なわばりをもって定着し, 盛んに鳴いて♀を呼ぶ. 産卵は水中の岩石の下でなされ, 球形の卵塊が産みつけられる. ♀1個体と抱接する♂の数は通常1個体で, 稀に2個体のことがある. 産卵後の♀は川岸近くに数日間とどまる. 孵化した幼生は流水中で, 水底の砂利や小石の間で生活し石の表面に着生した藻類を削りとって食べる. 変態期は, 6-9月であるが, 著しく繁殖期の早い地域では4月初旬といわれる. ♂は2歳で繁殖に参加し, ♀はそれより1年遅れる. クモ, 双翅類などの他に, セミも食べる. 冬眠は, 河川の岸辺の浅い砂中, 落ち葉の間や石下でなされる.

分類：属名, 種小名ともに「ビュルゲル氏の」の意味で, シーボルトの助手として来日し, 日本での採集品をオランダ・ライデンに送った薬学者Heinrich Bürger氏に献名したもの. タイプ産地は日本というだけで詳細は不明. タイプ標本はライデンのオランダ王立博物館（現ナチュラリス生物多様性センター）に保管されている. かなりの形態変異, 鳴き声変異と, 非常に大きな遺伝的変異が地理的に見られる. ミトコンドリアDNA塩基配列の解析からは東北日本, 近畿, 西南日本の3系統が認められ, それぞれの分化の程度も大きい. 台湾産のムクアオガエルB. robusta (Boulenger, 1909), 海南島産のB. oxycephala (Boulenger, 1900 "1899") と近縁である.

Kajika Frog

Kajika-Gaeru
Buergeria buergeri (Temminck et Schlegel, 1838)

Distribution: Honshu, Shikoku, Kyushu.

Description: Males 37-44 (mean=42) mm and females 49-69 (mean=63) mm in SVL. Body depressed, tapering posteriorly. Head as long as wide, width 33 % of SVL. Canthus blunt, lore strongly concave. Snout sloping laterally, longer than eye. Nostril much nearer to tip of snout than to eye. Interorbital much wider than upper eyelid. Internarial wider than distance from eye and slightly narrower than interorbital. Tympanum elliptical, 1/2-3/5 eye diameter. Vomerine tooth series oblong with 6-10 teeth, the center much anterior to the line connecting posterior margins of choanae. Hand and arm length 51 % of SVL in males and 49 % in females. Tibia length 53 % of SVL in males and 49 % in females. Tips of fingers and toes with truncate discs having circummarginal groove. Forelimb webbing rudimentary. Hindlimb webbing well developed, broad web reaching base of disk in males or leaving 1 phalanx free in females on outer margin of 4th toe. Inner metatarsal tubercle elliptical and not much elevated, outer one absent. Tibiotarsal articulation reaching anterior border of eye to nostril. Skin of back scattered with irregular granules having blunt tips. No dorsolateral fold, but supratympanic fold evident. Males with a median subgular vocal sac and a single or pair of slit like vocal openings. Nuptial pads in males grayish yellow.

Eggs and larvae: Clutch size 200-600 laid in a small globular mass. Eggs with diameter 2.0-3.0 mm and dark brown in animal hemisphere. Matured larvae 44 mm in total length, with long oval head and body, large oral disc, and low, elongated tail. Dental formula 2:4+4/1+1:3 or 2:4+4/1+1:2. SVL at metamorphosis 15 mm.

Karyotype: Diploid chromosome 2n=26, with 5 large and 8 small pairs.

Call: Several kinds of mating calls present. In one call, a note contains about 10 clear pulses and lasts 0.2 sec, repeated at intervals of 0.15 sec. Dominant frequency 2.3 kHz, with frequency modulation and clear harmonics.

Natural History: Inhabits chiefly montane regions, on beds of wide portion of streams or near lakes. Breeds over rather long period of about 3 months during April and August. Males form territory on rocks in the stream and call all day. Spawning done under rocks and stones. Larvae live among pebbles on bottom of stream and scrape algae from rocks. Metamorphosis from June to September. Feeds on rather small insects and spiders. Overwinters on banks under stones and among sand.

Taxonomy: Type locality Japan, not further specified. Marked genetic differentiation present among populations, and Northeastern, Kinki, and Southwestern clades are recognized. Closely related to *B. robusta* from Taiwan and *B. oxycephala* from Hainan Is.

核型 Karyotype

声紋 Sonagram

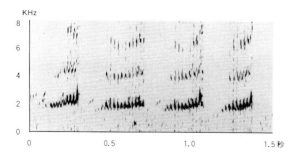

RHACOPHORIDAE 183

リュウキュウカジカガエル（ニホンカジカガエル） *Buergeria japonica* (Hallowell, 1861)

アオガエル科

鹿児島県奄美大島産♂（×2.5）
A male from Amamioshima Is., Kagoshima Pref.

鹿児島県奄美大島産♀（×2.5）
A female from Amamioshima Is., Kagoshima Pref.

沖縄県沖縄島産♂（×2.5）
A male from Okinawajima Is., Okinawa Pref.

沖縄県沖縄島産♀（×2.5）
A female from Okinawajima Is., Okinawa Pref.

沖縄県西表島産♂（×2.5）
A male from Iriomotejima Is., Okinawa Pref.

沖縄県西表島産♀（×2.5）
A female from Iriomotejima Is., Okinawa Pref.

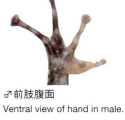

♂前肢腹面
Ventral view of hand in male.

鹿児島県奄美大島産♂背面
Dorsal view of a male from Amamioshima Is., Kagoshima Pref.

鹿児島県奄美大島産♀背面
Dorsal view of a female from Amamioshima Is., Kagoshima Pref.

沖縄県西表島産♂背面
Dorsal view of a male from Iriomotejima Is., Okinawa Pref.

♀前肢腹面
Ventral view of hand in female.

♂後肢腹面
Ventral view of foot in male.

鹿児島県奄美大島産♂腹面
Ventral view of a male from Amamioshima Is., Kagoshima Pref.

鹿児島県奄美大島産♀腹面
Ventral view of a female from Amamioshima Is., Kagoshima Pref.

沖縄県西表島産♂腹面
Ventral view of a male from Iriomotejima Is., Okinawa Pref.

♀後肢腹面
Ventral view of foot in female.

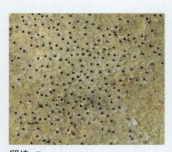

卵塊 Egg mass.

幼生前面
Frontal view of larva.

幼生背面（×3.0） Dorsal view of larva.

変態後幼体（×7.0）
A froglet just after metamorphosis.

幼生側面　Lateral view of larva.

幼生腹面　Ventral view of larva.

RHACOPHORIDAE

リュウキュウカジカガエル（ニホンカジカガエル）*Buergeria japonica* (Hallowell, 1861)

分布：トカラ列島口之島以南の南西諸島．国外では台湾西北部．宮古島の記録は疑問．

南西諸島産のカエル類中，もっとも分布域が広く，ふつうに見られる．カジカガエルよりずっと小型で，山地渓流性ではなく，海岸近くから山地まで，どこにでも棲息する．

記載：成体の体長は♂で25-30（平均28）mm，♀で27-37（平均35）mm．体は小さく細い．頭幅は体長の34％ほどで頭長とほぼ等しい．吻は背面観では弱く尖り，側面観では厚く，やや裁断状．眼鼻線はにぶいが明瞭なことが多い．頬部は垂直に近く傾斜し，軽く凹む．吻長は上眼瞼長と同長か，小さく，眼前角間より小さい．外鼻孔は，吻端と眼の前端との中央より，ずっと吻端寄りにある．左右の上眼瞼の間は平坦ないし，少し隆起し，その間隔は上眼瞼の幅より小さい．左右の外鼻孔の間隔は，眼からの距離および上眼瞼間の幅に等しいか，それらより大きい．鼓膜はほぼ円形ないし，垂直方向の短楕円形で，長径は眼径の1/2-2/3ほど．鋤骨歯板は非常に退化が進み，ほとんど認められない．

手腕長は雌雄とも体長の52％ほど．脛長は♂で体長の64％，♀で67％ほど．前肢指端は膨大し，吸盤となっている．吸盤は周縁溝をもち，第3指と第4指のものがほぼ同幅で，鼓膜の長径の4/5-5/6ほどだが，第1指の吸盤は小さい．指式は1<2<4<3．各指間にごく弱い皮膚稜が見られる程度で，みずかきはない．内掌隆起は長楕円形で明瞭．中手部に過剰隆起をもつ．後肢趾端も膨大し，前肢のものより小さい吸盤となっている．趾間のみずかきは比較的発達がよく，切れこみは比較的浅い．みずかきの幅広い部分は，第1趾から第3趾の外縁と第5趾の内縁では，通常吸盤基部に達し，第4趾では内外縁とも遠位関節下隆起に達するのがふつう．内蹠隆起は楕円形でよく隆起するが，外蹠隆起を欠くことが多く，あっても痕跡的．後肢を体軸に沿って前方にのばしたとき，脛跗関節は雌雄とも吻端よりはるか前方に達する．後肢を体軸と直角にのばして膝関節を折り曲げると，左右の脛跗関節は大きく重複する．

背表の皮膚はにぶく短い隆起を散在し，とりわけ肩甲部にある大型のX字状の隆起は顕著．背表後半部は微細な顆粒でおおわれる．上眼瞼の背面には先端が白く，にぶく尖った顆粒をもつ．のどから胸にかけての皮膚は平滑だが，前肢基部を結ぶ皮膚皺より後ろの腹面は，粗雑な円形の顆粒におおわれる．上唇縁後部と前肢基部の間に隆条をもたず，背側線隆条もないが，鼓膜背側隆条はにぶくて分断することもあるが明瞭．

二次性徴：♀は♂よりも大きい．♂は咽頭下に単一の鳴嚢をもつ．鳴嚢孔は1対あり，顎関節内側から下顎縁に沿って走る，やや長いスリット状．♂の婚姻瘤は黄色の顆粒からなり，前肢第1指の背内側でその基部から吸盤基部にかけて発達する．

卵・幼生：卵径は1.2-1.4 mmほどで，動物極は黒褐色．幼生は全長30 mm以上に達し，頭胴部は卵形．口器はそれほど大きくない．尾は長くて丈が低く，尾鰭に数個の黒色斑紋をもつ．歯式は1:4+4/1+1:2．変態時の体長は8-9 mmである．

核型：染色体数は26本で，大型5対，小型8対からなる．大型対はすべて中部動原体型．小型対では第7対のみが次中部動原体型で，他は中部動原体型である．二次狭窄は第12対短腕にある．

鳴き声：フィリリリ……と聞こえる．非常に多様な声で鳴く．その1例を示すと1声は22-30個の明瞭なパルスを含み，約1-2秒続く．優位周波数は3.3 kHzで，弱い周波数変調が認められ，倍音もやや明瞭．

生態：海岸近くの低地から山地にまで広く分布し，人里や水田周辺から，山地森林に棲息する．繁殖期は3-11月で，繁殖は渓流から，溝，水田，湧水，小さな水たまりまで，さまざまな水体の，浅くてゆるい流れのある場所で行われ，海岸の半鹹水のプールでさえ産卵場所となる．しかし，塩分耐性が高いわけではない．♂は水辺の地上または，水につかって鳴き，♀を呼ぶことが多いが，灌木の葉上で鳴くこともある．卵は何度かに分けられて1-数個ずつばらばらに産みつけられる．♀1個体と抱接する♂の数は通常1個体．繁殖期の水温は17℃前後であるが，一部個体群は45℃を超える高温水中で繁殖する．主に地上や岩石の上で生活するが，灌木などの樹上にいることもある．ヨコエビ，アリ，ワラジムシ，鱗翅目幼虫，鞘翅目，双翅目，クモ等地上性無脊椎動物を食べ，クロベンケイガニ，サキシママダラに捕食される．生存期間は短く，多くの個体は1年しか繁殖参加しないらしい．

分類：種小名は「日本産の」の意味．タイプ標本は奄美大島産で，スミソニアン国立自然史博物館に保管されている．形態，鳴き声に変異がある．台湾東部・南部産の*B. otai* Wang, Hsiao, Lee, Tseng, Lin, Komaki et Lin, 2017と姉妹群をなす．さらに先島諸島産個体群は台湾西北部産個体群とともに，沖縄諸島以北の琉球産個体群とは遺伝的・形態的に明瞭に異なるので独立種に相当すると考えられる．これらは日本・台湾・海南島に分布するカジカガエル属の中では遺伝的にもっとも特異で，他の3種を合わせた群と姉妹関係にある．

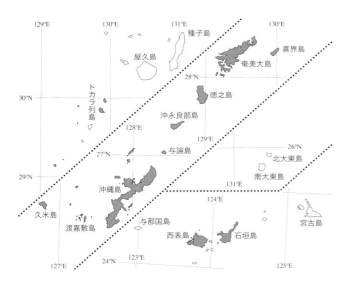

Ryukyu Kajika Frog
Ryukyu-Kajika-Gaeru (Nihon-Kajika-Gaeru)
Buergeria japonica (Hallowell, 1861)

Distribution: Southwester Is., southwards from Kuchinoshima Is. of Tokara Is. Outside of Japan in northwestern Taiwan.

Description: Males 25-30 (mean=28) mm and females 27-37 (mean=35)mm in SVL. Body small and slender. Head as long as wide, width 34 % of SVL. Canthus blunt, lore slightly concave. Snout thick, truncate laterally, as long as or smaller than eye. Nostril much nearer to tip of snout than to eye. Interorbital smaller than upper eyelid. Internarial as large as or larger than distance from eye or interorbital. Tympanum nearly circular, 1/2-2/3 eye diameter. Vomerine tooth series very rudimentary and almost absent. Hand and arm length 52 % of SVL. Tibia length 64 % of SVL in males and 67 % in females. Tips of fingers and toes with truncate discs having circummarginal groove. Forelimb without webbing. Hindlimb webbing rather well developed, broad webs leaving 1 phalanx free on both margins of 4th toe. Inner metatarsal tubercle elliptical, outer one usually absent, and rudimentary if present. Tibiotarsal articulation much beyond tip of snout. Skin of back scattered with blunt, short tubercles and ridges. X-shaped ridge between shoulders evident. No dorsolateral fold, but supratympanic fold evident. A median subgular vocal sac and a pair of slit-like vocal openings in males. Nuptial pads in males yellow.

Eggs and larvae: Eggs laid separately, each with diameter 1.2-1.4 mm and dark brown in animal hemisphere. Matured larva over 30 mm in total length, with long oval head and body, and low, elongated tail with several dark spots. Mouth not large, and dental formula 1:4+4/1+1:2. SVL at metamorphosis 8-9 mm.

Karyotype: Diploid chromosome 2n=26, with 5 large and 8 small pairs.

Call: Several kinds of mating calls present. In one call, a note contains about 22-30 clear pulses and lasts 1-2 sec. Dominant frequency 3.3 kHz, with weak frequency modulation and slightly clear harmonics.

Natural History: Distributed widely from lowlands near seashore to forests in montane regions. Breeds from March to November in various bodies of still water, including rice fields, ditches, and small pools, and in slowly flowing small streams. Males usually call on the ground or half submerged in water, but occasionally on leaves of shrubs. Usually lives on the ground or on rocks, and seldom on trees.

Taxonomy: Type locality Amamioshima Is. Morphologically and acoustically somewhat divergent. Two distinct genetic clades recognized and populations from Yaeyama and northwestern Taiwan are thought be specifically distinct from more northern populations, together forming a sister species group to *B. otai* from eastern and southern Taiwan.

核型 Karyotype

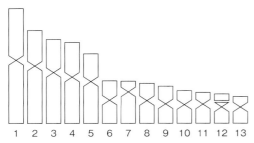

声紋 Sonagram

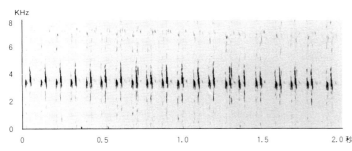

アオガエル科

シュレーゲルアオガエル　*Rhacophorus schlegelii* (Günther, 1858)

長崎県平戸市産♂（×2.0）
A male from Nagasaki Pref.

長崎県長崎市産♀（×2.0）
A female from Nagasaki Pref.

千葉県南房総市産♂（×2.0）
A male from Chiba Pref.

千葉県南房総市産♀（×2.0）
A female from Chiba Pref.

♂腿後面
Rear of thigh in male.

♀腿後面
Rear of thigh in female.

♂腿後面
Rear of thigh in male.

♀腿後面
Rear of thigh in female.

♂前肢腹面
Ventral view of hand in male.

♀前肢腹面
Ventral view of hand in female.

長崎県産♂背面
Dorsal view of a male from Nagasaki Pref.

長崎県産♀背面
Dorsal view of a female from Nagasaki Pref.

千葉県産♂背面
Dorsal view of a male from Chiba Pref.

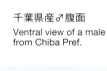

♂後肢腹面
Ventral view of foot in male.

♀後肢腹面
Ventral view of foot in female.

長崎県産♂腹面
Ventral view of a male from Nagasaki Pref.

長崎県産♀腹面
Ventral view of a female from Nagasaki Pref.

千葉県産♂腹面
Ventral view of a male from Chiba Pref.

卵塊 Egg mass.

幼生前面
Frontal view of larva.

幼生背面（×1.8） Dorsal view of larva.

変態後幼体（×3.8）
A froglet just after metamorphosis.

幼生側面 Lateral view of larva.

幼生腹面 Ventral view of larva.

RHACOPHORIDAE 189

シュレーゲルアオガエル *Rhacophorus schlegelii* (Günther, 1858)

分布：本州, 四国, 九州, 五島列島.

形, ♂の大きさ, 色彩がニホンアマガエルに似ているため, しばしば混同されるが, ♀は体も大きく暗色の斑紋をもたないことで区別できる. 水田の畦の土中に白い泡状の卵塊を産む.

記載：成体の体長は♂が27-43（平均35）mm, ♀が36-59（平均46）mm. 体は比較的小さく, 後方にむかって細くなる. 頭幅は体長の34%ほどで頭長よりも大きい. 頭部は背面観では♂で弱く尖り, ♀ではややにぶく, 側面観ではゆるく傾斜する. 眼鼻線は明瞭. 頬部はやや強く傾向し, 少し凹む. 吻長は上眼瞼長よりも大きく, 眼前角間とほぼ同長. 外鼻孔は, 吻端と眼の前端とのほぼ中央にある. 左右の上眼瞼の間は平坦で, その間隔は上眼瞼の幅よりはるかに大きい. 左右の外鼻孔の間隔は, 眼からの距離より大きく, 上眼瞼間の幅より小さい. 鼓膜はほぼ円形で, 直径は眼径の半分よりやや小さい. 鋤骨歯板は長楕円形で弱く斜向し, その中心は左右の内鼻孔の後端を結んだ線上, またはやや前方にある. 各歯板には7-8個の歯をそなえる.

手腕長は♂で体長の48%, ♀で49%ほど. 脛長は♂で体長の37%, ♀で40%ほど. 前肢指端は膨大し, 吸盤となっている. 吸盤は周縁溝をもち, 第3指と第4指のものがほぼ同幅で, 鼓膜の直径よりわずかに小さい程度だが, 第1指の吸盤は小さい. 指式は1<2<4<3. 各指間にみずかきをもつが, 切れこみは比較的深い. みずかきは第1指と第2指の間では基部のみにあり, 第2指の外縁で関節下隆起に, 第4指内縁でも遠位関節下隆起に達する程度. 第3指では内縁で近位関節下隆起に, 外縁で遠位関節下隆起に達する. 内掌隆起は楕円形で扁平に近い. 中手部に過剰隆起をもつ. 後肢趾端も膨大し, 前肢のものより小さい吸盤となっている. 吸盤は第4趾のものが最大で, 第5趾のものがやや小さく, 第1, 2趾のものはかなり小さい. 趾間のみずかきはそれほど発達せず, 切れこみは比較的深い. みずかきの幅広い部分は, 第1趾から第3趾の外縁と第5趾の内縁では, 通常末端関節に達し, 第4趾では内外縁とも遠位関節下隆起に達するのがふつう. 内蹠隆起は卵形でやや隆起し, 外蹠隆起はそれほど隆起しないが円形でかなり大きい. 後肢を体軸に沿って前方にのばしたとき, 脛跗関節は鼓膜の中心ないし眼の後縁に達する. 後肢を体軸と直角にのばして膝関節を折り曲げると, 左右の脛跗関節は大きく離れる.

背表の皮膚はほぼ平滑. のどから胸にかけての皮膚は微細な, それより後ろの腹面はより大きく粗雑な, 多角形の顆粒におおわれる. 上唇縁後部と前肢基部の間に隆条をもたず, 背側線隆条もないが, 鼓膜背側隆条は太く明瞭. 前肢外縁には, 第4指吸盤の基部から肘の内側まで続くごく弱い皮膚ひだがあり, 後肢外縁にも第5趾吸盤の基部から脛跗関節まで続き, 後者の内側で終わるごく弱い皮膚ひだがある.

二次性徴：♀は♂よりも著しく大きい. ♂は咽頭下に単一の鳴嚢をもつ. 鳴嚢孔は1対の長いスリット状で, 顎関節内側から下顎中央にかけて斜向する. ♂の婚姻瘤は黄白色の顆粒からなり, 前肢第1指の背側で基部から吸盤基部にかけて発達し, 第2指背側の一部にも発達する. ♂ののどは黒色素におおわれる.

卵・幼生：蔵卵数は100-660（平均370）個, 卵径は約2.5 mmで, 黒色素をもたず全体がクリーム色. 幼生は成長すると全長49 mmほどに達し, 尾は細くやや長い. 歯式は1:3+3/1+1:1, 1:3+3/1+1:2, 1:4+4/1+1:2, 2:2+2/1+1:2など. 変態時の体長は15-16 mm.

核型：染色体数は26本で, 大型5対, 小型8対からなる. 大型対のうち, 第2, 3対のみが次中部動原体型で, 他は中部動原体型である. 小型対では第6, 7, 13対が次中部動原体型で, 他は中部動原体型である. 二次狭窄は第7対の長腕にある.

鳴き声：リリリリ……と聞こえる. 1ノートは6-7個の明瞭なパルスを含み, 約0.2秒続き, 0.5秒ほどの間隔をおいて続く. 優位周波数は2.3 kHzで, 弱い周波数変調が認められ, 倍音もやや明瞭.

生態：低地から標高1,600 mほどの高地にまで分布し, 平地と低山地では水田周辺に, 高地では湿原に多い. 繁殖期は暖地では2月に始まるがふつうは4-5月で, 高地では6月下旬から8月上旬となる. 繁殖は水田の畦, 湿地の地面や草むら, 池の岸などで行われる. ♂は畦土などを掘ってつくった浅い穴の中や, コケの中, 草の根ぎわで鳴き, ♀を呼ぶ. ♀は穴や土の窪みに入ってそこにクリーム色で泡状の卵塊（卵巣とも呼ばれる）を産む. この際, ♀1個体と抱接する♂の数は1個体のことが多いが, 3-7個体におよぶこともある. 卵塊は楕円形で30×50 mm-70×110 mmほどの大きさである. 繁殖期の水温は15℃ほどである. モリアオガエルと混生することが多い. 平地では本種のほうが早い時期に産卵し, 幼生が変態する頃になって, モリアオガエルの産卵が始まることもある. しかし, とくに高地では両者の繁殖の期間・場所がまったく一致することが多い. この場合, 両者の鳴き声の顕著な違いおよび産卵場所の違いが, 繁殖前隔離に効いているらしい. 孵化した幼生はくずれた卵塊とともに近くの止水中に流れ出て, そこで生活する. 変態期は4月下旬に産卵された場合には6月となるが, 遅く産卵された場合は8月におよぶ. 主に草や灌木の上で生活し, 鱗翅類幼虫などを食べる. 冬眠は, かなり浅い土中（寒冷地でも10 cm内外）, コケの下など陸上でなされる. アライグマに捕食される.

分類：属名*Rhacophorus*は「ボロをまとった」の意味だが, その語源は不明. 種小名は「シュレーゲル氏の」の意味でシーボ

Schlegel's Green Tree Frog
Schlegel-Ao-Gaeru
Rhacophorus schlegelii (Günther, 1858)

Distribution: Honshu, Shikoku, Kyushu.

Description: Males 27-43 (mean = 35) mm and females 36-59 (mean = 46) mm in SVL. Body tapering to groin, small in males and larger in females. Head wider than long, width 34 % of SVL. Canthus sharp, lore slightly concave. Snout sloping laterally, longer than eye. Nostril midway between tip of snout and eye. Interorbital much wider than upper eyelid. Internarial wider than distance from eye and narrower than interorbital. Tympanum circular, slightly smaller than 1/2 eye diameter. Vomerine tooth series elliptical with 7-8 teeth, the center on or anterior to the line connecting posterior margins of choanae. Hand and arm length 48 % of SVL in males and 49 % in females. Tibia length 37 % of SVL in males and 40 % in females. Tips of fingers and toes with truncate discs having circummarginal groove. Forelimb webbing poorly developed, broad web leaving 2 phalanges free on outer margin of 3rd finger. Hindlimb webbing not well developed, broad webs 1eaving 2 phalanges free on both margins of 4th toe. Inner metatarsal tubercle oval, outer one relatively large and circular. Tibiotarsal articulation reaching center of tympanum to posterior border of eye. Skin of back nearly smooth. No dorsolateral fold, but supratympanic fold evident. A median subgular vocal sac and a pair of slit-like vocal openings in males. Nuptial pads in males yellowish white. Males with throat darkly pigmented.

Eggs and larvae: Laid in a foamy mass containing 100-660 creamy eggs with diameter 2.5 mm. Matured larva 49 mm in total length, with slightly elongated tail and dental formula 1:3+3/1+1:1. SVL at metamorphosis 15-16 mm.

Karyotype: Diploid chromosome 2n = 26, with 5 large and 8 small pairs.

Call: Mating call with notes containing 6-7 clear pulses and lasting 0.2 sec with an interval of 0.5 sec. Dominant frequency 2.3 kHz, with slight frequency modulation and weak harmonics.

Natural History: Lives from rice fields in lowlands to marshes in montane regions. Breeds from February to early August. Elliptical egg mass, measuring 70 × 110 mm laid in a hole under the ground on banks of still waters. Usually a female embraced by a single male. Often found together with *R. arboreus*, but different calls and choice of breeding site prevent hybridization. After hatching, larvae are washed or wriggle into the water and develop there. Metamorphosis in June or later. Lives on shrubs and grasses and overwinters in shallow portion of soil or under moss.

Taxonomy: Type locality Japan, not further specified. No marked geographic differentiation in morphology, but genetically fairly diverged and 4 groups recognized. Phylogenetically, not forming a clade with sympatric *R. arboreus*.

ルトの日本での採集品を研究した，オランダ・ライデンの Hermann Schlegel 氏に献名したもの．タイプ産地は日本ということしかわかっていない．タイプ標本は大英博物館（現大英自然史博物館）に保管されている．本州各地で混生するモリアオガエルとは姉妹群の関係にない．形態変異はそれほど著しくないが，遺伝的には地域間でかなり分化していて，4 集団（東北日本，中部・北陸・近畿・中国西部・九州，中国東部・四国，九州）が認められ，モリアオガエルより早期に分化を始めたらしい．

核型 Karyotype

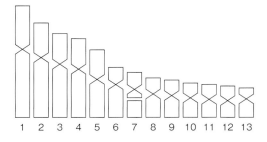

声紋 Sonagram

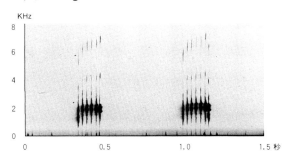

モリアオガエル *Rhacophorus arboreus* (Okada et Kawano, 1924)

京都府南丹市産♂（×1.2）
A male from Kyoto Pref.

京都府南丹市産♀（×1.2）
A female from Kyoto Pref.

新潟県佐渡島産♂（×1.2）
A male from Sado Is., Niigata Pref.

栃木県日光市産♀（×1.2）
A female from Tochigi Pref.

静岡県東伊豆町産♀（×1.2）
A female from Shizuoka Pref.

♂腿後面
Rear of thigh in male.

♂腿後面
Rear of thigh in male.

京都府産♂背面
Dorsal view of a male from Kyoto Pref.

京都府産♀背面
Dorsal view of a female from Kyoto Pref.

新潟県佐渡島産♂背面
Dorsal view of a male from Sado Is., Niigata Pref.

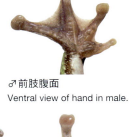
♂前肢腹面
Ventral view of hand in male.

♀前肢腹面
Ventral view of hand in female.

京都府産♂腹面
Ventral view of a male from Kyoto Pref.

京都府産♀腹面
Ventral view of a female from Kyoto Pref.

新潟県佐渡島産♂腹面
Ventral view of a male from Sado Is., Niigata Pref.

♂後肢腹面
Ventral view of foot in male.

♀後肢腹面
Ventral view of foot in female.

卵塊 Egg mass.

幼生前面
Frontal view of larva.

幼生背面（×1.8） Dorsal view of larva.

幼生側面 Lateral view of larva.

変態後幼体（×3.3）
A froglet just after metamorphosis.

幼生腹面 Ventral view of larva.

RHACOPHORIDAE 193

モリアオガエル　*Rhacophorus arboreus* (Okada et Kawano, 1924)

分布：本州（茨城県を除く），佐渡島．伊豆大島には人為移入．四国・九州からの記録は疑わしい．

木の上に白い泡状の卵を産むことで非常に有名．天然記念物とされている地域もある．シュレーゲルアオガエルに似るが，体はずっと大型で，鳴き声もまったく異なる．

記載：成体の体長は♂で42-60（平均57）mm，♀で59-82（平均72）mm．体は比較的大きく，後方にむかって次第に細くなる．頭幅は体長の34％ほどで頭長よりも大きい．頭部は背面観では♂で弱く尖り，♀ではややにぶく，側面観ではゆるく傾斜する．眼鼻線は鋭く明瞭なことが多い．頬部は強く傾斜し，少し凹む．吻長は上眼瞼長と等しいか，それより大きく眼前角間より小さい．外鼻孔は吻端と眼の前端とのほぼ中間ないし，吻端寄りにある．左右の上眼瞼の間は平坦で，その間隔は上眼瞼の幅よりはるかに大きい．左右の外鼻孔の間隔は，眼からの距離より大きく，上眼瞼間の幅より小さい．鼓膜はほぼ円形ないし垂直方向の短楕円形で，直径は眼径の半分ないしそれよりやや大きい．鋤骨歯板はかなり長い楕円形で弱く斜向し，その中心は左右の内鼻孔の後端を結んだ線よりずっと前方にある．各歯板には5-12個の歯をそなえている．

手腕長は♂で体長の51％，♀で55％ほど．脛長は雌雄とも体長の43％程度．前肢指端は膨大し吸盤となっている．吸盤は周縁溝をもち，第3指のものが最大で，鼓膜の直径と同大かそれより大きいが，第1指の吸盤は小さい．指式は1<2<4<3．各指間にみずかきが比較的よく発達する．みずかきは第1指外縁で関節下隆起に，第2指の外縁と第4指内縁では末端関節に達する．第3指では内縁で近位関節下隆起と遠位関節下隆起の間に，外縁で遠位関節下隆起に達する．内掌隆起は長い楕円形で扁平に近い．中手部に過剰隆起をもつ．後肢趾端も膨大し，前肢のものより小さい吸盤となっている．吸盤は第4趾のものが最大で，第5趾のものがやや小さく，第1，2趾のものはかなり小さい．趾間のみずかきは比較的発達し，切れこみはふつう．みずかきの幅広い部分は，第1趾から第3趾の外縁と，第5趾の内縁では，通常吸盤基部に達し，第4趾では内外縁とも，遠位関節下隆起ないし末端関節に達する．内蹠隆起は卵形でよく隆起するが，外蹠隆起は不明瞭で認められないことが多い．後肢を体軸に沿って前方にのばしたとき，脛跗関節は雌雄とも鼓膜の中心ないし，眼の中心の水準に達する．後肢を体軸と直角にのばして膝関節を折り曲げると，左右の脛跗関節は多少とも離れる．

背表の皮膚は鮫肌状で細かい顆粒におおわれ，ことに上眼瞼の後半部，肘の周囲，後肢背面では顆粒が顕著．顆粒の頂点は白く，やや尖る．のどから胸にかけての皮膚は弱く小さい顆粒に，それより後ろの腹面はより大きく粗雑な，多角形の顆粒におおわれる．背側線隆条はないが，鼓膜背側隆条は太く明瞭．前肢外縁には，第4指吸盤の基部から肘の内側まで続く弱い皮膚ひだがあり，後肢外縁にも第5趾吸盤の基部から脛跗関節まで続き，後者の内側で終わる弱い皮膚ひだがある．

二次性徴：♀は♂よりも著しく大きい．♂は咽頭下に単一の鳴嚢をもつ．鳴嚢孔は1対の長いスリット状で，顎関節内側から下顎中央にかけて斜向する．♂の婚姻瘤は灰黄色の顆粒からなり，前肢第1指の背側で基部から，吸盤基部にかけて発達し，第2指背側の一部にも発達する．他のアオガエル類同様，第1指内側の中手部はやや扁平だが，その程度は♀で強い．

卵・幼生：蔵卵数は300-800個，卵径は2.6 mmほどで黒色素をもたず，全体がクリーム色．幼生は成長すると全長51 mmほどに達し，尾は細くやや長い．歯式は1:2+2/1+1:1，1:2+2/1+1:2，1:3+3/1+1:2，1:4+4/1+1:2など．変態時の体長は15-22 mmほどである．

核型：染色体数は26本で，大型5対，小型8対からなる．大型対のうち，第2，4対が次中部動原体型で，他は中部動原体型である．小型対では第6，7，13対が次中部動原体型で，他は中部動原体型である．第12対の長腕末端に付随体をもつ．

鳴き声：カララ・カララ……と聞こえ，コロコロという後鳴きが続く．1ノートは約4個の明瞭なパルスを含み，約0.2秒続く．優位周波数は約0.8 kHzで，周波数変調は認められず，倍音も不明瞭．

生態：海岸近くの低地から標高2,000 m以上の高地にまで分布するが，一般には山地に多く，森林に棲息する．繁殖期は4-7月で1地点でもかなり長く続く．繁殖は池，沼，水田，湿地，用水池の近くで行われる．♂は水辺の樹上や草の根ぎわ，石の下で鳴き，♀を呼ぶ．♀は水上に突き出た高さ5 mほどまでの樹の枝や葉，草の上，地上に，2時間ほどかけてクリーム色で泡状の卵塊を産む．♀1個体と抱接する♂の数は複数のことが多く，ときには7個体に達する．卵塊は楕円形で88×120 mmほどの大きさである．繁殖期の水温は15-23℃ほど．孵化した幼生は，下にある止水中に落下するか，または近くの止水中に流れ出てそこで生活する．産卵時にはヤマカガシが，また産卵直後から孵化時にはイモリが天敵となる．卵塊がニホンザルに食べられることもある．変態期は8-9月頃であるが，秋遅くになってもまだ足の短い幼生の見られることがあり，一部は幼生越冬する．雌雄とも2歳で性成熟する．ほとんど常に樹上で生活し，クモや双翅類などを食べる．冬眠はかなり浅い土中，コケの下などの陸上でなされる．

分類：種小名は「樹上棲の」の意味．当初，シュレーゲルアオガエルの2変種，モリアオガエルvar. *arborea*（タイプ産地は京都府衣笠国有林），キタアオガエルvar. *intermedia*（佐渡河

Forest Green Tree Frog
Mori-Ao-Gaeru
Rhacophorus arboreus (Okada et Kawano, 1924)

Distribution: Honshu, Sado Is. Records from Shikoku and Kyushu doubtful.

Description: Males 42-60 (mean＝57) mm and females 59-82 (mean＝72) mm in SVL. Body relatively large, tapering to groin. Head wider than long, width 34 % SVL. Canthus sharp, lore slightly concave. Snout sloping laterally, as large as or longer than eye. Nostril midway between tip of snout and eye or nearer to the snout. Interorbital much wider than upper eyelid. Internarial wider than distance from eye and narrower than interorbital. Tympanum circular, 1/2 eye diameter or slightly larger. Vomerine tooth series long elliptical with 5-12 teeth, the center much anterior to the line connecting posterior margins of choanae. Hand and arm length 51 % of SVL in males and 55 % in females. Tibia length 43 % SVL. Tips of fingers and toes with large truncate discs having circummarginal groove. Forelimb webbing rather well developed, broad web leaving 2 phalanges free on outer margin of 3rd finger. Hindlimb webbing moderately developed, broad webs leaving 1-2 phalanges free on both margins of 4th toe. Inner metatarsal tubercle oval, outer one usually absent. Tibiotarsal articulation reaching center of tympanum to center of eye. Skin of back rough, with distinct tubercles on upper eyelid, around elbow, and on tibia. No dorsolateral fold, but supratympanic fold evident. A median subgularvocal sac and a pair of slit-like vocal openings in males. Nuptial pads in males grayish yellow.

Eggs and larvae: Laid in a foamy mass containing 300-800 creamy eggs with diameter 2.6 mm. Matured larva 51 mm in total length, with slightly elongated tail. Dental formula variable, including 1:3+3/1+1:2. SVL at metamorphosis 15-22 mm.

Karyotype: Diploid chromosome 2n＝26, with 5 large and 8 small pairs.

Call: Mating call with notes lasting 0.2 sec and containing about 4 clear pulses. Dominant frequency 0.8 kHz, without frequency modulation or clear harmonics.

Natural History: Lives from lowlands to high elevations over 2,000 m, but more abundant in montane regions. Breeds from April to July on trees up to 5 m above ground, among grasses, or on the ground, above or adjacent to still waters. Usually one female is embraced by several males. Elliptical egg mass, measuring 88 × 120 mm usually attached to branches and leaves. After hatching, larvae fall into the water and develop there. Metamorphosis in August or later. First breeding in females estimated to be at 2 years of age. Lives exclusively on trees, but overwinters in shallow portion of soil or under moss.

Taxonomy: Type locality Kinugasa, Kyoto. Originally described as 2 varieties of *R. schlegelii*, and later raised to subspecies, *R. s. intermedia* (type locality Sado Is.) and *R. s. arborea*, the former usually synonymized with the latter. However, *R. arboreus* and *R. schlegelii*, usually occurring sympatrically and producing inviable hybrids, are not even sister species. Three groups, Tohoku, Chubu and Kinki, and Chugoku, recognized genetically with small genetic differences from each other.

原田）として記載されたが，東京帝国大学（現東京大学）にあったタイプ標本は消失した可能性がある．両者とも後に亜種に昇格し，さらにキタアオガエルはモリアオガエルに含められた．しかし，シュレーゲルアオガエルと同所的に棲息しており，また交配実験では受精が起こらないか，胚が発生初期に死亡するので本種は独立種とみなせ，シュレーゲルアオガエルの姉妹群でもない．分子系統学的に地理的にまとまった3系統（東北日本，中部・近畿，中国山地）が認められる．東北日本産の個体群は体が小さく，暗色斑紋を欠くなどの特徴があるが，西南日本産との遺伝的距離は小さい．これらの系統はシュレーゲルアオガエルよりも新しい時代に分化を始めたと推定される．

核型 Karyotype

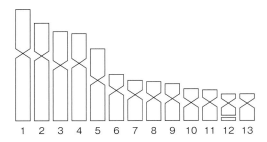

声紋 Sonagram

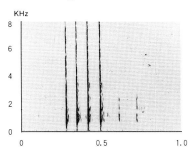

オキナワアオガエル *Rhacophorus viridis* (Hallowell, 1861)

アオガエル科

沖縄県沖縄島産♂（×2.0）
A male from Okinawajima Is., Okinawa Pref.

沖縄県沖縄島産♀（×2.0）
A female from Okinawajima Is., Okinawa Pref.

♂腿後面
Rear of thigh in male.

♂腿後面
Rear of thigh in male.

♀腿後面
Rear of thigh in female.

♂前肢腹面
Ventral view of hand in male.

沖縄県沖縄島産♂背面
Dorsal view of a male from
Okinawajima Is., Okinawa Pref.

沖縄県沖縄島産♀背面
Dorsal view of a female from
Okinawajima Is., Okinawa Pref.

♀前肢腹面
Ventral view of hand in female.

♂後肢腹面
Ventral view of foot in male.

沖縄県沖縄島産♂腹面
Ventral view of a male from
Okinawajima Is., Okinawa Pref.

沖縄県沖縄島産♀腹面
Ventral view of a female from
Okinawajima Is., Okinawa Pref.

♀後肢腹面
Ventral view of foot in female.

卵塊 Egg mass.

幼生前面
Frontal view of larva.

幼生背面（×2.2） Dorsal view of larva.

幼生側面 Lateral view of larva.

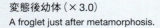

変態後幼体（×3.0）
A froglet just after metamorphosis.

幼生腹面 Ventral view of larva.

RHACOPHORIDAE 197

オキナワアオガエル　*Rhacophorus viridis* (Hallowell, 1861)

分布：沖縄島, 伊平屋島, 久米島. 与論島では絶滅したらしい.

沖縄諸島産のアオガエルで, これまで亜種とされてきた奄美群島産のアマミアオガエルより体は小さく, 体表面はかなり滑らかである.

記載：成体の体長は♂で41-54（平均44）mm, ♀で52-68（平均57）mm. 体は中等大で, 後方にむかって細くなる. 頭部は♂では比較的長い. 頭幅は体長の35％ほどで, 頭長よりも大きい. 吻は背面観では♂で著しく尖ることがあるが, ♀ではややにぶく, 側面観ではごくゆるく傾斜する. 眼鼻線は鋭く明瞭. 頬部は傾斜し, 弱く凹む. 吻長は上眼瞼長よりも大きく, 眼前角間とほぼ同長か, より大きい. 外鼻孔は, 吻端と眼の前端との中央より吻端寄りにある. 左右の上眼瞼の間は平坦で, その間隔は上眼瞼の幅よりはるかに大きい. 左右の外鼻孔の間隔は, 眼からの距離より大きく, 上眼瞼間の幅より小さい. 鼓膜はほぼ円形で, 不明瞭なことがある. 直径は眼径の約2/5ほど. 鋤骨歯板は長楕円形で弱く斜向し, その中心は左右の内鼻孔の後端を結んだ線より, ずっと前方にある. 各歯板には6-9個の歯をそなえている.

　手腕長は体長の47％, 脛長は体長の43％ほど. 前肢指端は膨大し, 吸盤となっている. 吸盤は周縁溝をもち, 第3指のものが第4指のものとほぼ同大で, 鼓膜の直径より大きく, 眼の直径の約半分の大きさ. 第1指の吸盤は小さい. 指式は1<2=4<3. 第1指内側の中手部は扁平で幅広い. 各指間にみずかきが比較的よく発達する. みずかきは, 第1指外縁と第4指内縁で関節下隆起に, 第2指の外縁では末端関節に達する. 第3指では, 内縁で近位関節下隆起ないしそれと遠位関節下隆起の間に, 外縁で遠位関節下隆起に達する. 内掌隆起は短楕円形で扁平に近い. 中手部に過剰隆起をもつ. 後肢趾端も膨大し, 前肢のものより小さい吸盤となっている. 吸盤は第4趾のものが第5趾のものとほぼ同大で, 第1趾のものはかなり小さい. 趾間のみずかきはそれほど発達せず, 切れこみはふつう. みずかきの幅広い部分は, 第1趾から第3趾の外縁と第5趾の内縁では, 末端関節ないし吸盤基部に達する. 第4趾では, 内縁で中位関節下隆起ないし, 遠位関節下隆起に達し, 外縁では遠位関節下隆起に達する. 内蹠隆起は卵形でよく隆起するが, 外蹠隆起を欠く. 後肢を体軸に沿って前方にのばしたとき, 脛跗関節は眼の後端ないし, 中心の水準に達する. 後肢を体軸と直角にのばして膝関節を折り曲げると, 左右の脛跗関節は, わずかに重複することも, 離れることもある.

　背表の皮膚はほぼ平滑なことも, 弱い鮫肌状のこともある. 上眼瞼の後半部, 肘の周囲, 後肢背面には粗な顆粒をもち, 顆粒の頂点は白く, やや尖る. のどから胸にかけての皮膚は平滑ないしごく弱い顆粒をもつ程度で, それより後ろの腹面はより大きく粗雑な, 多角形の顆粒におおわれる. 上唇縁後部と前肢基部の間に隆条をもたず, 背側線隆条もないが, 鼓膜背側隆条は太く明瞭. 前肢外縁で第4指吸盤の基部に始まり, 肘の内側まで続く皮膚ひだは極めて弱く, 不連続のことが多く, 後肢外縁で第5趾吸盤の基部から脛跗関節まで続き, 後者の内側で終わる皮膚ひだも弱い.

二次性徴：♀は♂よりも著しく大きい. ♂は咽頭下に単一の鳴嚢をもつ. 鳴嚢孔は1対の長いスリット状で, 顎関節内側から下顎中央にむかう. ♂の婚姻瘤は黄白色の顆粒からなり, 前肢第1指の背側で基部から吸盤基部にかけて発達し, 第2指基部の背側にも発達する. ♂ののどは黒色素に弱くおおわれる.

卵・幼生：卵径は2.2-2.4 mmで, 黒色素をもたず全体がクリーム色. 幼生は全長40 mm以上に達し, 顕著な斑紋をもたないが, 背鰭には細かい黒色斑点を散布する. 尾はやや長い. 歯式は1:4+4/1+1:2がふつうだが, 2:3+3/1+1:2のこともある. 変態時の体長は17-19 mm.

核型：染色体数は26本で, 大型5対, 小型8対からなる. 大型対のうち, 第2, 4対のみが次中部動原体型で, 他は中部動原体型である. 小型対では第6, 8対が次中部動原体型で, 他は中部動原体型である. 二次狭窄は認められない.

鳴き声：リリリリ……と聞こえる. 1ノートは8個の明瞭なパルスを含み, 約0.4秒続く. 優位周波数は約2 kHzで, 弱い周波数変調が認められ, 倍音も明瞭.

生態：低地から山地までふつうに見られる. 水田や湿原周辺の森林に棲息する. 繁殖期は12月下旬から7月であるが, 最盛期は1-2月. 繁殖は水田や水たまりの周辺, 湿地の地面や草むら, 溝, 池の岸などで行われる. ♂は草の根ぎわなどの物陰で鳴き, ♀を呼ぶ. ♀は草の根ぎわ, 灌木の枝, シダの葉先, 石の下, 地面の割れ目, ♂によって浅く掘られた土の窪みに, クリーム色で泡状の卵塊を産む. 卵塊は楕円形で100-130 mmほどの大きさである. 孵化した幼生は近くの止水中にくずれた卵塊とともに流れ出るか, あるいは自力で移動し, そこで生活する. 繁殖期にはヒメハブに捕食される.

分類：種小名は「緑色の」の意味. タイプ標本は沖縄島産で, 合衆国国立博物館に保管されている. 形態に変異が見られるが, まだ調査はされていない. かつてシュレーゲルアオガエルの亜種とされ, 分子系統樹上でも姉妹群をなすが, 形態・鳴き声・アロザイム・ミトコンドリアDNAの塩基配列などにかなりの差があり, 独立種であることは疑いない. なお, 与論島では遺骸が見つかっており, 近年に絶滅したらしい.

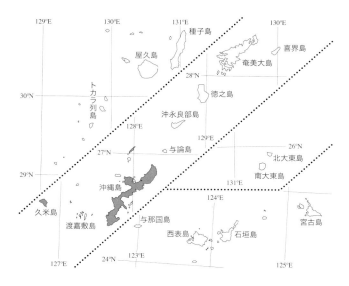

Okinawa Green Tree Frog

Okinawa-Ao-Gaeru
Rhacophorus viridis (Hallowell, 1861)

Distribution: Okinawajima, Iheyajima, and Kumejima Is.

Description: Males 41-54 (mean = 44) mm and females 52-68 (mean = 57) mm in SVL. Body moderately large, tapering to groin. Head width 35 % of SVL, wider than long. Canthus sharp, lore slightly concave. Snout sloping laterally, longer than eye. Nostril nearer to tip of snout than to eye. Interorbital much wider than upper eyelid. Internarial wider than distance from eye and narrower than interorbital. Tympanum nearly circular, 2/5 eye diameter. Vomerine tooth series elliptical with 6-9 teeth, the center far anterior to the line connecting posterior margins of choanae. Hand and arm length 47 % and tibia length 43 % of SVL. Tips of fingers and toes with truncate discs having circummarginal groove. Forelimb webbing rather well developed, broad web leaving 2 phalanges free on outer margin of 3rd finger. Hindlimb webbing not well developed, broad web leaving 2 phalanges free on outer margin of 4th toe. Inner metatarsal tubercle oval, outer one absent. Tibiotarsal articulation reaching posterior border to center of eye. Skin of back nearly smooth or slightly rough, with scattered granules on posterior half of upper eyelid, around elbow and on back of hindlimb. Throat nearly smooth. No dorsolateral fold, but supratympanic fold evident. A median subgular vocal sac and a pair of slit-like vocal openings in males. Nuptial pads in males yellowish white. Throat weakly covered by dark pigments in males.

Eggs and larvae: Laid in a foamy mass containing creamy eggs with diameter 2.2 mm. Matured larva over 40 mm in total length, with finely dotted and slightly elongated tail. Dental formula usually 1:4+4/1+1:2. SVL at metamorphosis 17-19 mm.

Karyotype: Diploid chromosome 2n = 26, with 5 large and 8 small pairs.

Call: Mating call with notes containing 8 clear pulses and lasting 0.4 sec. Dominant frequency 2 kHz, with slight frequency modulation and clear harmonics.

Natural History: Inhabits in forests from lowlands to montane regions. Breeds from late December to July near still waters, including rice fields, pools, and swamps. Elliptical egg mass, measuring 100-130 mm laid in shallow depressions, under stones, and near roots of grasses on the ground, or on branches of low trees and ferns above the ground. Occasionally egg mass completely hidden under the ground. After hatching larvae move by themselves or are washed by rain into the water nearby and develop there. During breeding season, frequently preyed on by snakes, such as *Ovophis okinavensis*.

Taxonomy: Type locality Okinwajima Is. Once regarded as a suspecies of *R. schlegelii*, but quite distinct from that species in morphology, call structure, protein composition, and DNA sequences.

核型 Karyotype

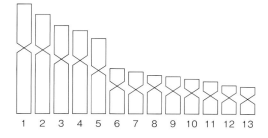

声紋 Sonagram

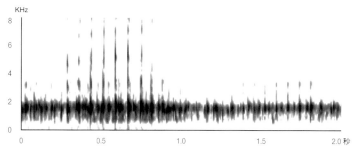

RHACOPHORIDAE

アマミアオガエル *Rhacophorus amamiensis* Inger, 1947

鹿児島県奄美大島産♂（×1.5）
A male from Amamioshima Is., Kagoshima Pref.

鹿児島県奄美大島産♀（×1.5）
A female from Amamioshima Is., Kagoshima Pref.

鹿児島県奄美大島産♀（×1.5）
A female from Amamioshima Is., Kagoshima Pref.

♂腿後面
Rear of thigh in male.

♀腿後面
Rear of thigh in female.

鹿児島県奄美大島産♂背面
Dorsal view of a male from Amamioshima Is., Kagoshima Pref.

鹿児島県奄美大島産♀背面
Dorsal view of a female from Amamioshima Is., Kagoshima Pref.

鹿児島県奄美大島産♀背面
Dorsal view of a female from Amamioshima Is., Kagoshima Pref.

♂前肢腹面
Ventral view of hand in male.

♀前肢腹面
Ventral view of hand in female.

鹿児島県奄美大島産♂腹面
Ventral view of a male from Amamioshima Is., Kagoshima Pref.

鹿児島県奄美大島産♀腹面
Ventral view of a female from Amamioshima Is., Kagoshima Pref.

鹿児島県奄美大島産♀腹面
Ventral view of a female from Amamioshima Is., Kagoshima Pref.

♂後肢腹面
Ventral view of foot in male.

♀後肢腹面
Ventral view of foot in female.

卵塊 Egg mass.

幼生前面
Frontal view of larva.

変態後幼体（×3.2）
A froglet just after metamorphosis.

幼生背面（×1.8） Dorsal view of larva.

幼生側面 Lateral view of larva.

幼生腹面 Ventral view of larva.

RHACOPHORIDAE

アマミアオガエル *Rhacophorus amamiensis* Inger, 1947

分布：奄美大島・徳之島. 八丈島に人為移入されたという.

オキナワアオガエルの亜種とされてきたが, 体はより大型で遺伝的にもかなりの違いがあるので独立種とみなせる.

記載：成体の体長は♂で45-56（平均51）mm, ♀で65-77（平均71）mm. 体は比較的大きく, 後方にむかって細くなる. 頭幅は♂で体長の31％, ♀で34％ほどで頭長よりも大きい. 頭部は背面観では♂で弱く尖り, ♀ではにぶく, 側面観では非常にゆるく傾斜する. 眼鼻線はややにぶいこともあるが, 明瞭. 頬部は垂直に近く傾斜し, わずかに凹む. 吻長は上眼瞼長よりも大きく, 眼前角間より小さい. 外鼻孔は吻端と眼の前端との中央より吻端寄りにある. 左右の上眼瞼の間は平坦で, その間隔は上眼瞼の幅よりはるかに大きい. 左右の外鼻孔の間隔は, 眼からの距離より大きく, 上眼瞼間の幅より小さい. 鼓膜は垂直方向の短楕円形で, 長径は眼径の1/2-3/5. 鋤骨歯板は長楕円形で弱く斜向し, その中心は左右の内鼻孔の後端を結んだ線より前方にある. 各歯板には6-8個の歯をそなえている.

手腕長は♂で体長の50％, ♀で54％ほど. 脛長は♂で体長の42％, ♀で46％ほど. 前肢指端は膨大し, 吸盤となっている. 吸盤は周縁溝をもち, 第3指のものが第4指のものよりやや大きく, 鼓膜の長径と同大ないしやや大きいが, 第1指の吸盤は小さい. 指式は1<2<4<3. 各指間にみずかきが比較的よく発達する. みずかきは第1指外縁で関節下隆起に, 第2指の外縁で関節下隆起と末端関節の間に, 第4指内縁では関節下隆起ないし末端関節に達する. 第3指では内縁で近位関節下隆起ないし, それと遠位関節下隆起の間に, 外縁で遠位関節下隆起に達する. 内掌隆起は楕円形でやや隆起する. 中手部に過剰隆起をもつ. 後肢趾端も膨大し, 前肢のものより小さい吸盤となっている. 吸盤は第4趾のものが最大で, 第5趾のものがやや小さく, 第1, 2趾のものはかなり小さい. 趾間のみずかきは比較的発達し, 切れこみはふつう. みずかきの幅広い部分は, 第1趾から第3趾の外縁で末端関節ないし吸盤基部に達し, 第5趾の内縁では吸盤基部に達する. 第4趾では内縁で遠位関節下隆起に, 外縁で遠位関節下隆起ないし, 末端関節に達する. 内蹠隆起は卵形でよく隆起するが, 外蹠隆起を欠く. 後肢を体軸に沿って前方にのばしたとき, 脛跗関節は♂では鼓膜の後端ないし眼の中心, ♀では眼の後端ないし前端の水準に達する. 後肢を体軸と直角にのばして膝関節を折り曲げると, 左右の脛跗関節はわずかに重複する.

背表の皮膚はごく弱い鮫肌状で, 細かい顆粒が分布するが, ことに吻の背面, 上眼瞼の後半部など, 頭部では顆粒が密で顕著なのがふつう. のどから胸にかけての皮膚は小さい顆粒におおわれ, それより後ろの腹面は, より大きく粗雑な多角形の顆粒におおわれる. 上唇縁後部と前肢基部の間に隆条をもたず, 背側線隆条もないが, 鼓膜背側隆条は太く明瞭. 前肢外縁には, 第4指吸盤の基部から肘の内側まで続く弱い皮膚ひだがあり, 後肢外縁にも第趾吸盤の基部から脛跗関節まで続き, 後者の内側で終わる弱い皮膚ひだがある.

二次性微：♀は♂よりも著しく大きい. ♂は咽頭下に単一の鳴嚢をもつ. 鳴嚢孔は1対の長いスリット状で, 顎関節内側から下顎中央にむかって斜向する. ♂の婚姻瘤は黄白色の顆粒からなり, 前肢第1指の背側で基部から関節下隆起末端にかけて発達し, 細くなって末端関節との間までのびるが, 第2指背側の一部にも発達する. ♂ののどは黒色素におおわれる.

卵・幼生：卵径は2.4 mmで, 黒色素をもたず全体がクリーム色. 幼生は成長すると全長50 mmほどに達し, 目立った斑紋をもたない. 尾はやや長い. 歯式は1:4+4/1+1:2. 変態時の体長は18 mmほど.

核型：染色体数は26本で, 大型5対, 小型8対からなる. 大型対のうち, 第2, 4対のみが次中部動原体型で, 他は中部動原体型. 小型対はすべて中部動原体型である. 二次狭窄は認められない.

鳴き声：ルイリリリリ……と聞こえる. 1ノートは約10個の明瞭なパルスを含み, 約0.4秒続く. 優位周波数は2.3 kHzで, 弱い周波数変調が認められ, 倍音は明瞭.

生態：低地から山地にまで分布するが平地に多い. 水田や池の周辺の森林に棲息する. 繁殖期は12月下旬から5月で, その最盛期は1月下旬から2月. 繁殖は水田, 池, 森林の水たまりなどの周囲で行われる. ♂は草の根ぎわで鳴き, ♀を呼ぶ. ♀は♂のつくった浅い土の窪み, 水辺のシダや樹木の枝先（高さ2.5 mまで）に, クリーム色で泡状の卵塊を産む. 水辺の軟らかい腐植土の中に完全に埋まっていた例も知られる. ♀1個体と抱接する♂の数は通常1個体らしい. 卵塊は楕円形で90 mm×110 mmほどの大きさである. 孵化した幼生は近くの止水中に流れ出て, そこで生活する. 変態期は遅い場合にも8月頃までがふつう. バショウの葉の上などで生活する.

分類：種小名は「奄美産の」の意味. タイプ標本は奄美大島名瀬産で, カリフォルニア科学院に保管されている. 当初, オキナワアオガエル, ヤエヤマアオガエルとともに, シュレーゲルアオガエルの亜種として記載されたが, 南西諸島産と本土産のアオガエル類が, こうした分類学的関係にないことは形態・遺伝的に明らかである. その後長い間オキナワアオガエルの亜種とされてきた. 遺伝的にも両者は姉妹群をなすが, 分化の程度は著しいうえに分布域も重ならないので互いに別種にされるべきである.

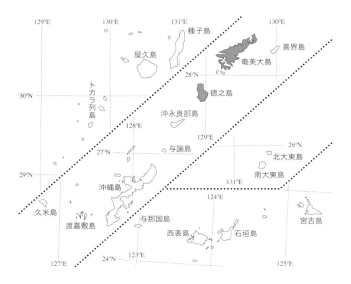

Amami Green Tree Frog

Amami-Ao-Gaeru
Rhacophorus amamiensis Inger, 1947

Distribution: Amamioshima and Tokunoshima Is.

Description: Males 45-56 (mean = 51) mm and females 65-77 (mean = 71) mm in SVL. Body relatively large, tapering to groin. Head wider than long, width 31 % of SVL in males and 34 % in females. Canthus usually sharp, lore slightly concave. Snout sloping laterally, longer than eye. Nostril nearer to tip of snout than to eye. Interorbital much wider than upper eyelid. Internarial wider than distance from eye and narrower than interorbital. Tympanum elliptical,1/2-3/5 eye diameter. Vomerine tooth series elliptical with 6-8 teeth, the center anterior to the line connecting posterior margins of choanae. Hand and arm length 50 % of SVL in males and 54 % in females. Tibia length 42 % of SVL in males and 46 % in females. Tips of fingers and toes with truncate discs having circummarginal groove. Forelimb webbing rather well developed, broad web leaving 2 phalanges free on outer margin of 3rd finger. Hindlimb webbing relatively well developed, broad web laving 1-2 phalanges free on outer margin of 4th toe. Inner metatarsal tubercle oval, outer one absent. Tibiotarsal articulation reaching posterior border of tympanum to anterior border of eye. Skin of back slightly rough, and granules more dense on head. Minute granules on throat. No dorsolateral fold, but supratympanic fold evident. A median subgular vocal sac and a pair of slit–like vocal openings in males. Nuptial pads in males yellowish white.

Eggs and larvae: Laid in a foamy mass containing creamy eggs with diameter 2.4 mm. Matured larva 50 mm in total length, with slightly elongated tail and dental formula 1:4+4/1+1:2. Size at metamorphosis 18 mm.

Karyotype: Diploid chromosome 2n = 26, with 5 large and 8 small pairs.

Call: Mating call with notes containing 10 clear pulses and lasting 0.4 sec. Dominant frequency 2.3 kHz, with slight frequency modulation and clear harmonics.

Natural History: Lives from cultivated lands in lowlands to forests in montane regions. Breeds from late December to May near still waters, in shallow depressions on the ground or on branches of trees and ferns upto the height of 2.5 m above the ground. Occasionally egg mass completely hidden under the ground. Foamy egg mass elliptical, measuring 90 × 110 mm. After hatching, larvae are washed into the water and develop there. Metamorphosis by August. Lives on shrubs and trees.

Taxonomy: Type locality Naze, Amamioshima Is. Originally described as a subspecies of *R. schlegelii*, but quite distinct from that species in morphology and DNA sequences. Long treated as a subspecies of *R. viridis*, but they are genetically fairly different and should be treated as 2 distinct species.

核型 Karyotype

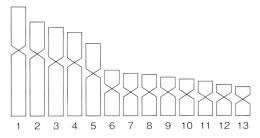

声紋 Sonagram

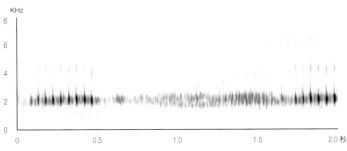

ヤエヤマアオガエル *Rhacophorus owstoni* (Stejneger, 1907)

沖縄県石垣島産♂（×1.5）
A male from Ishigakijima Is., Okinawa Pref.

沖縄県石垣島産♀（×1.5）
A female from Ishigakijima Is., Okinawa Pref.

沖縄県西表島産♂（×1.5）
A male from Iriomotejima Is., Okinawa Pref.

沖縄県西表島産♀（×1.5）
A female from Iriomotejima Is., Okinawa Pref.

♂腿後面
Rear of thigh in male.

♀腿後面
Rear of thigh in female.

♂腿後面
Rear of thigh in male.

♀腿後面
Rear of thigh in female.

♂前肢腹面
Ventral view of hand in male.

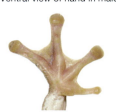

♀前肢腹面
Ventral view of hand in female.

沖縄県石垣島産♂背面
Dorsal view of a male from Ishigakijima Is., Okinawa Pref.

沖縄県石垣島産♀背面
Dorsal view of a female from Ishigakijima Is., Okinawa Pref.

沖縄県西表島産♂背面
Dorsal view of a male from Iriomotejima Is., Okinawa Pref.

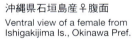

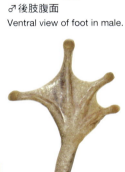

♂後肢腹面
Ventral view of foot in male.

♀後肢腹面
Ventral view of foot in female.

沖縄県石垣島産♂腹面
Ventral view of a male from Ishigakijima Is., Okinawa Pref.

沖縄県石垣島産♀腹面
Ventral view of a female from Ishigakijima Is., Okinawa Pref.

沖縄県西表島産♂腹面
Ventral view of a male from Iriomotejima Is., Okinawa Pref.

卵塊 Egg mass.

幼生前面
Frontal view of larva.

変態後幼体（×3.1）
A froglet just after metamorphosis.

幼生背面（×1.5） Dorsal view of larva.

幼生側面 Lateral view of larva.

幼生腹面 Ventral view of larva.

RHACOPHORIDAE 205

ヤエヤマアオガエル *Rhacophorus owstoni* (Stejneger, 1907)

分布：石垣島, 西表島. 宮古島からの記録は疑問.

オーストンアオガエルの別名をもつ先島諸島の固有種. シュレーゲルアオガエルやオキナワアオガエルとはまったく違った, 非常に長く複雑な構造をもつ独特の鳴き声を発する.

記載：成体の体長は♂で42-51（平均45）mm, ♀で50-67（平均56）mm. 体は比較的大きく, 後方にむかって細くなる. 頭部は大きく, 頭幅は体長の37％ほどで頭長よりも大きい. 頭部は背面観ではにぶく尖り, 側面観ではゆるく傾斜する. 眼鼻線は明瞭. 頬部はやや強く傾斜し, 少し凹む. 吻長は上眼瞼長より大きいことも小さいこともあり, 眼前角間より小さい. 外鼻孔は吻端と眼の前端との中央より吻端寄りにある. 左右の上眼瞼の間は平坦で, その間隔は上眼瞼の幅よりはるかに大きい. 左右の外鼻孔の間隔は, 眼からの距離より大きく, 上眼瞼間の幅より小さい. 鼓膜は短楕円形ないし, ほぼ円形で, 直径は眼径の1/2-3/5ほど. 鋤骨歯板は長楕円形でわずかに斜向し, その中心は左右の内鼻孔の後端を結んだ線より前方にある. 各歯板には7-9個の歯をそなえている.

手腕長は体長の48％, 脛長は43％ほど. 前肢指端は膨大し, 吸盤となっている. 吸盤は周縁溝をもち, 第3指と第4指のものがほぼ同幅で, 鼓膜の直径と同大かわずかに小さい程度だが, 第1指の吸盤は小さい. 指式は1<2<4<3. 第1指内側の中手部は扁平で幅広い. 各指間にみずかきをもつが, 発達の程度は著しくはない. みずかきは第1指外縁と第4指内縁で関節下隆起に, 第2指の外縁で関節下隆起ないし末端関節に達する程度. 第3指では内縁で近位関節下隆起ないし, それと遠位関節下隆起の間に, 外縁で遠位関節下隆起に達する. 内掌隆起は短楕円形で明瞭. 中手部に過剰隆起をもつ. 後肢趾端も膨大し, 前肢のものより小さい吸盤となっている. 吸盤は第5趾のものが最大で, 第4趾のものがわずかに小さく, 第1趾のものはかなり小さい. 趾間のみずかきもそれほど発達せず, 切れこみはふつう. みずかきの幅広い部分は, 第1趾と第3趾の外縁では遠位関節下隆起ないし吸盤基部に, 第2趾の外縁と第5趾の内縁では, 末端関節ないし吸盤基部に達する. 第4趾では内縁で中位ないし遠位関節下隆起に, 外縁で遠位関節下隆起に達する. 内蹠隆起は卵形でよく隆起するが, 外蹠隆起を欠く. 後肢を体軸に沿って前方にのばしたとき, 脛跗関節は眼の後端の水準に達する. 後肢を体軸と直角にのばして膝関節を折り曲げると, 左右の脛跗関節は少し離れる.

背表の皮膚はほぼ平滑. のどから胸にかけての皮膚は平滑だが, 後半部に弱い顆粒をもつことがある. それより後ろの腹面はより大きく粗雑な, 多角形の顆粒におおわれる. 上唇縁後部と前肢基部の間に隆条をもたず, 背側線隆条もないが, 鼓膜背側隆条は太く明瞭. 前肢外縁には, 第4指吸盤の基部から肘の内側まで続く, 弱いが明瞭な皮膚ひだがあり, 後肢外縁にも第5趾吸盤の基部から脛跗関節まで続き, 後者の内側で終わる弱い皮膚ひだがある. 肛門の背側にある水平方向の短い皮膚ひだも明瞭.

二次性微：♀は♂よりも著しく大きい. ♂は咽頭下に単一の鳴囊をもつ. 鳴囊孔は1対の長いスリット状で, 顎関節内側から下顎中央にむかって斜向する. ♂の婚姻瘤は黄白色の顆粒からなり, 前肢第1指の背側で基部から吸盤基部にかけて発達し, 第2指背側の一部にも発達する. ♂ののどは黒色素でおおわれる.

卵・幼生：卵径は2.5 mmで, 黒色素をもたず全体がクリーム色. 幼生は孵化時に全長15 mmほどで, 成長すると全長60 mmほどに達し, 顕著な斑紋をもたないが, 尾端がやや黒いことがある. 歯式は1:4+4/1+1:2, または2:3+3/1+1:2. 変態時の体長は17 mmほどである.

核型：染色体数は26本で, 大型5対, 小型8対からなる. 大型対のうち, 第1, 2, 3対が次中部動原体型で, 他は中部動原体型である. 小型対では第6対のみが次中部動原体型で, 他は中部動原体型である. 二次狭窄は認められない.

鳴き声：非常に長く, フィロロロロ……と聞こえる. 1ノートは約1.6秒続き, 約20個の明瞭なパルスを含み, パルス間隔の長い前相と短い後相からなる. 優位周波数は約1 kHzで, 前相で後相よりやや高い. 前相では周波数変調が認められ, 後相ではパルスごとに周波数が変化する. 倍音も明瞭で, 前相では奇数番の倍音が強い.

生態：低地から山地までふつうに見られる. 水田や湿原周辺の森林に棲息する. 繁殖期は非常に長いらしいが, 盛期は12-3月である. 繁殖は水田や水たまりの周辺, 湿地の地面や草むら, 池の岸などで行われる. ♂は草の根ぎわや, 枯れ草の下, 土の割れ目などの物蔭に隠れて鳴き, ♀を呼ぶ. ♀は草の根ぎわ, コケの下, 石の下, 土の窪みなどの地上ないし, 半地中に, クリーム色で泡状の卵塊を産むが, 石垣島産の一部では, 高さ1.5 mほどの樹上や, 樹洞の縁に産卵することもある. ♀1個体と抱接する♂の数は, 通常1個体らしい. 卵塊は楕円形で100-150 mmほどの大きさである. 繁殖期の水温は18-20℃ほどである. 天敵はサキシマハブで, 繁殖のために集まった個体を捕食する. 孵化した幼生は, くずれた卵塊とともに近くの止水中に流れ出て, そこで生活する. 変態後は主に樹上で生活する.

分類：種小名は「オーストン氏の」の意味で, 横浜に在住した標本商 Alan Owston 氏に因む. タイプ標本は石垣島産で, 合衆国国立博物館に保管されている. シュレーゲルアオガエルないし, オキナワアオガエルの亜種とされたこともあるが, 鳴き声特性からみて完全な独立種であり, 分子系統学的関係

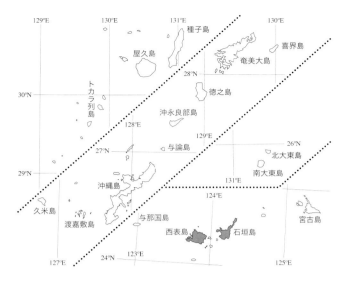

からみても，台湾産のモルトレヒトアオガエル R. moltrechti Boulenger, 1908 と共通祖先をもつと考えられる.

核型 Karyotype

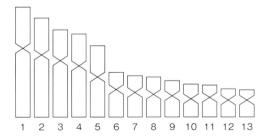

声紋 Sonagram

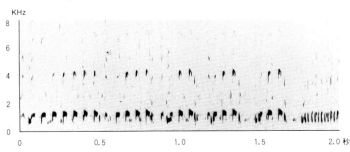

Owston's Green Tree Frog
Yaeyama-Ao-Gaeru
Rhacophorus owstoni (Stejneger, 1907)

Distribution: Ishigakijima and Iriomotejima Is.

Description: Males 42-51 (mean = 45) mm and females 50-67 (mean = 56) mm in SVL. Body moderately large, tapering to groin. Head large, width 37 % of SVL, wider than long. Canthus sharp, lore slightly concave. Snout sloping laterally, longer or shorter than eye. Nostril nearer to tip of snout than to eye. Interorbital much wider than upper eyelid. Internarial wider than distance from eye and narrower than interorbital. Tympanum nearly circular, 1/2-3/5 eye diameter. Vomerine tooth series elliptical with 7-9 teeth, the center anterior to the line connecting posterior margins of choanae. Hand and arm length 48 % and tibia length 43 % of SVL. Tips of fingers and toes with truncate discs having circummarginal groove. Forelimb webbing not well developed, broad web leaving 2 phalanges free on outer margin of 3rd finger. Hindlimb webbing not well developed, broad web leaving 2 phalanges free on outer margin of 4th toe. Inner metatarsal tubercle oval, outer one absent. Tibiotarsal articulation reaching posterior border of eye. Skin of back nearly smooth. Throat nearly smooth or with fine granules posteriorly. No dorsolateral fold, but supratympanic fold evident. A median subgular vocal sac and a pair of slit-like vocal openings in males. Nuptial pads in males yellowish white.

Eggs and larvae: Laid in a foamy mass containing creamy eggs with diameter 2.5 mm. Matured larva 60 mm in total length, occasionally with dark tail tip. Dental formula 1:4+4/1+1:2 or 2:3+3/1+1:2. SVL at metamorphosis 17 mm.

Karyotype: Diploid chromosome 2n = 26, with 5 large and 8 small pairs.

Call: Mating call with very long notes containing about 20 clear pulses and lasting 1.6 sec. Each note composed of 2 phases. Dominant frequency in 1st phase 1 kHz, which is slightly higher than in 2nd, with clear frequency modulation and clear harmonics.

Natural History: Inhabits forests from lowlands to montane regions. Breeds from December to March near still waters, including rice fields, pools, and swamps. Elliptical egg mass, measuring 100-150 mm laid on, or half hidden under, the ground, near roots of grasses, and under stones or mosses. Occasionally egg mass found near tree holes above the ground in some populations. After hatching larvae are washed by rain into the water nearby and develop there.

Taxonomy: Type locality Ishigakijima Is. Once regarded as a subspecies of *R. schlegelii* or *R. viridis*, but quite distinct from those species in morphology, and especially in call structure. Instead, it is very similar to *R. moltrechti* from Taiwan in these characters, and their sister species relationship is confirmed by molecular phylogenetic analyses.

シロアゴガエル *Polypedates leucomystax* (Gravenhorst, 1829)

沖縄県沖縄島産♂（×2.0）
A male from Okinawajima Is., Okinawa Pref.

♂腿後面
Rear of thigh in male.

沖縄県沖縄島産♂（×2.0）
A male from Okinawajima Is., Okinawa Pref.

沖縄県沖縄島産♀（×2.0）
A female from Okinawajima Is., Okinawa Pref.

♀腿後面
Rear of thigh in female.

沖縄県沖縄島産♂背面
Dorsal view of a male from Okinawajima Is., Okinawa Pref.

沖縄県沖縄島産♂背面
Dorsal view of a male from Okinawajima Is., Okinawa Pref.

沖縄県沖縄島産♀背面
Dorsal view of a female from Okinawajima Is., Okinawa Pref.

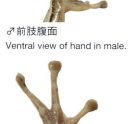
♂前肢腹面
Ventral view of hand in male.

♀前肢腹面
Ventral view of hand in female.

沖縄県沖縄島産♂腹面
Ventral view of a male from Okinawajima Is., Okinawa Pref.

沖縄県沖縄島産♂腹面
Ventral view of a male from Okinawajima Is., Okinawa Pref.

沖縄県沖縄島産♀腹面
Ventral view of a female from Okinawajima Is., Okinawa Pref.

♂後肢腹面
Ventral view of foot in male.

♀後肢腹面
Ventral view of foot in female.

卵塊 Egg mass.

幼生前面
Frontal view of larva.

幼生背面（×2.2） Dorsal view of larva.

変態後幼体（×3.2）
A froglet just after metamorphosis.

幼生側面 Lateral view of larva.

幼生腹面 Ventral view of larva.

RHACOPHORIDAE 209

シロアゴガエル　*Polypedates leucomystax* (Gravenhorst, 1829)

分布：沖縄諸島の大部分，北大東島，宮古諸島の大部分，石垣島，西表島，与論島（すべて人為移入）．国外ではタイ，インドシナ半島，中国を除く東南アジア（ネパール，ブータン，ミャンマーからスンダ地域，フィリピン）．

保全：環境省指定の特定外来生物．環境省と農林水産省の生態系被害防止外来種（重点対策外来種）．

近年の研究の結果，分布域は狭まったが，依然として東南アジアに広く分布する普通種で，体は緑色にはならない．戦後，たぶん，米軍の資材について侵入したものが沖縄島で発見されたが，現在も着実に分布範囲を広げ，大きな問題となっている．

記載：成体の体長は♂で47-52（平均49）mm，♀で63-73（平均69）mm．体は比較的細く，頭幅は体長の31％ほどで頭長よりも小さい．吻は背面観では♂で弱く尖り，♀ではややにぶく，側面観ではゆるく傾斜する．眼鼻線はやや鋭く明瞭．頬部は垂直ないし，強く傾斜し，わずかに凹む．吻長は上眼瞼長よりも大きく，眼前角間より少し小さい．外鼻孔は側方に開き，吻端と眼の前端との中央よりずっと吻端寄りにある．吻の背面は明瞭に凹み，それと連続的して左右の上眼瞼の間も凹むことがあり，その間隔は上眼瞼の幅よりはるかに大きい．左右の外鼻孔の間隔は，眼からの距離および上眼瞼間の幅よりずっと小さい．鼓膜は短楕円形で，長径は眼径の3/4-5/6ほど．鋤骨歯板は長楕円形で斜向し，その中心は左右の内鼻孔の後端を結んだ線上ないし，それより前方にある．各歯板には5-11個の歯をそなえている．

手腕長は♂で体長の48％，♀で46％ほど．脛長は♂で体長の54％，♀で51％ほど．前肢指端は膨大し吸盤となる．吸盤は周縁溝をもち，第4指のものが最大で，鼓膜の直径の1/2-3/5ほど．指式は1<2<4<3．各指の内外縁にはほとんど皮膚ひだが発達せず，指間のみずかきも非常に発達が悪い．みずかきは第1指と第2指の間では，基部のみにあって関節下隆起に達せず，それより外側ではさらに発達が悪く，第3指では内縁で近位関節下隆起に達せず，外縁でようやく近位関節下隆起に達する程度．内掌隆起は大きな楕円形で扁平に近い．中手部に過剰隆起をもつ．後肢趾端も膨大し，前肢のものより小さい吸盤となっている．吸盤は第4趾のものが最大で，第3趾のものがそれよりやや小さい．趾間のみずかきはそれほど発達せず，切れこみは比較的深い．みずかきの幅広い部分は，第1趾から第3趾の外縁と，第5趾の内縁では，末端関節ないし吸盤基部に達し，第4趾では内縁で中位関節下隆起に，外縁で遠位関節下隆起に達するのがふつう．内蹠隆起は楕円形でよく隆起するが，外蹠隆起の状態はさまざまで，小さい円形で片足のみにあったり，痕跡的だったり，まったくなかったりする．後肢を体軸に沿って前方にのばしたとき，脛跗関節は眼と鼻孔の間ないし，吻端より前方に達する．後肢を体軸と直角にのばして膝関節を折り曲げると，左右の脛跗関節は多少とも重複する．

背表の皮膚は弱い鮫肌状で，微小な顆粒におおわれる．のどから胸にかけての皮膚は完全に平滑．左右の前肢基部の間には，弱い皮膚皺があり，それより後ろの腹面は粗雑な，多角形の顆粒におおわれる．上唇縁後部と前肢基部の間に隆条をもたず，背側線隆条もないが，鼓膜背側隆条は細いものの明瞭．前肢外縁には，第4指基部から肘の内側まで続く，ご

く弱い皮膚ひだがあるが，後肢外縁には皮膚ひだがない．頭部の皮膚は頭骨の一部に癒合している．

二次性微：♀は♂よりも著しく大きい．♂は咽頭下に単一の鳴嚢をもつ．鳴嚢孔は1対あって左右の上下顎関節の内側近くに開き，長楕円形．♂の婚姻瘤は黄白色の顆粒からなり，前肢第1指の背内側で手掌部基部から，関節下隆起の水準までの卵形の部分をおおい，しばしば第2指の背面の小さな円型の部分をもおおう．

卵・幼生：蔵卵数は約400個，卵径は1.6 mm程度で，黒色素をもたず全体がクリーム色．幼生は成長すると全長41 mmほどになり，眼は頭部外側にあって左右の間隔は広い．尾の中央部で尾鰭の丈が高いこと，眼鼻線に黒条をもつこと，吻端に白色の斑紋をもつことが特徴．歯式は1:3+3/1+1:2で，稀に1:4+4/3．変態時の体長は18 mmほど．

核型：沖縄産については未調査．ボルネオ産では染色体数は26本で，大型6対，小型7対からなる．大型対のうち，第2対が次中部動原体型で，他は中部動原体型である．小型対では第8，12対が次中部動原体型で，他は中部動原体型である．

鳴き声：グイッと聞こえる1ノートからなり，約13個の細かいパルスを含み，約0.15秒続く．優位周波数は約2 kHzで，弱い周波数変調が認められ，倍音は不明瞭．後鳴きの続くのがふつう．

生態：低地に見られ，さまざまな環境に棲息するが，ことに市街地や耕作地に多い．繁殖期は沖縄島では5-11月で，繁殖は水たまりの周辺の灌木上，湿地の地面や草むら，貯水槽の縁，人工池の岸など，止水の縁で行われる．♂は地上ないし樹上で物蔭に隠れて鳴き，♀を呼ぶ．♀は草の根ぎわ，石の下，土の窪みなどの地上に，クリーム色で泡状の卵塊を産む．♀1個体に複数の♂が抱接することがある．卵塊は楕円形で50-110 mm×35-105 mmほどの大きさである．孵化した幼生は，くずれた卵塊とともに近くの止水中に流れ出て，そこで生活するが，その前にガラスヒバァに食われることがある．変態後は主に地上，灌木の上で生活する．雌雄とも1歳で性成熟する．

分類：属名*Polypedates*は「多く跳ねるもの」，種小名は「白い上唇」の意味．タイプ標本はジャワ産で，ポーランドのブロツワフ博物館に保管されているといわれる．これまで広域分布種とされてきたが，近年の音声学・分子系統学的研究の結果，複数の独立種が含まれていることが明らかになった．背中に暗色の条線の出る個体は，亜種ムスジシロアゴガエル*P. l. sexvirgata* Gravenhorst, 1829とされたことがあるが，これは単なる遺伝型で1卵塊から両方の型が生じる．沖縄県産個

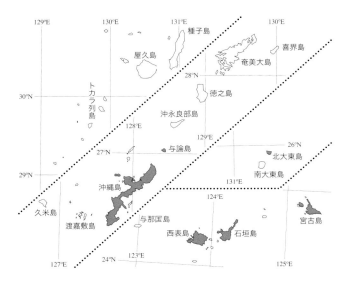

体群は1964年にその存在が初めて知られ，フィリピンから，たぶん荷物に紛れて持ちこまれたものと推定されるが，その後現在も分布域を広げつつある．

核型 Karyotype

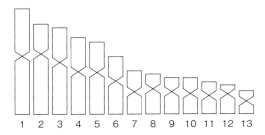

声紋 Sonagram

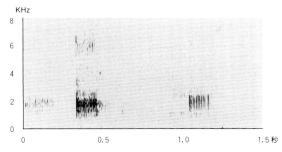

White-Lipped Tree Frog
Shiroago-Gaeru
Polypedates leucomystax (Gravenhorst, 1829)

Distribution: Artificially introduced into Okinawajima Is., Miyakojima Is., Ishigakijima Is., Iriomotejima, and other islands of the Ryukyus. Originally distributed from Southeast Asia, except for Thailand, Indochina, and China.

Description: Males 47-52 (mean=49) mm and females 63-73 (mean=69) mm in SVL. Body relatively large and slender. Head longer than wide, width 31 % SVL. Canthus nearly sharp, lore slightly concave. Snout sloping laterally, much longer than eye. Nostril much nearer to tip of snout than to eye. Interorbital occasionally concave, much wider than upper eyelid. Internarial smaller than distance from eye or interorbital. Tympanum elliptical, 3/4-5/6 eye diameter. Vomerine tooth series elliptical with 5-11 teeth, the center on or anterior to the line connecting posterior margins of choanae. Hand and arm length 48 % of SVL in males and 46 % in females. Tibia length 54 % of SVL in males and 51 % in females. Tips of fingers and toes with large round discs having circummarginal groove. Forelimb webbing very poorly developed, broad web rarely beyond proximal subarticular tubercle on outer margin of 3rd finger. Hindlimb webbing not well developed, broad web leaving 2 phalanges free on outer margin of 4th toe. Inner metatarsal tubercle elliptical, and outer one variable, either dot like, rudimentary, or absent. Tibiotarsal articulation reaching beyond eye and frequently beyond tip of snout. Skin of back slightly rough, covered with minute granules. Throat smooth. No dorsolateral fold, but supratympanic fold evident. A weak dermal ridge on outer edge of upper arm. A median subgular vocal sac and a pair of elliptical openings in males. Nuptial pads in males yellowish white. Skin of skull partly fused with skull.

Eggs and larvae: Laid in a foamy mass containing 400 creamy eggs with diameter 1.6 mm. Matured larva 41 mm in total lenght with widely separate eyes, dark streak on canthus, white spot on tip of snout, and slightly deep tail fin. Dental formula 1:3+3/1+1:2. SVL at metamorphosis 18 mm.

Karyotype: Okinawa population unstudied. In Bornean population, diploid chromosome 2n=26, with 6 large and 7 small pairs.

Call: Mating call with a note containing 13 pulses and lasting 0.15 sec. Dominant frequency 2 kHz, with slight frequency modulation but harmonics unclear.

Natural History: Lives on cultivated lands and near human habitations at low elevations. Breeding between May and November. Elliptical egg mass measuring 50-110 mm × 35-105 mm laid near still waters, in shallow depressions or under stones on the ground, or on shrubs. Metamorphosed frogs live on shrubs and among grasses. First breeding in both sexes estimated to be 1 year of age.

Taxonomy: Type locality Java. Once considered a wide-ranging species, but many cryptic species removed by recent phylogenetic studies. Dorsally striped individuals once distinguished as a subspecies, *R. l. sexvirgata*, but striped and non-striped individuals are included in a single clutch. Okinawa population was first found in 1964 and is genetically estimated to be introduced from the Philippines by US Army.

Note: Controled as Invasive Alien Species.

アイフィンガーガエル *Kurixalus eiffingeri* (Boettger, 1895)

アオガエル科

沖縄県石垣島産♂（×2.5）
A male from Ishigakijima Is., Okinawa Pref.

沖縄県石垣島産♀（×2.5）
A female from Ishigakijima Is., Okinawa Pref.

沖縄県西表島産♂（×2.5）
A male from Iriomotejima Is., Okinawa Pref.

♂腿後面
Rear of thigh in male.

沖縄県西表島産♀（×2.5）
A female from Iriomotejima Is., Okinawa Pref.

沖縄県石垣島産♂背面
Dorsal view of a male from Ishigakijima Is., Okinawa Pref.

沖縄県石垣島産♀背面
Dorsal view of a female from Ishigakijima Is., Okinawa Pref.

沖縄県西表島産♂背面
Dorsal view of a male from Iriomotejima Is., Okinawa Pref.

♂前肢腹面
Ventral view of hand in male.

♀前肢腹面
Ventral view of hand in female.

沖縄県石垣島産♂腹面
Ventral view of a male from Ishigakijima Is., Okinawa Pref.

沖縄県石垣島産♀腹面
Ventral view of a female from Ishigakijima Is., Okinawa Pref.

沖縄県西表島産♂腹面
Ventral view of a male from Iriomotejima Is., Okinawa Pref.

♂後肢腹面
Ventral view of foot in male.

♀後肢腹面
Ventral view of foot in female.

卵塊 Egg mass.

幼生前面
Frontal view of larva.

変態後幼体（×6.0）
A froglet just after metamorphosis.

幼生背面（×2.8） Dorsal view of larva.

幼生側面 Lateral view of larva.

幼生腹面 Ventral view of larva.

RHACOPHORIDAE 213

アイフィンガーガエル　*Kurixalus eiffingeri* (Boettger, 1895)

分布：石垣島, 西表島. 奄美大島や沖縄島には分布しないと思われる. 国外では台湾.

一見, リュウキュウカジカガエルに似た小型種. 樹洞などのたまり水に産卵し, ♀は無精卵を産んで幼生の餌にするという, 変わった習性をもつ.

記載：成体の体長は♂で31-35（平均34）mm, ♀で36-40（平均37）mm. 体は小さく, 後方にむかって細くなる. 頭幅は♂で体長の34 %, ♀で37 %ほどで, 頭長よりやや大きい. 吻は背面観では♂で弱く尖り, ♀ではややにぶく, 側面観ではゆるく傾斜する. 眼鼻線はにぶいがやや明瞭. 頬部は強く傾斜し, 少し凹む. 吻長は上眼瞼長と等しく, 眼前角間より小さい. 外鼻孔は, 吻端近くに開く. 左右の上眼瞼の間はわずかに隆起し, その間隔は上眼瞼の幅より大きい. 左右の外鼻孔の間隔は, 眼からの距離にほぼ等しく, 上眼瞼間の幅より小さい. 鼓膜はほぼ円形で, 直径は眼径の2/5-1/2ほど. 鋤骨歯板は退化的なこと, ないこともあるが, 存在する場合には小さい楕円形で著しく斜向し, その中心は左右の内鼻孔の後端を結んだ線上にある. 各歯板には3-6個の歯をそなえている.

手腕長は♂で体長の51 %, ♀で50 %ほど. 脛長は♂で体長の48 %, ♀で46 %程度. 前肢指端は膨大し, 吸盤となっている. 吸盤は周縁溝をもち, 第3指と第4指のものがほぼ同幅で, 鼓膜の直径より小さい. 第1, 2指の吸盤は3, 4指のものより小さい. 指式は1<2<4<3. 指間のみずかきは発達が非常に悪く, 第3指外縁で近位関節下隆起に達する程度. ♂は扁平で顕著に外方に張り出した拇指をもつ. 内掌隆起は楕円形でやや隆起する. 中手部に過剰隆起をもつ. 後肢趾端も膨大し, 前肢のものより小さい吸盤となっている. 吸盤は第4, 5趾のものが大きく, 第1-3趾のものは小さい. 趾間のみずかきもそれほど発達せず, 切れこみは深い. みずかきの幅広い部分は, 第1-3趾の外縁ではふつう末端関節に達し, 第5趾の内縁では吸盤基部に達する. 第4趾では内縁で中位関節下隆起に外縁で遠位関節下隆起に達する. 内蹠隆起は楕円形でやや隆起するが, 外蹠隆起を欠く. 後肢を体軸に沿って前方にのばしたとき, 脛跗関節は眼の後端ないし眼と外鼻孔の間に達する. 後肢を体軸と直角にのばして膝関節を折り曲げると, 左右の脛跗関節は少し重複する.

背表の皮膚には, にぶい顆粒と短い隆条を散在する. のどから胸にかけての皮膚は平滑だが, それより後ろの腹面は粗雑な円形の顆粒におおわれる. 上唇縁後部と前肢基部の間に隆条をもたず, 背側線隆条もないが, 鼓膜背側隆条は明瞭. 前肢外縁では, 小さい隆起が列状に, 第4指吸盤の基部から, 肘の内側にかけて続くが, 皮膚ひだはない. 後肢外縁には, 弱い皮膚隆起が, 第5趾吸盤の基部から跗蹠関節まで続くことがある.

二次性微：♀は♂よりもやや大きい. ♀の拇指は顕著に外方に張り出さない. ♂は咽頭下に単一の鳴嚢をもつ. 鳴嚢孔は単一のこともあるが, 通常は1対の短いスリット状で, 顎関節内側に開く. ♂の婚姻瘤は黄色だが顆粒をもたない. ♀の総排出口は背方からのびた皮膚ひだにおおわれる.

卵・幼生：1回の産卵数は23-77個で, 卵径は1.6-2.2 mm. 動物極は灰褐色. 幼生は成長すると全長32 mmほどに達する. 眼は左右間の幅が狭く, 頭部の後背方にあり, 口器は吻の腹面でなく, 前端に開くのが特徴. 尾は丈が低く長い. 胃が大きく腸は短い. 歯は極めて発達が悪く, 歯式は2/2, 2/1+1:1など. 変態時の体長は8-12 mmほど.

核型：染色体数は26本で, 大型5対, 小型8対からなる. 第1対はとりわけ大きい. 大型対のうち, 第2, 3対が次中部動原体型で, 他は中部動原体型である. 小型対では第9対のみが次中部動原体型で, 他は中部動原体型である. 二次狭窄は第8対長腕にある.

鳴き声：ピッ・ピッ・ピッ……と聞こえる. 1ノートは約0.08秒続く. 優位周波数は2.7 kHzで, 周波数変調は認められず, 倍音はやや明瞭.

生態：山地の森林に棲息し, 繁殖はほぼ周年にわたって行われる. 繁殖場所は, 地上から50-150 cmにある樹洞や木の又, クワズイモの葉の基部, 地面に捨てられた空きカンなどの水たまりで, 底には落葉や腐植土がたまっている. ♂は樹上で鳴き, ♀を呼ぶ. ♀は水たまりの水面より上部の壁に, 10-50個ずつの卵を産みつける. これはすでに水中にいる卵食性の幼生の捕食を避けるためである. ♀1個体と抱接する♂の数は, 通常1個体. 繁殖期の水温は16-20℃ほどである. 産卵後, ♂は卵塊を腹部でおおい, 湿気を与えるらしい. ♀はその後何度も繁殖場所を訪れ, 無精卵を産み出す. 幼生はこれを食べて育つ. 幼生は♀の肛門付近を突いて刺激し, 産卵を誘発する. 灰褐色の体色は樹上で生活する際に, 有効な保護色となっている.

分類：属名は「倉本氏の跳ねるもの」の意味で, 琉球列島産の両棲類を研究した倉本満氏に由来する. 種小名は「アイフィンゲル氏の」の意味で, ドイツのフランクフルトに在住したGeorg Eiffinger氏に献名したもの. タイプ標本はドイツのセンケンベルグ博物館に保管されており, 琉球列島の, たぶん沖縄か奄美大島産とされている. しかし, この産地はヤエヤマハラブチガエルにも当てられており, 両者とも現在は先島諸島にしか見られないことから誤りと考えられる. イリオモテシロメガエル *Rhacophorus iriomotensis* Okada et T. Matsui, 1964は本種の同物異名. 大きく張り出した拇指が特異なため, 独自の属とされたが, その後の分子系統学的研究の結果, そうした特徴のない東南アジア産の諸種もこの属に含められている.

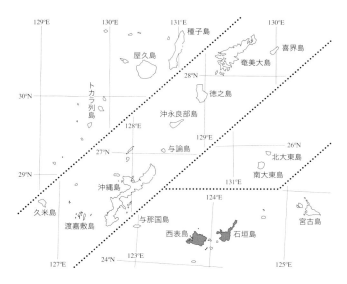

Eiffinger's Tree Frog
Eiffinger-Gaeru
Kurixalus eiffingeri (Boettger, 1895)

Distribution: Ishigakijima and Iriomotejima Is. Outside of Japan, in Taiwan.

Description: Males 31-35 (mean=34) mm and females 36-40 (mean=37) mm in SVL. Body small and robust, tapering to groin. Head slightly wider than long, width 34 % of SVL in males and 37 % in females. Canthus blunt, lore slightly concave. Snout sloping laterally, as long as eye. Nostril nearer to tip of snout than to eye. Interorbital wider than upper eyelid. Internarial as long as distance from eye and narrower than interorbital. Tympanum circular, 2/5-1/2 eye diameter. Vomerine tooth series elliptical with 3-6 teeth, the center on the line connecting posterior margins of choanae, but often rudimentary or absent. Hand and arm length 51 % of SVL in males and 50 % in females. Tibia length 48 % of SVL in males and 46 % in females. Tips of fingers and toes with round discs having circummarginal groove. Forelimb webbing very poorly developed, broad web barely reaching proximal subarticular tubercle on outer margin of 3rd finger. Hindlimb webbing not well developed, broad web leaving 2 phalanges free on outer margin of 4th toe. Inner metatarsal tubercle elliptical, outer one absent. Tibiotarsal articulation reaching posterior border of eye to posterior to nostril. Skin of back scattered with small round tubercles and short ridges. No dorsolateral fold, but supratympanic fold evident. A median subgular vocal sac and a pair of slit-like vocal openings in males. Nuptial pads in males yellowish, without asperities.

Eggs and larvae: Eggs laid at a time 23-77, with diameter 1.6-2.2 mm and grayish brown in animal hemisphere. Matured larvae to 32 mm in total length, with very narrowly separate eyes on back of head, and anteriorly directed mouth. Tail low and elongated. Stomach large and intestines short. Tooth row very poorly developed, with dental formula 2/2 or 2/1+1:1. SVL at metamorphosis 8-12 mm.

Karyotype: Diploid chromosome 2n=26, with 5 large and 8 small pairs.

Call: Mating call with notes lasting 0.08 sec. Dominant frequency 2.7 kHz, without frequency modulation and with weak harmonics.

Natural History: Inhabits montane forests. Breeds all the year round in small bodies of still water, mainly in tree holes 50-150 cm above the ground. Bottom of the water covered with rotten leaves. Eggs laid separately or in a small mass above water so as not to be predated by larvae. Often the male remains in breeding hole and moisten egg mass. Larvae are oophagous. The female continually attends the hole and lays unfertilized eggs for larval food. Larvae pick at the cloaca of the female to induce egg-laying.

Taxonomy: Type locality "Ryukyu Is., either Okinawa or Oshima" is thought to be erroneous. *Rhacophorus iriomotensis* from Iriomotejima Is. is a junior synonym. The genus, designated by unique morphology of prepollex in this species, now includes several Southeast Asian species that lack such a trait but are close molecular phylogenetically.

核型 Karyotype

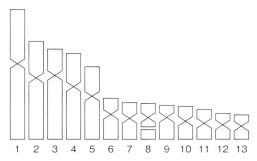

声紋 Sonagram

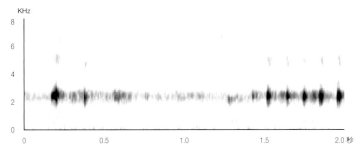

RHACOPHORIDAE

アフリカツメガエル　*Xenopus laevis*

飼育槽内で抱接する雌雄　An amplectant pair in the rearing tank.

水田用水路の棲息環境　Habitat in a paddy field waterway.

トラップで捕獲されたカエル　Frogs captured by a trap.

ニホンヒキガエル　*Bufo japonicus japonicus*

繁殖場所の♂成体　An adult male in the breeding pool.

池で抱接中のペアと卵　An amplectant pair and eggs in pond.

山中を移動する成体　An adult moving in the montane forest.

アズマヒキガエル　*Bufo japonicus formosus*

ミミズを捕食する成体　A toad swallowing an earthworm.

ヤマカガシに捕食される　A toad being swallowed by a snake, *Rhabdophis tigrinus*.

繁殖池に集まる成体　Breeding aggregation in a pond.

渓谷の繁殖場所　Breeding site in a pool of stream.

ナガレヒキガエル *Bufo torrenticola*

産卵場所で♀を奪い合う　Males scrambling for a female in the breeding pool.

渓流中の幼生　Lavae in the mountain stream.

渓流に現れたペア　A pair in the mountain stream.

渓流に現れた成体　An adult in the mountain stream.

ミヤコヒキガエル　*Bufo gargarizans miyakonis*

繁殖場所に移動中のペア
A pair moving to the breeding pool.

夜間広場に現れた成体　Adults on a ground at night.

上陸した幼体　Young toads just landed.

オオヒキガエル　*Rhinella marina*

池で♀を待つ成体
Adult males waiting for arrival of females in a pond.

畑で活動する幼体　A young toad on the field.

水田を移動する成体　An adult moving in the rice field.

219

ニホンアマガエル　*Hyla (Dryophytes) japonica*

上陸した幼体の群れ　Metamorphosed froglets on grass.

水田で産卵中のペア　A pair ovipositing in a rice field.

水辺で鳴く♂に惹きつけられた♀　A female attracted to a calling male.

農薬で死んだ幼生　Larvae died of pesticides in the rice field.

草の上で脱皮中の成体　An adult sloughing on a blade of grass.

ハロウエルアマガエル　*Hyla (Hyla) hallowellii*

灌木上で鳴く♂　A male calling on the shrub.

草の上で鳴く♂　A male calling on a blade of grass.

産卵場所に移動するペア　A pair moving to the breeding pool.

ヒメアマガエル　*Microhyla okinavensis*

池で産卵中のペア　A pair ovipositing in a pond.

水たまりで成長する幼生　Larvae growing in a pool.

石陰で鳴く♂　A male calling at the shade of a stone.

ヌマガエル *Fejervarya kawamurai*

水田で鳴く♂　A male calling in a rice field.

水田を移動するペア　A pair moving in a rice field.

水田で上陸した幼体
Metamorphosed froglets emerging in a rice field.

サキシマヌマガエル *Fejervarya sakishimensis*

湿地で活動する成体　An adult moving in a wetland.

水たまりで成長する幼生　Larvae growing in a pool.

用水路で産卵中のペア　A pair ovipositing in a ditch.

ナミエガエル　*Limnonectes namiyei*

渓流で活動する成体
An adult moving in the mountain stream.

渓流近くで活動する幼体　A young frog near the stream.

渓流で活動する成体　An adult in the mountain stream.

穴の中に潜む成体　An adult in the hole near the stream.

223

ツシマアカガエル　*Rana tsushimensis*

草むらで活動する成体
An adult on a grass field.

水たまりで♀を待つ♂達
Males waiting for female arrival in a pool.

水田で産卵するペア　A pair ovipositing in a rice field.

リュウキュウアカガエル　*Rana ulma*

繁殖期の♀の奪い合い　Males scrambling for a female in the breeding pool.

渓流で活動する成体　An adult in the mountain stream.

ガラスヒバァに捕食された成体
A frog caught by a snake, *Hebius pryeri*.

アマミアカガエル　*Rana kobai*

繁殖地で活動する成体　Adults at the breeding pool.

産卵場所に現れたペア　A pair in the breeding pool.

ヒメハブに捕食された成体
A frog predated by a snake, *Ovophis okinavensis*.

変態上陸した幼体　A metamorphosed froglet emerging from a pool.

タゴガエル *Rana tagoi tagoi*

産卵場所に移動するペア　A pair moving to the breeding place.

秋に活動する成体　An adult in autumn.

変態上陸した幼体
A metamorphosed froglet emerged.

繁殖場所の穴で待つ♂　A male waiting for a female at a breeding hole.

オキタゴガエル　*Rana tagoi okiensis*

水の中で活動する成体　Adult males in the water.

繁殖場所で活動する成体
An adult near the breeding site.

渓流で活動する成体　An adult in the mountain stream.

ヤクシマタゴガエル　*Rana tagoi yakushimensis*

コケの多い林床で活動する成体
An adult on a mossy ground.

繁殖場所に移動するペア　A pair moving to the breeding place.

水たまりで活動する成体
An adult in a shallow pool.

227

ネバダゴガエル *Rana neba*

繁殖場所で鳴く♂　A male calling in the breeding hole.

繁殖場所に移動するペア
A pair moving to the breeding place.

渓流で活動する成体
An adult in the mountain stream.

ナガレタゴガエル *Rana sakuraii*

カジカに抱接した♂
A male clasping a Japanese fluvial sculpin.

渓流で活動する幼生　Lavae in the mountain stream.

水中で♀を待つ♂の集団　A group of males waiting for females in the water.

228

ニホンアカガエル　*Rana japonica*

水たまりで鳴く♂　A male calling in a pool.

幼生を捕食するヒバカリ
A Japanese keelback *Hebius vibakari* swallowing a larva.

♀1個体に抱接した♂3個体　Three males clasping a female.

エゾアカガエル　*Rana pirica*

繁殖場所で活動する成体　An adult in the breeding site.

用水路での繁殖　Breeding in a creek.

ミミズを食べる幼生　Larvae eating an earthworm in the pool.

229

ヤマアカガエル　*Rana ornativentris*

水田で産卵中のペア　A pair ovipositing in the rice field.

繁殖地で鳴き交わす♂　Males combatting in the breeding site.

池で変態中の幼生　Larvae metamorphosing in the pool.

チョウセンヤマアカガエル　*Rana uenoi*

産卵場所に移動するペア　A pair looking for a site for breeding.

水田で活動する成体　An adult in a rice field.

湿地の上陸直前の幼生
Metamorphosing larvae just before emerging.

トノサマガエル　*Pelophylax nigromaculatus*

ミミズを食べる成体　An individual swallowing an earthworm.

タガメに捕まった成体
An individual caught by a giant water bug.

水田で成長する幼生　Larvae growing in the rice field.

水田の繁殖個体　Breeding adults in a rice field.

トウキョウダルマガエル *Pelophylax porosus porosus*

水田で鳴く成体の♂
Male calling for a mate in a rice field.

水田で上陸した幼生
Metamorphosed froglets emerging from a rice field.

畦からジャンプして逃げる　Escaping from the ridge by jumping.

ナゴヤダルマガエル *Pelophylax porosus brevipodus*

用水路で鳴く♂　A male calling in a water canal.

湿地で活動する成体
An adult in the marshland.

畦の土中で冬眠中の成体　An adult hibernating in the soil of a ridge between rice fields.

ツチガエル　*Glandirana rugosa*

水たまりで鳴く♂　A male calling in a pool.

水田で産卵中のペア　A pair ovipositing in a rice field.

沢で活動する幼体　A young frog near a mountain stream.

湿地で活動する成体　An adult moving in the marshland.

サドガエル　*Glandirana susurra*

水田で活動する成体　An adult in a rice field.

水田で活動する成体　An adult in a rice field.

水田で活動する成体　Adults in a rice field.

ウシガエル　*Lithobates catesbeianus*

ハス池で活動する成体　Adults in a lotus pond.

水辺で活動するアルビノ成体　An albino adult in the shallow of water.

ハス池で活動する幼体　A young frog on a lotus leaf.

オキナワイシカワガエル　*Odorrana ishikawae*

繁殖場所に集まった成体　Adults arriving at the breeding site.

穴の中に潜む成体　An adult in the breeding hole.

渓流で活動する幼生　Lavae in the mountain stream.

渓流近くで活動する幼体　A young frog near the stream.

アマミイシカワガエル　*Odorrana splendida*

渓流で活動する成体　An adult in the mountain stream.

水たまりで活動する幼生　A lava in a pool.

渓流で変態上陸した幼生
Metamorphosing froglet emerging in the mountain stream.

渓流の倒木で鳴く♂　A male calling on a fallen tree in the stream.

ハナサキガエル　*Odorrana narina*

渓流で活動する成体　An adult in the mountain stream.

産卵場所に移動するペア
A pair seeking for a breeding site in the stream.

岩の下面に産みつけられた卵塊
Egg masses laid under the stone in a mountain stream.

アマミハナサキガエル　*Odorrana amamiensis*

繁殖場所に集まった成体　Adult males in the breeding place.

渓流で活動する成体　An adult in the mountain stream.

産卵場所に移動するペア
A pair for seeking for a breeding site in the stream.

オオハナサキガエル　*Odorrana supranarina*

湿地で孵化中の幼生　Hatching larvae in a pool.

渓流近くで活動する幼体　A young frog near the stream.

産卵場所に移動するペア　A pair seeking for a breeding site in the stream.

コガタハナサキガエル　*Odorrana utsunomiyaorum*

渓流で活動する成体　An adult in the mountain stream.

渓流で育つ幼生　Larvae growing in the mountain stream.

シダの上で活動する幼体
A young frog on the fern leaves.

ヤエヤマハラブチガエル　*Nidirana okinavana*

繁殖穴で抱接するペア　An amplectant pair in the breeding hole.

上陸した変態中の幼生　A metamorphosing larva emerging.

湿地で活動する成体　An adult in the marshland.

繁殖用の穴の成体　An adult in a breeding hole.

239

オットンガエル　*Babina subaspera*

林床で活動する成体　An adult on the forest floor.

渓流で上陸した幼体
Metamorphosed froglet emerging from a stream.

水たまりで活動する成体　An adult in a pool.

ホルストガエル　*Babina holsti*

林床で活動する成体　An adult on the forest floor.

穴の中に潜む成体　An adult in a hole.

渓流近くで活動する幼体
A young near the stream.

カジカガエル　*Buergeria buergeri*

繁殖場所に集まった成体　Adults in the breeding place.

渓流近くで活動する成体　An adult near the stream.

渓流の石の上で鳴く♂　A male calling on a stone of a mountain stream.

産卵場所に移動するペア
A pair looking for a breeding site in the stream.

渓流中の石の付着藻類を食べる幼生
Larvae scraping algae on the stone in the mountain stream.

リュウキュウカジカガエル　*Buergeria japonica*

水辺の石の上で鳴く♂　A male calling on a stone near the water.

産卵場所に現れたペア　A pairs arriving at the spawning place.

上陸した変態中の幼生
A metamorphosing tadpole just emerging.

シュレーゲルアオガエル　*Rhacophorus schlegelii*

草の上で休む成体　An adult resting on the grass.

水田で孵化中の幼生
Hatched larvae washed into the water of a rice field.

水辺の草の上で鳴く♂　A male calling in the shrub near the water.

モリアオガエル　*Rhacophorus arboreus*

草の上での産卵　A female laying eggs with four males on the grass.

ヤマカガシに捕食される成体
An adult being swallowed by a snake, *Rhabdophis tigrinus*.

上陸した変態中の幼生
Froglets just metamorphosed emerging.

樹上での産卵　Breeding on the tree.

243

オキナワアオガエル　*Rhacophorus viridis*

樹上で鳴く♂　A male calling on a tree.

上陸した変態中の幼生
A metamorphosing larva just emerging.

草の上で休む成体　An adult resting on a grass.

アマミアオガエル　*Rhacophorus amamiensis*

木の上で活動する成体　An adult on a tree.

産卵場所に移動するペア
A pair seeking for a breeding site.

樹上で鳴く♂　A male calling on a tree.

ヤエヤマアオガエル　*Rhacophorus owstoni*

水たまりで育つ幼生　Larvae growing in a pool.

クワズイモの上で活動する幼体
A young frog on the leaf of the Giant Taro.

シダの上で産卵中のペア　A pair ovipositing on the leaves of a fern.

シロアゴガエル　*Polypedates leucomystax*

草の上で活動する成体　An adult on the grass.

産卵場所に移動するペア
A pair seeking for a breeding site.

水たまりで育つ幼生　Larvae growing in a pool.

アイフィンガーガエル　*Kurixalus eiffingeri*

樹洞で♀を待つ♂　A breeding male waiting for a mate in a tree hole.

クワズイモに産みつけられた卵
Eggs laid on the stem of the Giant Taro.

産卵場所に移動するペア　A pair on the shrub seeking for the breeding site.

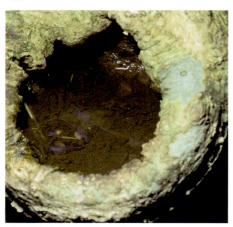
樹洞の水たまりで育つ幼生
Larvae growing in the water of the tree hole.

卵塊の形状
Shape of egg mass

　日本産のカエル類には，繁殖期間中に♀が一度に一腹の卵をすべて産み出してしまう種，一腹の卵を数回にわたって少数ずつ産み出す種，1回産卵した後，新たに成熟した卵を再び産む種が含まれる。このため1個体の♀の産み出す卵数は簡単には決定できないが，最少はアイフィンガーガエルの80個未満，最多はオオヒキガエルやウシガエルの10,000個以上である。そして，これら複数の卵は，種に特有の形状をもった卵塊として産み出されるのがふつうである。

　紐状の卵塊は，ヒキガエル類に特有なもので，長さは30mにおよぶことがある。球形の卵塊は，ニホンアカガエルやヤマアカガエルなどのアカガエル類，トノサマガエルに見られ，これらの種では1,000個以上の卵を含むため，卵塊は大型となる。エゾアカガエルはしばしば集合産卵し，大きな卵塊群をつくるが，こうした卵塊群は温度を保つのに有効であることがわかっている。ヒキガエル類の紐状の卵塊でも同じだが，大型球形の卵塊に含まれる個々の卵は，動物極が黒褐色で，熱吸収率が高く，紫外線から胚を保護する。

　他方，タゴガエルや，ヤエヤマハラブチガエルのように狭い穴の中で繁殖する種は，少数の卵を含む小型の球形卵塊を産む。タゴガエルではたぶん直射日光を受けないことと関連し，さらに多量の卵黄を含むため，個々の卵の動物極は，狭い範囲に弱い黒褐色の色素があるだけで，それにくらべクリーム色の植物極が著しく大きい。カジカガエルも球形の卵塊を産み出すが，1卵塊中の卵数から見て，数回に分けて産卵をするらしい。多数の不規則な小卵塊，または明瞭な卵塊とならない，ばらばらの卵は，比較的高浪条件下で産卵する種に見られる。アマガエル類，ナゴヤダルマガエル，ツチガエルなどがそれで，これらの種は複数回にわたって産卵することが多い。卵の色は淡い褐色で，これは過剰の熱吸収を防ぐためと思われる。

　水面に浮く一層の卵塊は，ウシガエル，ヒメアマガエルに見られるが，この形の卵塊ではすべての卵が風を受けて冷却され，高温に対する適応と考えられる。もっとも特殊化の進んでいるのは，泡状の卵塊で，モリアオガエルに代表されるアオガエル類に特徴的である。この形状をもった卵塊は，捕食・乾燥に対する適応とされるが，実際には孵化前に卵塊全体が乾燥してしまうこともしばしばあるし，イモリ類が卵塊に顔を突っ込んで卵を食うこともある。卵の色はクリーム色で黒色素を欠くが，これは卵黄の大きいことより，日光による紫外線の直射を受けないことと関連しているのであろう。

ニホンヒキガエルの紐状卵塊
Long string-like egg masses of *Bufo japonicus japonicus*.

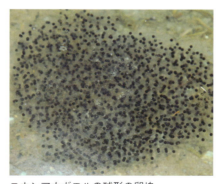

ニホンアカガエルの球形の卵塊
A globular egg mass of *Rana japonica*.

タゴガエルの小型球形卵塊
A small globular mass of *Rana tagoi tagoi*.

トウキョウダルマガエルの不規則な小塊およびばらばらの卵
Small masses and scattered eggs of *Pelophylax porosus porosus*.

ウシガエルの水面に浮く一層の卵塊
A film-like egg mass of *Lithobates catesbeianus*.

モリアオガエルの泡状卵塊
Foamy egg mass (=egg nest) of *Rhacophorus arboreus*.

発生段階
Developmental Stage

受精から変態までの発生過程を，主に外部形態の変化に着目して区分したのが発生段階である．日本産のカエル類ではこれまでにアズマヒキガエル，ニホンアマガエル，ヒメアマガエル，ニホンアカガエル，トウキョウダルマガエル，モリアオガエル，アイフィンガーガエルについて段階図表が作成されているが，分類・生態学的研究ではGosner (1960)の簡便な段階表を用いることが多いので，ここではニホンアマガエルの発生をGosner (1960)の段階にしたがって並べ，解説を加える．

1. 受精．回転運動（未卵割期：図1）．
2. 第2極体放出
3. 2細胞期（第1卵割：図2）．
4. 4細胞期（第2卵割：図3）．
5. 8細胞期（第3卵割：図4）．
6. 16細胞期（第4卵割：図5）．
7. 32細胞期（第5卵割：図6）．
8. 桑実胚期—胞胚初期（割球は小さくなる：図7, 8）．
9. 胞胚中—後期（動物極の細胞は小さく平滑になる：図9）．
10. 原口出現—馬蹄形原口期（原口は半月—馬蹄形：図10）．
11. 大—中卵黄栓期（卵黄栓の形成：図11）．
12. 小卵黄栓期（卵黄栓は非常に小さくなる：図12）．
13. 神経板期（卵黄栓は消失．神経板出現．胚は前後方向にやや伸長：図13）．
14. 神経褶期（左右の神経褶は近づく：図14）．
15. 神経褶合着期（左右の神経褶の合体：図15）．
16. 神経管期（神経管の形成：図16）．
17. 尾芽胚期（尾は伸長：図17）．
18. 尾芽胚後期（尾長は頭胴長の1/3．機械的刺激に筋肉反応：図18）．
19. 尾伸長期（尾長は頭胴長の1/2以下．心臓の鼓動開始．口吸着器原基発達：図19）．
20. 鰓芽出現期（尾長は頭胴長の1/2以

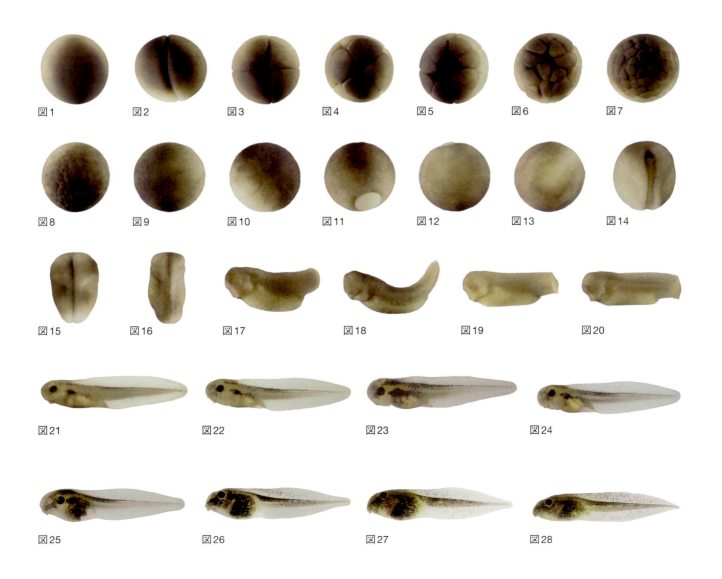

上．外鰓原基出現：図20）．
21. 鰓芽分枝期（鰓は分枝．孵化開始：図21）．
22. 鰓伸長期（尾長は頭胴長より長くなる．鰓は伸びる：図22）．
23. 鰓蓋形成初期（口が開く．腸が巻き始める．鰓蓋皺の出現．角膜透明化：図23）．
24. 鰓蓋形成後期（鰓蓋皺は右側の外鰓を完全におおう．口唇歯原基出現．口は可動に：図24）．
25. 鰓蓋完成期（鰓蓋の閉鎖．口唇歯の形成開始．噴水孔の形成：図25）．
26. 肢芽発現期Ⅰ（後肢芽の長さは基部の高さの約1/2より小．摂食開始：図26）．
27. 肢芽発現期Ⅱ（後肢芽の長さは基部の高さの1/2：図27）．
28. 円錐状肢芽期（後肢芽の長さは基部の高さと同じ：図28）．
29. 弾丸状肢芽期（後肢芽の長さは基部の高さの1.5倍．口唇歯完成）．
30. 膝関節出現期（後肢芽の長さは基部の高さの2倍．後肢芽は膝の部位で少し曲がる：図30）．
31. へら状肢芽期（後肢端は櫂状：図31）．
32. 第4, 5趾出現期（後肢第4趾と第5趾の間が切れ込む：図32）．
33. 第3趾出現期（後肢第3趾と第4趾の間が切れ込む：図33）．
34. 第2趾出現期（後肢第2趾と第3趾の間が切れ込む：図34）．
35. 第1趾出現期Ⅰ（後肢第1趾原基がわずかに認められる）．
36. 第1趾出現期Ⅱ（後肢第1趾原基が明瞭に認められる：図36）．
37. 趾原基完成期（すべての趾間は完全に分離．口唇歯の脱落開始：図37）．
38. 後肢発達期Ⅰ（内蹠隆起とみずかき原基の形成：図38）．
39. 後肢発達期Ⅱ（後肢の顕著な伸長．口唇歯の脱落進行：図39）．
40. 趾盤形成期（後肢吸盤の発達．趾関節が明瞭に認められる：図40）．
41. 肛門管退化期（肛門管の形態変化．前肢が皮下に見える：図41）．
42. 前肢出現期（前肢の出現．角質歯・嘴の消失．眼はやや突出：図42）．
43. 尾退化初期（尾はかなり短縮し，鰭はほぼ消失．瞬膜の形成：図43）．
44. 尾退化後期（尾長は体長より短くなる．口角は眼球中心と眼球後縁の間に達する：図44）．
45. 尾瘤状期（尾は瘤状．口角は眼球後縁の水準に達する：図45）．
46. 変態完了期（尾はほぼ消失．鼓膜の形成：図46）．

249

参考文献
Bibliography

安部道生・佐々木史江・西川文敏・平川公子・福山欣司. 2012. 円海山周辺域におけるヤマアカガエル産卵数の長期的なモニタリング調査と水辺環境の復元管理. 爬虫両棲類学会報 2013(2): 103–110.

秋山蓮三. 1935. 内外普通脊椎動物誌. 受検研究社, 大阪. 1086+52 pp.

雨宮将人. 2005. 千葉県夷隅町におけるニホンアカガエルの食性. 両生類誌 (15): 1–4.

Annandale, N. 1917. Zoological results of a tour in the Far East. Batrachia. Mem. Asiat. Soc. Bengal. 6: 121–156.

青柳正彦・*Bufo* 研究会・宇和紘. 1977. 美鈴湖におけるヒキガエルの産卵行動に関する研究Ⅰ. 産卵出動開始の時期に及ぼす地温の影響. 信州大理紀要 12(1): 65–77.

青柳克. 2015. 慶良間諸島阿嘉島, 並びに久高島からのシロアゴガエルの初記録. Akamata (25): 28–30.

荒尾一樹・北野忠. 2006. 静岡県浜松市で確認されたアフリカツメガエル. 爬虫両棲類学会報 2006(1): 17–19.

東淳樹・武内和彦. 1999. 谷津環境におけるカエル類の個体数密度と環境要因の関係. ランドスケープ研究 62(5): 573–576.

Boettger, O. 1895. Neue Frösche und Schlangen von den Liukiu-Inseln. Zool. Anz. 18: 266–270.

Boulenger, G. A. 1879. Étude sur les grenouilles rousses *Ranae temporariae* et description d'espèces nouvelles ou méconnues. Bull. Soc. Zool. France 4: 158–193.

Boulenger, G. A. 1882. Catalogue of the Batrachia Salientia S. Ecaudata in the Collection of the British Museum. 2nd ed., Brit. Mus. London. i-xvi+1–503 pp.

Boulenger, G. A. 1883. Description of a new species of *Bufo* from Japan. Proc. Zool. Soc. London 1883: 139–140.

Boulenger, G. A. 1883. Description of a new species of reptiles and batrachians in the British Museum. Ann. Mag. Nat. Hist. (5) 12: 161–167.

Boulenger, G. A. 1886. First report on addition to the batrachian collection in the Natural-History Museum. Proc. Zool. Soc. London 1886: 411–416.

Boulenger, G. A. 1886. Note sur les grenouilles rousses d'Asie. Bull. Soc. Zool. France 11: 595–600.

Boulenger, G. A. 1887. On a collection of reptiles and batrachians made by Mr. H. Pryer in the Loo Choo Islands. Proc. Zool. Soc. London 1887: 146–150.

Boulenger, G. A. 1891. A contribution to the knowledge of the races of *Rana esculenta* and their geographical distribution. Proc. Zool. Soc. London 1891: 374–384.

Boulenger, G. A. 1892. Description of new reptiles and batrachians from the Loo Choo Islands. Ann. Mag. Nat. Hist. (6) 10: 302–304.

Boulenger, G. A. 1918. On the Papuan, Melanesian and North-Australian species of the genus *Rana*. Ann. Mag. Nat. Hist. (9) 1: 236–242.

Boulenger, G. A. 1918. On the races and variation of the edible frog, *Rana esculenta*, L. Ann. Mag. Nat. Hist. (9) 2: 241–257.

Boulenger, G. A. 1920. A monograph of the South Asian, Papuan, Melanesian and Australian frogs of the genus *Rana*. Rec. Ind. Mus. 20: 1–226.

Chang, J. C. W. 1994. Multiple spawning in a female *Rana rugosa*. Jpn. J. Herpetol. 15 (3): 112–115.

Channing, A. 1989. A re-evaluation of the phylogeny of Old World treefrogs. S.–Afr Tydskr. Dierk. 24(2): 116–131.

Che, J., J–F. Pang, E.–M. Zhao, M. Matsui and Y.–P. Zhang. 2007. Phylogenetic relationships of the Chinese brown frogs (Genus *Rana*) inferred from partial mitochondrial 12S and 16S rRNA gene sequences. Zool. Sci. 24(1): 71–80.

千羽晋示. 1978. ヒキガエルの生態学的研究. (Ⅳ) 発信器着装による行動追跡. 自然教育園報告 (8): 121–134.

千木良芳範. 1988. 多良間島の両生爬虫類について―サキシママダラの採集例とヌマガエルの移入―. 沖縄県立博物館紀要 (14): 51–56.

Chigira, Y. and M. Shimabukuro. 1982. A note on the seasonal appearance of *Rana limnocharis* Boie in Okinawa Island. Biol. Mag. Okinawa (20): 11–15.

Cope, E. D. 1868. An examination of the Reptilia and Batrachia obtained by the Orton expedition to Equador and the Upper Amazon, with notes on other species. Proc. Acad. Nat. Sci. Phila. 1868: 96–140.

大東義徹. 1967. ツシマヤマアカガエルの繁殖隔離について (生態・分類). 動物学雑誌 76(11/12): 375.

大東義徹. 1968. 日本産アマガエルと欧州産アマガエルとの亜種間雑種. 動物学雑誌 77(4): 117–127.

大東義徹. 1969. オキタゴガエルについて (内分泌・遺伝・細胞)〈講演要旨〉. 動物学雑誌 78(10/11): 406.

大東義徹. 1973. ヤクシマタゴガエルの産卵と核型について(分類). 動物学雑誌 82(4): 377.

大東義徹. 1980. ヤクシマタゴガエルの新しい集団の産卵と形態的特徴について. 神戸大教育研究集録 63: 13–24.

大東義徹. 1980. ヤクシマタゴガエルの新しい集団の鳴き声について. 神戸大教育研究集録 64: 119–125.

大東義徹. 1980. ヤクシマタゴガエルの新しい集団の核型について. 神戸大教育研究集録 66: 101–107.

大東義徹. 1999. タゴガエル類における交配後隔離の発達についてⅢ. オキタゴガエル♀とナガレタゴガエル♂との交配子孫. 両生類誌 (2): 23–29.

大東義徹・川上慶次郎. 1992. タゴガエルの繁殖音の音響学的構造について. 神戸大教育研究集録 88: 189-200.

大東義徹・中溝茂雄. 1993. 六甲山におけるタゴガエルの繁殖生態と鳴き声. 神戸大教育研究集録 90: 213–230.

大東義徹・横田知子・井上勘治・中田光美. 1998. タゴガエル類における交配後隔離の発達について：Ⅰ ナガレタゴガエル♀とタゴガエル鞍馬山集団♂の交配子孫について. 神戸大発達科学研究紀要 5(2): 221–236.

大東義徹・平本武蔵・好本行秀. 1998. タゴガエル類における交配後隔離の発達について：Ⅱ タゴガエル♀とオキタゴガエル♂の交配子孫について. 神戸大発達科学研究紀要 5(2): 237-244.

出羽寛・斎藤和範・南尚貴. 1997. 旭川周辺におけるツチガエル *Rana rugosa* の分布. 旭川市博研報 3: 19–23.

Djong, T. H., M. M. Islam, M. Nishioka, M. Matsui, H. Ota, M. Kuramoto, M. M. R. Khan, M. S. Alam, de S. Anslem, W. Khonsue and M. Sumida. 2007. Genetic relationships and reproductive-isolation mechanisms among the *Fejervarya limnocharis* complex from Indonesia (Java) and other Asian countries. Zool. Sci. 24(4): 360–375.

Djong, T. H., M. Matsui, M. Kuramoto, D. M. Belabut, H.–S. Yong, M. Nishioka and M. Sumida. 2007. Morphological divergence, reproductive isolating mechanism and molecular phylogenetic relationships among Indonesian, Malaysia and Japan populations of the *Fejervarya limnocharis* complex (Anura, Ranidae). Zool. Sci. 24(12): 1197–1212.

Djong, T. H., M. Matsui, M. Kuramoto, M. Nishioka and M. Sumida. 2011. A new species of the *Fejervarya limnocharis* complex from Japan (Anura, Dicroglossidae). Zool. Sci. 28: 922–929.

土井敏男. 2002. トノサマガエルとダルマガエルの跳躍力の差はどれくらいか？. 両生類誌 (8): 12–16.

土井敏男. 2004. 水張り前の水田におけるトノサマガエルの卵，幼生の乾燥死例と水田ビオトープでの繁殖例. 両生類誌 (13): 23–25.

土井敏男. 2009. 水田に生息するカエル4種のコンクリート斜面に対する登はん能力. 爬虫両棲類学会報 2009(1): 23–28.

土井敏夫. 2012. ヌマガエル幼体によるドジョウ稚魚への捕食行動. 爬虫両棲類学会報 2012(1): 17–19.

土井敏夫. 2012. 非湛水時の乾田内の「手溝」におけるカエル類の再生産の事例. 両生類誌 (23): 6–10.

Doi, T. 2014. Field observations of predatory behavior by juvenile rice frogs (*Fejervarya kawamurai*) on Japanese tree frogs (*Hyla japonica*). Curr. Herpetol. 33(2): 129–134.

土井敏男・伊藤邦夫・中山広子・長井悠佳里. 2011. 薄い体色のヌマガエル. 爬虫両棲類学会報 2011(2): 106–109.

土井敏夫・三浦郁夫. 2012. 神戸市で観察された局所的に尾が赤いニホンアマガエルの幼生. 両生類誌 (23): 11–12.

土井敏男・丹羽信彰・兼光秀泰. 2001. 神戸市のダルマガエル. 両生類誌 (7): 27–32.

土井敏男・奥山秀輝・村上昌吾. 2005. 赤い尾のニホンアマガエルの幼生. 爬虫両棲類学会報 2005(1): 4–7.

Dontchev, K. and M. Matsui. 2016. Food habits of American bullfrog *Lithobates catesbeianus* in the city of Kyoto, central Japan. Curr. Herpetol. 35(2): 93–100.

Dubois, A. 1987. Miscellanea taxonomica batrachologica (II). Alytes 6(1/2): 1–9.

Dubois, A. 1992. Notes sur la classificalion des Ranidae (Amphibiens Anoures). Bull. Mens. Soc. Linn. Lyon 61 (10): 305–352.

Duellman, W. E. 1993. Amphibian species of the world: additions and corrections. Univ. Kansas Mus. Nat. Hist. Spec. Publ. 21: 1–372.

Duellman, W. E., A. B. Marion and S. B. Hedges. 2016. Phylogenetics, classification and biogeography of the treefrogs (Amphibia: Anura: Arboranae). Zootaxa 4104: 1–109.

Dufresnes, C., S. N. Litvinchuk, A. Borzee, Y. Jang, J. Li, I. Miura, N. Perrin, M. Stock. 2016. Phylogeography reveals an ancient cryptic radiation in East-Asian tree frogs (*Hyla japonica* group) and complex relationships between continental and island lineages. BMC Evol. Biol. 16(253): 1–14.

江頭幸士郎・松井正文. 2013. 九州産タゴガエルの遺伝的変異. 九州両生爬虫類研究会誌 (4): 64–65.

Eto, K. and M. Matsui. 2014. Cytonuclear discordance and historical demography of two brown frog species *Rana tagoi* and *R. sakuraii* (Amphibia: Ranidae). Mol. Phyl. Evol. 79: 231–239.

Eto, K., M. Matsui, T. Sugahara and T. Tanaka-Ueno. 2012. Highly complex mitochondrial DNA genealogy in an endemic Japanese subterranean breeding brown frog *Rana tagoi* (Amphibia: Anura: Ranidae). Zool. Sci. 29: 662–671.

Eto, K., M. Matsui and T. Sugahara. 2013. Discordance between mitochondrial DNA genealogy and nuclear DNA genetic structure in the two morphotypes of *Rana tagoi tagoi* (Amphibia: Anura: Ranidae) in the Kinki Region, Japan. Zool. Sci. 30: 553–558.

Eto, K., M. Matsui, K. Nishikawa and T. Haramura. 2016. Development and evaluation of loop-mediated isothermal amplification (LAMP) assay for quick identification of three Japanese toads. Curr. Herpetol. 35(1): 33–37.

Eto, K., M. Matsui and Y. Kokuryo. 2016. A note on natural triploidy in a Japanese brown frog, *Rana neba* (Anura; Ranidae). Curr. Herpetol. 35(2): 128–131.

江頭幸士郎・松井正文・國領康弘・島田知彦・山田哲也. 2016. ネバタゴガエルについて. 九州両生爬虫類研究会誌 (7):

50–52.

費梁(編). 1999. 中国両棲動物図鑑. 河南科学技術出版社, 鄭州.

費梁・叶昌媛・黄永昭. 1990. 中国両棲動物検索. 科学技術文献出版社重慶分社, 重慶. 364 pp.

Frost. D. R. (ed.) 1985. Amphibian Species of the World: A Taxonomic and Geographical Reference. Allen Press, Lawrence, Kansas. i-v+732 pp.

Frost, D. R., T. Grant, J. N. Faivovich, R. H. Bain, A. Haas, C. F. B. Haddad, R. O. De Sá, A. Channing, M. Wilkinson, S. C. Donnellan, C. J. Raxworthy, C. J., J. A. Campbell, B. L. Blotto, P. Moler, R. C. Drewes, R. A. Nussbaum, J. D. Lynch, D. M. Green and W. C. Wheeler. 2006. The amphibian tree of life. Bull. Amer. Mus. Nat. Hist. 297: 1–370.

藤田宏之・石井克彦. 2011. 埼玉県で発見されたトウキョウダルマガエルのアルビノ. 両生類誌 (22): 11–12.

藤田宏之. 2013. ツシママムシによるツシマアカガエルへの捕食行動例. 九州両生爬虫類研究会誌 (4): 62–63.

藤田宏之・三谷奈保. 2015. 対馬における国内外来種ヌマガエル・トノサマガエルの生息状況. 九州両生爬虫類研究会誌 (6): 28–32.

藤谷武史・田上正隆・田中理映子・三浦郁夫. 2006. 赤い尾のカジカガエル幼生. 爬虫両棲類学会報 2006(1): 34–37.

Fukuyama, K. 1991. Spawning behaviour and male mating tactics of a foamnesting treefrog, *Rhacophorus schlegelii*. Anim. Behav. 42: 193–199.

福山欣司・阿部道生・松田久司・佐々木史江. 2007. 横浜市瀬上谷戸におけるヤマアカガエルとアズマヒキガエルの長期的なモニタリング調査. 爬虫両棲類学会報 2007(2): 146–153.

福山欣司・後藤康人・植田健仁・戸金大. 2010. 東京都でのヌマガエルの生息の確認. 爬虫両棲類学会報 2010(2): 132–134.

Fukuyama, K. and T. Kusano. 1989. Sexual size dimorphism in a Japanese streambreeding frog, *Buergeria bllergeri* (Rhacophoridae, Amphibia). pp.306–313. In: Matsui, M., T. Hikida and R. C. Goris (eds.). Current Herpetology in East Asia. Herpetol. Soc. Japan, Kyoto.

Fukuyama, K. and T. Kusano. 1991. Factors affecting breeding activity in a stream-breeding frog, *Buergeria buergeri*. J. Herpetol. 26(1): 88–91.

Fukuyama. K., T. Kusano and M. Nakane.

1988. A radio-tracking study of the behaviour of females of the frog *Buergeria buergeri* (Rhacophoridae, Amphibia) in a breeding stream in Japan. Jpn. J. Herpetol. 12(3): 102–107.

福山欣司・草野保. 2013. 東京都における カエル類の生息状況の現状と課題. 爬虫両棲類学会報 2013(2): 111–127.

Gans, C. 1949. A bibliography of the herpetology of Japan. Bull. Amer. Mus. Nat. Hist. 93: 389–496.

Gosner, K. 1960. A simplified tlable for staging anuran embryos and larvae with notes on identification. Herpetologica 16: 183–190.

後藤康人・岩﨑由美. 2012. 2012 年に八丈島で行われたアズマヒキガエル駆除について. 爬虫両棲類学会報 2012(2): 112–114.

Gressitt, J. L. 1938. Some amphibians from Formosa and the Ryu Kyu Islands, with description of a new species. Proc. Biol. Soc. Wash. 51: 159–164.

Günther, A. 1858. Catalogue of the Batrachia Salientia in the Collection of the British Museum. Brit. Mus. London. i-xvi+160 pp.

Hallowell, E. 1860 [1861]. Report upon the Reptilia of the North Pacific exploring expedition, under command of Capt. John Rogers, U.S.N. Proc. Acad. Nat. Sci. Phila. 1860: 480–510.

原村隆司. 2003. 海岸に生息するリュウキュウカジカガエルの隠れ場所. 爬虫両棲類学会報 2003(2): 72–73.

Haramura, T. 2004. Salinity and other abiotic characteristics of oviposition sites of the rhacophorid frog, *Buergeria japonica*, in coastal habitat. Curr. Herpetol. 23(2): 81–84.

原村隆司. 2007. 海岸環境に生息するリュウキュウカジカガエル繁殖個体の河川間の移動. Akamata (18): 3–6.

Hasan, M., M. M. Islam, M. M. R. Khan, T. Igawa, M. S. Alam, T. H. Djong, N. Kurniawan, H. Joshy, H. S. Yong, Daicus, M. B., A. Kurabayashi, M. Kuramoto and M. Sumida. 2014. Genetic divergences of South and Southeast Asian frogs: A case study of several taxa based on 16S ribosomal RNA gene data with notes on the generic name *Fejervarya*. Turk. J. Zool. 38: 1–23.

Hasan, M., M.M. Islam, M.R. Khan, M.S. Alam, A. Kurabayashi, T. Igawa, M. Kuramoto and M. Sumida. 2012.

Cryptic anuran biodiversity in Bangladesh revealed by mitochondrial 16S rRNA gene sequences. Zool. Sci. 29: 162–172.

Hase, K., N. Nikoh and M. Shimada. 2013. Population admixture and high larval viability among urban toads. Ecol. Evol. 3: 1677–1691.

Hase, K., M. Shimada, and N. Nikoh. 2012. High degree of mitochondrial haplotype diversity in the Japanese common toad *Bufo japonicus* in urban Tokyo. Zool. Sci. 29: 702–708.

Hasegawa, H. 1989. Nematodes of Okinawan amphibians and their host–parasite relationship. pp. 205–217. In: Matsui, M., T. Hikida and R. C. Goris (eds.). Currenl Herpetology in East Asia. Herpetol. Soc. Japan Kyoto.

長谷川嘉則. 1998. カジカガエルの飼育個体に見られた形態の変化. 両生類誌 (1): 19–22.

Hasegawa, Y., H. Ueda and M. Sumida. 1999. Clinal geographic variation in the advertisement call of the wrinkled frog, *Rana rugosa*. Herpetologica 55: 318–324.

Hasegawa, H. and H. Ota 2017. Parasitic helminths found from *Polypedates leucomystax* (Amphibia: Rhacophoridae) on Miyakojima Island, Ryukyu Archipelago, Japan. Curr. Herpetol. 36(1): 1–10.

葉田敬子. 2012. オキナワイシカワガエル *Odorrana ishikawae* の体色変異個体. 爬虫両棲類学会報 2013(2): 98–99.

林光武・木村有紀. 2004. ヌマガエル *Rana limnocharis* の越冬場所. 爬虫両棲類学会報 2004(2): 121–123.

Hirai, T. 2002. Ontogenetic change in the diet of the pond frog, *Rana nigromaculata*. Ecol. Res. 17: 639–644.

平井利明. 2006. ウシガエルによるニホンアカガエル雄成体の捕食. 爬虫両棲類学会報 2006(1): 15–16.

平井利明. 2006. ウシガエルによるアカハライモリ幼体の捕食. 爬虫両棲類学会報 2006(1): 16–17.

平井利明. 2006. オオキベリアオゴミムシによるトノサマガエル幼体の捕食. 爬虫両棲類学会報 2006(2): 99–100.

平井利明. 2007. 栗駒山で捕獲されたアズマヒキガエルの体サイズ. 爬虫両棲類学会報 2007(1): 16–17.

平井利明. 2007. 背中線のあるツチガエル. 爬虫両棲類学会報 2007(1): 17.

平井利明. 2007. 自動車道路上におけるニホンアマガエルの死亡事故. 爬虫両棲類

学会報 2007(2): 154.

平井利明. 2007. 厳寒期におけるニホンアカガエルの活動. 爬虫両棲類学会報 2007(2): 155.

平井利明・稲谷吉則 2008. ウシガエルによるナゴヤダルマガエル雄成体の捕食例. 爬虫両棲類学会報 2008(1): 6–7.

Hirai, T. and M. Matsui. 1999. Feeding habits of the pond frog, *Rana nigromaculata*, inhabiting rice fields in Kyoto, Japan. Copeia 1999: 940–947.

Hirai, T. and M. Matsui. 2000. Ant specialization in diet of narrow-mouthed toad, *Microhyla ornata*, from Amamioshima Island of the Ryukyu Archipelago. Curr. Herpetol. 19(1): 27–34.

Hirai, T. and M. Matsui. 2000. Myrmecophagy in a ranid frog *Rana rugosa*: Specialization or weak avoidance to ant eating? Zool. Sci. 17(4): 459–466.

Hirai, T. and M. Matsui. 2000. Feeding habits of the Japanese tree frog, *Hyla japonica*, in the reproductive season. Zool. Sci. 17(7): 977–982.

Hirai, T. and M. Matsui. 2001. Diet composition of the Indian rice frog, *Rana limnocharis*, in rice fields of central Japan. Curr. Herpetol. 20(2): 97–103.

Hirai, T. and M. Matsui. 2001. Food habits of an endangered Japanese frog *Rana porosa brevipoda*. Ecol. Res. 16(4): 737–743.

Hirai, T. and M. Matsui. 2001. Food partitioning between two syntopic ranid frogs, *Rana nigromaculata* and *R. rugosa*. Herpetol. J. 11(3): 109–115.

Hirai, T. and M. Matsui. 2002. Feeding relationships between *Hyla japonica* and *Rana nigromaculata* in rice fields of Japan. J. Herpetol. 36(4): 662–667.

Hirai, T. and M. Matsui. 2002. Feeding ecology of *Bufo japonicus formosus* from the montane region of Kyoto, Japan. J. Herpetol. 36(4): 712–723.

廣瀬文男・金井賢一郎・富岡克寛. 2005. 無尾目群馬県大峰山の大峰沼と古沼の両生類. 両生類誌 (14): 1–10.

廣瀬文夫・金井賢一郎. 2008. 温泉の流れ込む伊香保温泉 - 湯沢におけるカジカガエルの産卵期. 両生類誌 (17): 25–28.

廣瀬文男・富岡克寛. 2002. ヤマアカガエルの背中線. 両生類誌 (8): 39.

久居宜夫. 1975. ヒキガエルの生態学研究 (Ⅱ) ヒキガエルの成長. 自然教育園報告 (6): 9–19.

久居宣夫. 1981. ヒキガエルの生態学研究（VI）雌雄による成長と性成熟の差異. 自然教育園報告 (12): 103–113.

久居宣夫・菅原十一. 1978. ヒキガエルの生態学研究（V）繁殖期における出現と気象条件との関係について. 自然教育園報告 (8): 135–149.

本郷敏夫. 1978. カエルの幼生歯形成過程の類別. 生物秋田 (22): 13–15.

本郷敏夫. 1999. 秋田県の両生類相と分布状態解明の状況. 両生類誌 (3): 21–27.

星一彰. 2002. 福島県の両生類相研究史付福島県の両生類目録. 両生類誌 (9): 1–4.

細将貴. 2002. ヤエヤマアオガエル卵塊の9月初旬の観察例. 爬虫両棲類学会報 2002(1): 5–6.

Hosoi, M., Y. Hasegawa, H. Ueda and N. Maeda. 1996. Scanning electron microscopy of the mouthparts in the anuran tadpole Rhacophoridae, *Buergeria buergeri*. J. Electron Microsc. 45(6): 477–482.

Hosoi, M., S. Niida, Y. Yoshiko, S. Suemune and N. Maeda. 1995. Scanning electron microscopy of horny teeth in the anuran tadpole Rhacophoridae, *Rhacophorus arboreus* and *Rhacophorus schlegelii*. J. Electron Microsc. 44(5): 351–357.

細井光輝・長谷川嘉則. 2011. 広島市に生息するアカガエル類3種のオタマジャクシ口器の形態. 両生類誌 (21): 29–31.

市川衛. 1951. 蛙学. 裳華房, 東京. 239 pp.

Igawa, T., A. Kurabayashi, M. Nishioka and M. Sumida, 2006. Molecular phylogenetic relationship of toads distributed in the Far East and Europe inferred from the nucleotide sequences of mitochondrial DNA genes. Mol. Phylogenet. Evol. 38: 250–260.

Igawa, T., S. Komaki, T. Takahara and M. Sumida, 2015. Development and validation of PCR-RFLP assay to identify three Japanese brown frogs of the true frog genus *Rana*. Curr. Herpetol. 34(1): 89–94.

Igawa, T., Nozawa, M., Nagaoka, M., Komaki, S., Oumi, S., Fujii, T. and Sumida, M. 2015. Microsatellite marker development by multiplex ion torrent PGM sequencing: a case study of the endangered *Odorrana narina* complex of frogs. J. Hered. 106: 131–137.

伊藤禎雄・半田由香里・原田洋. 2007. 横浜市北部の丘陵におけるニホンアカガエルの食性. 爬虫両棲類学会報 2007(2): 111–119.

Ihara, S. 1999. Site selection for hibernation by the tree frog, *Rhacophorus schlegelii*. Jpn. J. Herpetol. 18(2): 39–44.

飯塚光司. 1989. ニホンアカガエルとヤマアカガエルの染色体分染法による核型. 爬虫両棲類学雑誌 13(1): 15–20.

飯塚光司・懸川雅市・前田憲男. 1990. シュレーゲルアオガエルとモリアオガエルの核小体形成部位. 爬虫両棲類学雑誌 13(4): 120–125.

Ikeda, T., H. Ota and M. Matsui. 2016. New fossil anurans from the Lower Cretaceous Sasayama Group of Hyogo Prefecture, Western Honshu, Japan. Cretaceous Res. 61: 108–123.

池原貞雄・下謝名松栄. 1975 沖縄の陸の動物. 風土記社, 那覇. 143 pp.

池原貞雄・与那城義春・宮城邦治・当山正直. 1984. 琉球列島動物図鑑 1, 陸の脊椎動物. 新星図書出版, 那覇. 351 pp.

Inger, R. F. 1947. Preliminary survey of the amphibians of the Riukiu Islands. Fieldiana: Zool. 32: 295–352.

Inger, R. F. 1950. Distribution and speciation of the amphibians of the Riu Kiu Islands. Amer. Naturalist 84: 95–115.

井上泰佑. 1979. ダルマガエルのなわばり行動について. 日本生態学会誌 29: 149–161.

井上祐子. 2016. 外来哺乳類アライグマによるシュレーゲルアオガエルの捕食事例. 爬虫両棲類学会報 2016(1): 29–32.

Ishii, S., K. Kubokawa, M. Kikuchi and M. Nishio. 1995. Orientation of the toad, *Bufo japonicus*, toward the breeding pond. Zool. Sci. 12: 475–484.

石川均. 2001. 静岡県におけるカエルの分布に関する問題. 両生類誌 (6): 21–24.

石川均. 2002. ヤマアカガエルの陸生昆虫幼虫による被捕食例. 両生類誌 (8): 40.

伊藤邦夫. 1998. 岡山県のダルマガエルの生息状況と保護に関する調査・研究. 日本私学教育研究所紀要 33(2): 165–178.

伊藤寿茂. 2007. U字溝用水路内で越冬するトウキョウダルマガエルの観察例. 爬虫両棲類学会報 2007(2): 127–128.

伊藤真. 2014. トノサマガエルとナゴヤダルマガエルの雌における繁殖期の鳴き声使用について. 爬虫両棲類学会報 2014 (1): 61.

岩井紀子. 2010. オットンガエルの捕食行動―ガラスヒバァからの横取り例―. 爬虫両棲類学会報 2010(2): 103–105.

岩井紀子. 2010. ガラスヒバァによるオットンガエル（卵, オタマジャクシ）の捕食例. 爬虫両棲類学会報 2010(2): 111–112.

岩井紀子. 2011. オットンガエル卵の捕食者3種の観察例. 爬虫両棲類学会報 2011(1): 19–24.

Iwai, N. 2013. Morphology, function and evolution of the pseudothumb in the Otton frog. J. Zool. 289(2):127–133.

岩井紀子. 2014. 奄美大島住用町におけるカエルの鳴き声モニタリング結果. 爬虫両棲類学会報 2014(1): 18–20.

岩井紀子・加賀谷隆. 2005. モリアオガエル幼生の食物好適性. 爬虫両棲類学会報 2005(2): 100–102.

岩井紀子・亘悠哉. 2006. 奄美大島におけるイシカワガエル, オットンガエルの生息状況. 爬虫両棲類学会報 2006(2) 109–114.

岩井紀子・永井弓子. 2011. 奄美大島におけるイシカワガエルの青色変異個体. 爬虫両棲類学会報 2011(2): 111–112.

岩井紀子・亘悠哉・戸田光彦. 2016. アマミハナサキガエル繁殖個体の体サイズと年齢. 爬虫両棲類学会報 2015(2): 93–96.

岩井紀子・石井光・大海昌平・亘悠哉・赤坂宗光. 2016. 奄美大島南郷地域に生息するアマミイシカワガエルの大型個体群の体サイズと地表徘徊性. 爬虫両棲類学会報 2016(1): 13–18.

Iwai, N. and T. Kagaya. 2005. Growth of Japanese toad (*Bufo japonicus formosus*) tadpoles fed different food items. Curr. Herpetol. 24(2): 85–89.

Iwai, N., Y. Watari, H. T. Ishii and M. Akasaka. 2016. Are forest roads attractive hunting sites for frogs? A comparison of on-road and in-forest prey biomass and composition in Amami Island. Curr. Herpetol. 35(1): 1–7.

岩崎史知. 2012. 分散中のウシガエル幼体（*Rana catesbeiana*）による作業道水たまりの利用状況. 爬虫両棲類学会報 2013(1): 1–4.

岩沢久彰. 1971. タゴガエル－その産卵と発育－. 遺伝 25(2): 39–42.

岩沢久彰. 1981. ダルマガエル.pp.5–12. 第2回自然環境保全基礎調査動物分布調査報告書（両生・は虫類）全国版（その2）. 日本自然保護協会, 東京.

岩澤久彰. 1999. 渡瀬庄三郎がウシガエルを輸入した年についての混乱とその原因. 両生類誌 (2): 43–44.

岩澤久彰. 1999. 渡瀬庄三郎がウシガエルを輸入した年についての捕遺. 両生類誌 (3): 35.

岩澤久彰. 2005. アフリカツメガエルの初期の渡来とその動機およびマイニニ反

応. 両生類誌（14）: 17–20.

岩沢久彰・二上順子. 1992. ニホンアマガエルの発生段階図表. 爬虫両棲類学雑誌 14(3): 129–142.

岩沢久彰・河崎直子. 1979. モリアオガエルの発生段階図表. 爬虫両棲類学雑誌 8(1): 22–35.

岩沢久彰・北見健彦. 1985. 佐渡島に生息するヒキガエルの由来と現状〈講演要旨〉. 爬虫両棲類学雑誌 11(2): 66.

岩澤久彰・倉本満. 1996. 動物系統分類学 9（下 A1）脊椎動物（IIa1）両生類 I. 中山書店, 東京. 492 pp.

岩澤久彰・倉本満. 1997. 動物系統分類学 9（下 A2）脊椎動物（IIa2）両生類 II. 中山書店, 東京. 420 pp.

岩沢久彰・森田由美子. 1980. トウキョウダルマガエルの発生段階図表. 動物学雑誌 89: 65–75.

Iwasawa. H. and K. Saito. 1989. Adaptive characteristics related to torrential habitat in *Bufo torrenticola* larvae: comparison with those of the still water-breeding species *Bufo japonicus formosus*. Sci. Rep. Niigata Univ. Ser. D (Biol.) (26): 13–25.

角田羊平. 2005. ガラスヒバァによる無尾目の捕食例と餌動物の新知見. 爬虫両棲類学会報 2005(1): 7–9.

角田羊平・木寺法子. 2010. 沖縄島やんばる地域で目撃されたウシガエルの一例報告. Akamata (21): 27–28.

角田羊平・前野園唯史. 2007. 沖縄諸島におけるシロアゴガエルの新分布. Akamata(18): 23–27.

Kadowaki, S. 1996. Body size and population density of *Bufo japonicus formosus* from Nobeyama highland, Nagano. Jpn. J. Herpetol. 16(3): 108–113.

Kakehashi, R., A. Kurabayashi, S. Oumi, S. Katsuren, M. Hoso and M. Sumida. 2013. Mitochondrial genomes of Japanese *Babina* frogs (Ranidae, Anura): unique gene arrangements and the phylogenetic position of genus *Babina*. Genes Genet. Syst. 88: 59–67.

掛下尚一郎・齋藤仁志・瀧本宏昭. 2014. 横浜自然観察の森におけるアライグマによるヤマアカガエルの捕食行動の観察・撮影記録. 爬虫両棲類学会報 2014(2): 108–111.

金井堅一郎・広瀬文男. 1997. 群馬県産ナガレタゴガエルの分布と体測定値について. 群馬生物 46: 24–28.

金井賢一郎・廣瀬文男・富岡克寛. 1999. 群馬県における両生類相調査・研究史付群馬県の両生類目録. 両生類誌 (2):

13–22.

金森正臣. 1975. ヒキガエルの生態学的研究.（I）個体数の推定. 自然教育園報告 (6): 1–7.

金森正臣. 1975. ヒキガエルの生態学的研究.（VII）出現個体数. 自然教育園報告 (13): 1–4.

神林千晶・宇都武司・塩路恒生・倉林敦・清水則雄. 2016. 広島大学東広島キャンパスの両生類相－外来生物の現状とその影響－. 広島大総合博研報 8: 17–29.

兼光秀泰. 2004. 神戸市におけるヌマガエルの背中線型. 両生類誌 (13): 17–19.

Kashiwagi. A. 1981. Serum transferrin phenotypes of *Rana japonica* distributed in western Japan. Sci. Rep. Lab. Amphibian Biol. Hiroshima Univ. 5: 155–165.

春日井潔・虎尾充・竹内勝巳. 2008. サケの産卵床から発見されたエゾアカガエル. 爬虫両棲類学会報 2008(1): 1–3.

Kasuya, E., M. Hirota and H. Shigehara. 1996. Reproductive behavior of the Japanese tree frog, *Rhacophorus arboreus* (Anura: Rhacophoridae). Res. Popul. Ecol. 38(1): 1–10.

Kasuya, E., T. Kumai and T. Saito. 1992. Vocal repertoire of the Japanese treefrog, *Rhacophorus arboreus* (Anura: Rhacophoridae). Zool. Sci. 9: 469–473.

Kasuya. E., H. Shigehara and M. Hirota. 1987. Mating aggregation in the Japanese treefrog, *Rhacophorus arboreus* (Amura: Rhasophoridae): a test of cooperation hypothesis. Zool. Sci. 4(4): 693–697.

勝連盛輝. 1979. 沖縄のカエル. 動物と自然 9(6): 18–21.

Katsuren, S., S. Tanaka and S. Ikehara. 1977. A brief observation on the breeding site and eggs of a frog, *Rana ishikawae* (Stejneger) in Okinawa Island. Ecol. Stud. Nat. Cons. Ryukyu Isl. (III): 49–54.

川上敬弘・東口信行・亀崎直樹・太田英利. 2017. 兵庫県淡路市のため池で確認されたアフリカツメガエル(両生綱, 無尾目, ピパ科). 爬虫両棲類学会報 2017(1): 13–17.

Kawamura. T. 1962. On the names of some Japanese frogs. J. Sci. Hiroshima Univ. (B-1) 20: 181–193.

川村智治郎. 1974. 両生類の種間雑種と種分化. 遺伝 28(4): 54–62.

Kawamura, T. and M. Kobayashi. 1959. Studies on hybridization in amphibians. VI. Reciprocal hybrids between *Rana temporaria temporaria* L. and *Rana temporaria ornativentris* Werner. J. Sci.

Hiroshima Univ. (B-1) 18: 1–15.

Kawamura, T. and M. Kobayashi. 1960. Studies on hybridization in amphibians. VII. Hybrids between Japanese and European brown frogs. J. Sci. Hiroshima Univ. (B-1) 18: 221–238.

Kawamura, T. and M. Nishioka. 1977. Aspects of reproductive biology of Japanese anurans. pp.103–139. In: D. H. Taylor and S. I. Guttman (ed.). The Reproductive Biology of Amphibians. Plenum Press, New York.

Kawamura. T. and M. Nishioka. 1979. Isolating mechanisms among the water frog species distributed in the Palearctic region. Mitt. Zool. Mus. Berlin 55: 171–185.

川村智治郎・西岡みどり. 1988. 日本産ヒキガエル類の分類－電気泳動法による分析. 遺伝 42(4): 61–69.

Kawamura, T., M. Nishioka, M. Sumida and M. Ryuzaki. 1990. An electrophoretic study of genetic differentiation in 40 populations of *Bufo japonicus* distributed in Japan. Sci. Rep. Lab. Amphibian Biol. Hiroshima Univ. 10: 1–51.

Kawamura. T., M. Nishioka and H. Ueda. 1980. Inter–and intraspecific hybrids in Japanese, European and American toads. Sci. Rep. Lab. Amphibian Biol. Hiroshima Univ. 4: 1–125.

Kawamura. T., M. Nishioka and H. Ueda. 1981. Interspecific hybrids among Japanese, Formosan, European and American brown frogs. Sci. Rep. Lab. Amphibian Biol. Hiroshima Univ. 5: 195–323.

Kawamura, T., M. Nishioka and H. Ueda. 1990. Reproductive isolation in treefrogs distributed in Japan, Korea, Europe and America. Sci. Rep. Lab. Amphibian Biol. Hiroshima Univ. 10: 255–293.

河内紀浩. 2002. 伊平屋島と伊江島からのシロアゴガエルの新記録. Akamata (16): 6.

川内一憲・奥野宏樹・藤井豊. 2011. 福井県越前市で発見されたトノサマガエル（*Rana nigromaculata*）のアルビノ. 両生類誌 (22): 13–14.

Khonsue, W., M. Matsui, T. Hirai and Y. Misawa. 2001. A comparison of age structures in two populations of a pond frog *Rana nigromaculata* (Amphibia: Anura). Zool. Sci. 18(4): 597–603.

Khonsue, W., M. Matsui, T. Hirai and Y. Misawa. 2001. Age determination of wrinkled frog, *Rana rugosa* with special reference to high variation in postmetamorphic body size (Amphibia: Ranidae). Zool. Sci. 18(4): 605–612.

Khonsue, W., M. Matsui and Y. Misawa. 2002. Age determination of Daruma pond frog, *Rana porosa brevipoda* from Japan towards its conservation (Amphibia: Anura). Amphibia-Reptilia. 23(3): 259–268.

Khonsue, W. and M. Matsui. 2001. Absence of lines of arrested growth in overwintered tadpoles of American bullfrog *Rana catesbeiana* (Amphibia: Anura). Curr. Herpetol. 20(1): 33–37.

Kidera N. and H. Ota. 2008. Can exotic toad toxins kill native Ryukyu snakes? Experimental and field observations on the effects of *Bufo marinus* toxins on *Dinodon rufozonatum walli*. Curr. Herpetol. 27(1): 23–27.

木寺法子・戸田守. 2010. 八重山諸島の上地島（新城島）および嘉弥真島の両生爬虫類相. Akamata(21): 44–49.

橘川次郎. 1951. ウシガエルの分布と生態について. 日本生物地理学会会報 15: 42–43.

Kim, J.–B., M. Matsui, J.–E. Lee, M.–S. Min, J.–H. Suh and S.–Y. Yang. 2004. Notes on a discrepancy in mitochondrial DNA and allozyme differentiation in a pond frog *Rana nigromaculata*. Zool. Sci. 21: 39–42.

木村青史・三浦淑恵・李沢恵・大川花帆・津村芽依. 2016. ウシガエルのメス亜成体によるウグイスの捕食例. 爬虫両棲類学会報 2016(1): 32–34.

木村青史 2017. 青森県北東部における小型アズマヒキガエルの繁殖状況. 爬虫両棲類学会報. 2017(1): 7–12.

木村青史・今西洋平・京谷和弘・清田環希. 2017. 秋田県の海岸環境で繁殖する無尾目. 爬虫両棲類学会報. 2017(1): 47–52.

杵渕謙二郎. 1983. ウシガエルの産卵行動. 両生爬虫類研究会誌(26): 22–24.

Kishimoto, K. and F. Hayashi. 2017. The complete embryonic and larval stages of the oophagous frog *Kurixalus eiffingeri* (Rhacophoridae). Curr. Herpetol. 36(1): 37–45.

木場一雄. 1955. 奄美大島の爬虫類及び両棲類. 熊本大学教育学部研究紀要 3: 145–162.

木場一雄. 1956. 奄美群島の爬虫・両棲相(I) 熊本大学教育学部研究紀要 4: 147–164.

木場一雄. 1956. 日本の爬虫・兩棲相. 日本生物地理学会会報 16/19: 345–354.

木場一雄. 1957. 沖縄島の爬虫・兩棲類について. 熊本大学教育学部研究紀要 5: 191–208.

木場一雄. 1958. 奄美群島の爬虫・両棲相(Ⅱ) 熊本大学教育学部研究紀要 6: 173–185.

木場一雄. 1959. 奄美群島の爬虫・両棲相(Ⅲ). 熊本大学教育学部研究紀要 7: 187–202.

木場一雄. 1960. 奄美群島の爬虫・両棲相(Ⅳ). 熊本大学教育学部研究紀要 8: 181–191.

Kobayashi, M. 1962. Studies on reproductive isolation mechanisms in brown frogs. II. Hybrid sterility. J. Sci. Hiroshima Univ. (B-1) 20: 157–179.

小林頼太・長谷川雅美. 2005. 関東平野におけるアフリカツメガエルの確認記録と定着可能性. 爬虫両棲類学会報 2005(2): 169–173.

小島仁志・大澤啓志. 2003. ニホンアマガエルの樹洞越冬の観察例. 爬虫両棲類学会報 2003(1): 1–2.

国領康弘. 1978. 横浜市荏田におけるトウキョウダルマガエルの生態〈講演要旨〉. 爬虫両生類学雑誌 7(4): 107–108.

国領康弘・松井正文. 1979. トノサマガエル・ダルマガエルにみられる側頭部暗色斑紋の変異について. 爬虫両棲類学雑誌 8(2): 47–55.

國領康弘. 2009. 静岡県のアフリカツメガエルの生息調査. 爬虫両棲類学会報 2009(2): 103–106.

小巻翔平. 2012. 種子島におけるヌマガエル生息の報告. 爬虫両棲類学会報 2012(1): 1–2.

小巻翔平・井川武・住田正幸. 2014. リュウキュウカジカガエル幼生・幼体の色彩変異. 爬虫両棲類学会報 2014(1): 17–18.

Komaki, S., T. Igawa, M. Nozawa, S.-M. Lin, S. Oumi and M. Sumida. 2014. Development and characterization of 14 microsatellite markers for *Buergeria japonica* (Amphibia, Anura, Rhacophoridae). Genes & Genet. Syst. 89: 35–39.

Komaki, S., T. Igawa, S.-M. Lin, K. Tojo, M.-S. Min and M. Sumida. 2015. Robust molecular phylogeny and palaeodistribution modelling resolve a complex evolutionary history: glacial cycling drove recurrent mtDNA introgression among *Pelophylax* frogs in East Asia. J. Biogeog. 42: 2159–2171.

Komaki, S., A. Kurabayashi, M. M. Islam, K. Tojo and M. Sumida. 2012. Distributional change and epidemic introgression in overlapping areas of Japanese pond frog species over 30 years. Zool. Sci. 29: 351–358.

小森康之・高槻成紀. 2015. アファンの森におけるカエル3種の微生息地選択と食性比較. 爬虫両棲類学会報 2015(1): 23–28.

越野一志. 2015. ナミエガエルによるクロイワトカゲモドキの捕食例. Akamata (25): 13–14.

Kotaki, M., A. Kurabayashi, M. Matsui, M. Kuramoto, T. H. Djong and M. Sumida. 2010. Molecular phylogeny for the diversified frogs of genus *Fejervarya* (Anura: Dicroglossidae). Zool. Sci. 27: 386–395.

Kubiura, M. I. Miura and M. Tada, 2015. Chromosomal distribution patterns of global 5mC and 5hmC on the ZZ/ZW and XX/XY chromosomes in the Japanese wrinkled frog, *Rana rugosa*, induced by Tet methylcytosine dioxygenase enzymes. Chromosome Sci.18: 3–8.

熊倉雅彦・吉江紀夫・小林寛. 2002. タゴガエルにおける舌と舌乳頭の形態形成. 両生類誌 (9): 5–14.

熊倉雅彦・吉江紀夫・小林寛. 2008. タゴガエルにおける舌と舌乳頭の形態形成－特に味覚器官の発生について. 両生類誌 (17): 1–13.

Kurabayashi, A., N. Yoshikawa, N. Sato, Y. Hayashi, S. Oumi, T. Fujii and M. Sumida. 2010. Complete mitochondrial DNA sequence of the endangered frog *Odorrana ishikawae* (family, Ranidae) and unexpected diversity of mt gene arrangements in ranids. Mol. Phylogenet. Evol. 56: 543–553.

Kuraishi, N., M. Matsui, A. Hamidy, D. M. Belabut, N. Ahmad, S. Panha, A. Sudin, H.–S. Yong, J.–P. Jiang, H. Ota, H. T. Thong and K. Nishikawa. 2013. Phylogenetic and taxonomic relationships of the *Polypedates leucomystax* complex (Amphibia). Zool. Scripta 42(1): 54–70.

Kuraishi, N., M. Matsui and H. Ota. 2009. Estimation of the origin of *Polypedates leucomystax* (Amphibia: Anura: Rhacophoridae) introduced to the Ryukyu Archipelago, Japan. Pac. Sci. 63(3): 317–325.

Kuramoto, M. 1965. A record of *Rhacophorus*

leucomystax from the Ryukyu Islands. Bull. Fukuoka Gakugei Univ. Pt. III 15: 59–61.

Kuramoto, M. 1968. Studies on *Rana limnocharis* Boie II. Geographic variation in external characters. Bull. Fukuoka Gakugei Univ. Pt. III 18: 109–119.

Kuramoto, M. 1971. Studies on *Rana limnocharis* Boie IV. Karyotypic differentiation of subspecies. Bull. Fukuoka Gakugei Univ. Pt. III 20: 105–111c.

Kuramoto, M. 1972. Karyotypes of the six species of frogs (genus *Rana*) endemic to the Ryukyu Islands. Caryologia 25(4): 547–559.

Kuramoto, M. 1973. The amphibians of Iriomote of the Ryukyu Islands : ecological and zoogeographical notes. Bull. Fukuoka Univ. Educ. Pt. III 22: 139–151.

Kuramoto, M. 1974. Experimental hybridization between the brown frogs of Taiwan, the Ryukyu Islands and Japan. Copeia 1974(4): 815–822.

倉本満. 1974. カエル類の交雑実験. 爬虫両棲類学雑誌 5(4): 85–90.

倉本満. 1974. カエルの鳴き声. 遺伝 28(4): 32–39.

Kuramoto, M. 1975. Embryonic temperature adaptation in development rate of frogs. Physiol. Zool. 48(4): 360–366.

Kuramoto, M. 1975. Adaptive significance in oxygen consumption of frog embryos in relation to the environmental temperatures. Comp. Biochem. Physiol. 52A: 59–62.

Kuramoto, M. 1975. Mating calls of Japanese tree frogs (Rhacophoridae). Bull. Fukuoka Univ. Educ. Pt. III 24: 67–77.

Kuramoto, M. 1977. Mating calls of the frog, *Microhyla ornata*, from the Ryukyu Islands. Bull. Fukuoka Univ. Educ. Pt. III 26: 91–93.

Kuramoto, M. 1977. A comparative study of karyotypes in the tree frogs (Family Rhacophoridae) from Japan and Taiwan. Caryologia 30(3): 333–342.

Kuramoto, M. 1977. Mating call structures of the pond frogs, *Rana nigromaculata* and *Rana brevipoda* (Amphibia, Anura, Ranidae). J. Herpetol. 11(3): 249–254.

Kuramoto, M. 1978. Thermal tolerance of frog embryos as a function of developmental stage. Herpetologica 34: 417–422.

Kuramoto, M. 1978. Correlations of

quantative parameters of fecundity in amphibians. Evolution 32: 287–296.

Kuramoto, M. 1979. Interspecific hybridization between brown frogs, *Rana okinavana* female and *Rana chensinensis* male. Bull. Fukuoka Univ. Educ. Pt. III 28: 45–48.

倉本満. 1979. 琉球諸島のカエル類の分布と隔離. 爬虫両棲類学雑誌 8(1): 8–21.

Kuramoto, M. 1980. Mating calls of treefrogs (genus *Hyla*) in the Far east, with description of a new species from Korea. Copeia 1980: 100–108.

Kuramoto, M. 1980. Acoustic characterization of some Japanese frogs (genus *Rana*). Bull. Fukuoka Univ. Educ. Pt. III 29: 93–97.

Kuramoto, M. 1981. Postmating isolation in the *buergeri* group of Rhacophoridae (Anura, Amphibia). Bull. Fukuoka Univ. Educ. Pt. III 30: 61–64.

Kuramoto, M. 1984. *Rana namiyei* and *Rana kuhlii* (Anura: Ranidae): hybridization, gonadal differentiation, karyology and serum proteins. Bull. Fukuoka Univ. Educ. Pt. III 33: 29–39.

Kuramoto, M. 1984. Systematic implications of hybridization experiments with some Eurasian treefrogs (genus *Hyla*). Copeia 1984(3): 609–616.

Kuramoto, M. 1985. A new frog (genus *Rana*) from the Yaeyama group of the Ryukyu Islands. Herpetologica 41(2): 150–158.

Kuramoto, M. 1986. Call structures of the rhacophorid frogs from Taiwan. Sci. Rep. Lab. Amphibian Biol. Hiroshima Univ. 8: 45–68.

Kuramoto, M. 1987. Advertisement calls of two Taiwan microhylid frogs, *Microhyla heymonsi* and *M. ornata*. Zool. Sci. 4: 563–567.

Kuramoto, M. 1990. A list of chromosome numbers of anuran amphibians. Bull. Fukuoka Univ. Educ. Pt. III 39: 83–127.

Kuramoto, M. 1996. Karyotype of *Rana narina* complex (Anura: Ranidae) from Japan and Taiwan. Bull. Fukuoka Univ. Educ. Pt. III 45: 27–35.

Kuramoto, M. 1996. Generic differentiation of sperm morphology in treefrogs from Japan and Taiwan (Anura: Rhacophoridae). J. Herpetol. 30(3): 437–443.

Kuramoto, M. 1996. Spermatozoa of several frog species from Japan and adjacent

regions. Jpn. J. Herpetol. 17(3): 107–116.

Kuramoto, M. 1998. Spermatozoa of several frog species from Japan and adjacent regions. Jpn. J. Herpetol. 17(3): 107–116.

倉本満. 2002. 福岡県の両生類相研究史. 両生類誌 (8): 1–11.

倉本満. 2004. 両生類の精子. 無尾目. 両生類誌 (13): 1–16.

倉本満. 2005. 日本産両生類の体水分量と限界水分消失量. 爬虫両棲類学会報 2005(2): 95–99.

倉本満・古谷英三・竹上政夫・矢野啓子. 1974. 日本・台湾のカエル数種の核型. 福岡教育大紀要 23 理科編: 67–78.

倉本満・角田雅美・斎田美佐子. 1971. アカガエル類における胚の温度耐性. 爬虫両棲類学雑誌 4(1/4): 1–4.

倉本満・宇都宮妙子. 1981. 台湾産アオガエル類2種の鳴き声および鳴き声からみた琉球諸島の種との関係. 爬虫両棲類学雑誌 9(1): 1–6.

Kuramoto. M. and C. Wang. 1987. A new rhacophorid treefrog from Taiwan, with comparisons to *Chirixallus eiffingeri* (Anura, Rhacophoridae). Copeia 1987(4): 931–942.

倉本満・石川英孝. 2000. 北九州市山田緑地におけるアカガエル類の繁殖生態. 爬虫両棲類学会報 2000(1): 7–18.

倉本満・岡田純・鶴崎展巨. 2002. 山陰地方東部のヌマガエル. 爬虫両棲類学会報 2002(1): 10–13.

Kuramoto, M. and S. H. Joshy. 2006. Morphological and acoustic comparisons of *Microhyla ornata*, *M. fissipes* and *M. okinavensis* (Anura: Microhylidae). Curr. Herpetol. 25: 15–27.

Kuramoto, M., N. Satou, S. Oumi, A. Kurabayashi and M. Sumida. 2011. Inter– and intra–island divergence in *Odorrana ishikawae* (Anura, Ranidae) of the Ryukyu Archipelago of Japan, with description of a new species. Zootaxa 2767: 25–40.

黒木俊郎・宇根有美. 2007. 両生類のツボカビ症. 爬虫両棲類学会報 2007(1) 20–31.

Kusano, T. 1998. A radio–tracking study of post–breeding dispersal of the treefrog *Rhacophorus arboreus* (Amphibia: Rhacophoridae). Jpn. J. Herpetol. 17(3): 98–106.

草野保・福山欣司 1987. 東京都五日市盆堀川における仮称ナガレタゴガエルの体の大きさと繁殖行動. 爬虫両棲類学雑誌 12(2): 65–71.

草野保・福山欣司. 1988. 渓流で繁殖する両生類の生態. 採集と飼育 50(7): 307–311.

Kusano, T. and K. Fukuyama. 1989. Breeding activity of a stream-breeding frog (*Rana* sp.). pp.314–322. In: Matsui, M., T. Hikida and R. C. Goris(eds.). Current Herpetology in East Asia. Herpetol. Soc. Japan, Kyoto.

Kusano, T., K. Fukuyama and N. Miyashita. 1995. Age determination of the stream frog *Rana sakuraii*, by skeletochronology. J. Herpetol. 29(4): 625–628.

Kusano, T., K. Fukuyama and N. Miyashita. 1995. Body size and age determination by skeletochronology of the brown frog *Rana tagoi tagoi* in southwestern Kanto. Jpn. J. Herpetol. 16(2): 29–34.

Kusano, T., and T. Hayasi 2002. Female size-specific clutch parameters of two closely related stream–breeding frogs, *Rana sakuraii* and *R. tagoi tagoi*. Female sizeindependent and size–dependent egg sizes. Curr. Herpetol. 21 (2): 75–86.

Kusano, T., K. Maruyama and S. Kaneko. 1995. Post-breeding dispersal of the Japanese toad, *Bufo japonicus formosus* (Amphibia: Bufonidae). J. Herpetol. 29 (4): 633–638.

Kusano, T., K. Maruyama and S. Kaneko. 2010. Body size and age structure of a breeding population of the Japanese common toad, *Bufo japonicus formosus* (Amphibia: Bufonidae). Curr.Herpetol. 29(1): 23–31.

Kusano, T., T. Miura, S. Terui and K. Maruyama, 2015. Factors affecting the breeding activity of the Japanese common toad, *Bufo japonicus formosus* (Amphibia: Bufonidae) with special Reference to the lunar cycle. Curr. Herpetol. 34(2): 101–111.

Kusano, T., A. Sakai and S. Hatanaka 2005. Natural egg mortality and clutch size of the Japanese treefrog, *Rhacophorus arboreus* (Amphibia: Rhacophoridae). Curr. Herpetol. 24 (2): 79–84.

草野保・戸田光彦. 1992. モリアオガエルはなぜ巨大精巣をもつのか？ーカエル類の精巣サイズの進化ー. 遺伝 42(2): 17–25.

Kusano, T. M. Toda and K. Fukuyama. 1991. Testes size and breeding systems in Japanese anurans with special reference to large testes in the treefrog, *Rhacophorus arboreus* (Amphibia: Rhacophoridae).

Behav. Ecol. Sociobiol. 29: 27–31.

Kuzmin, S. L. and I. Maslova. 2005. Amphibians of the Russian Far East. KMK, Moskow. 434pp (ロシア語)

Li, J.–T., J.–S. Wang, H.–H. Nian, S. N. Litvinchuk, J. Wang, Y. Li, D.–Q. Rao and S. Klaus. 2015. Amphibians crossing the Bering Land Bridge: Evidence from holarctic treefrogs (*Hyla*, Hylidae, Anura). Mol. Phylogenet. Evol. 87: 80–90.

Liem, S. S. 1970. The morphology, systematics, and evolution of Old World treefrogs (Rhacophoridae and Hyperoliidae). Fieldiana: Zool. 57: 1–145.

呂光洋・杜銘章・向高世. 1999. 臺灣兩棲爬行動物圖鑑. 大自然雑誌社, 台北. 343p.

前田憲男. 2016. ヤエヤマイシガメによるカエル幼生の捕食. 爬虫両棲類学会報 2015(2): 119–120.

前田憲男・松井正文. 1989. 日本カエル図鑑. 文一総合出版, 東京. 1–206p.

前田憲男・松井正文. 1999. 改訂版日本カエル図鑑. 文一総合出版, 東京. 1–223p.

前田憲男・上田秀雄. 2010. 声が聞こえるカエルハンドブック. 文一総合出版, 東京.

前之園唯史・戸田守. 2007. 琉球列島における両生類および陸生爬虫類の分布. Akamata (18): 28–46.

丸野内淳介. 2008. シュレーゲルアオガエル雄間の接触の事例. 爬虫両棲類学会報 2008(2) 84–88.

Marunouchi, J., Kusano,T. and H. Ueda 2000. Validity of back–calculation methods of body size from phalangeal bones. An assesment using data for *Rana japonica*. Curr. Herpetol. 19 (2): 81–89.

Maruyama, K. 1979. Seasonal cycles in organ weights and lipid levels of the frog, *Rana nigromaculata*. Annot. Zool. Jap. 52: 18–27.

増永元・中村泰之・富永篤. 2008. 沖縄島北部産ヒメハブの新生個体によるリュウキュウアカガエルの捕食. Akamata (19): 5–8.

増永元・太田英利・戸田光彦・中島朋成・鐘雅哉・松本千枝子. 2005. 鳩間島におけるオオヒキガエルの侵入と生息状況. 爬虫両棲類学会報 2005(2)：173–179.

松田久司. 2004. 横浜自然観察の森におけるヤマアカガエルの卵塊数（2002–2004）. 爬虫両棲類学会報 2004(2): 123–127.

松井正文. 1974. ヒキガエル耳腺分泌物質の種内変異について. 動物学雑誌 83(1) 91–95.

松井正文. 1975. 南大東島から記録されたオオヒキガエルについて. 爬虫両棲類学雑誌 6(2): 43–47.

Matsui. M. 1975. A new type of Japanese toad larvae living in mountain torrents. Zool. Mag.(Tokyo) 84: 196–204.

Matsui. M. 1976. A new toad from Japan. Contr. Biol. Lab. Kyoto Univ. 25: 1–9.

松井正文. 1976. ナガレヒキガエル－日本産ヒキガエルのニューフェース(その1, その2). Nature Study 22: 105–110, 145–148.

Matsui, M. 1976. Experimental hybridization between toads from Kyoto and toads from Miyako Is. and France. Jpn. J. Herpetol. 6(3): 80–92.

Matsui. M. 1978. Correlation between relatire weights of hindlimb muscles and locomotor patterns in Japanese anurans. Contr. Biol. Lab. Kyoto Univ. 25(3): 223–240.

松井正文. 1979. 日本のヒキガエル. 動物と自然 9(6): 13–17.

松井正文. 1979. 滋賀県の両生類. pp.591–614. 滋賀県の自然. 滋賀県自然保護財団, 滋賀.

松井正文. 1980. カエルの繁殖行動. 採集と飼育 42(3): 132–135.

松井正文. 1980. ウシガエル－その功罪－pp.60–65. ナラマイシン研究会(編) 住環境の有害鳥獣対策レポート. ナラマイシン研究会, 大阪.

Matsui. M. 1980. Karyology of Eurasian toads of the *Bufo bufo* complex. Annot. Zool. Jap. 53(1): 56–68.

Matsui. M. 1984. Morphometric variation analyses and revision of the Japanese toads (genus *Bufo*, Bufonidae). Contr. Biol. Lab. Kyoto Univ. 26(3/4): 209–428.

Matsui. M. 1985. Variation in coded morphological characters in the Japanese common toad from Momoyama, Kyoto, Japan. Zool. Sci. 2(1): 95–103.

Matsui, M. 1985. Male release call characteristics of Japanese toads. Contr. Biol. Lab. Kyoto Univ. 27(1): 111–120.

Matsui. M. 1986. Geographic variation in toads of the *Bufo bufo* complex from the Far East, with a dscription of a new subspecies. Copeia 1986(3): 561–579.

松井正文. 1987. 種類と分布, 繁殖の地理的変異とその要因. pp.1–18, 19–31. 浦野明央・石原勝敏(編) ヒキガエルの生物学. 掌華房, 東京.

松井正文. 1988. ナガレヒキガエル. 日本の生物 2(8): 48–55.

松井孝爾. 1976. カエルの世界. 平凡社, 東

a snake community on Kinkasan Island, Miyagi Prefecture, Japan. Curr. Herpetol. 35(2): 106–114.

森哲・戸田守・村山望. 2009. リュウキュウアカガエルとハナサキガエルの繁殖日の12年間にわたる年変動. Akamata (20): 19–23.

森口一. 1988. 沖縄島南部におけるシロアゴガエルの記録. Akamata (5): 1.

森口一・林光武・木村有紀・富岡克寛・小林敏男. 2004. 群馬県境町と新田町におけるヌマガエルの分布確認. 爬虫両棲類学会報 2004(2): 119–120.

守屋勝太. 1951. 交雑實驗によるトノサマガエル2亜種の研究. I. 岡山地方に於ける2亜種. 広島大学生物学会誌 3: 1–8.

Moriya, K. 1951. On isolating mechanisms between the two subspecies of the pond frog, *Rana nigromaculata*. J. Sci. Hiroshima Univ. (B-1) 12: 47–56.

Moriya, K. 1952. Genetical studies of the pond frog, *Rana nigromaculata*. I. Two types of *Rana nigromaculata nigromaculata* found in Takata district J. Sci. Hiroshima Univ. (B-1) 13: 189–197.

Moriya, K. 1954. Studies on the five races of the Japanese pond flog, *Rana nigromacllllata* Hallowell. I. Differences in the morphological characters. J. Sci. Hiroshima Univ. (B-1) 15: 1–21.

守屋勝太. 1956. 日本産トノサマガエルの地方種族とその分布. 日本生物地理学会会報 16/19: 354–359.

Moriya, K. 1959. Occurrence of the natural hybrid between *Rana nigromaculata* and *R. n. brevipoda* in Okayama district. Bull. Sch. Educ. Okayama Univ. 8: 84–93.

Moriya, K. 1960. Studies on the five races of the Japanese pond frog, *Rana nigromaculata* Hallowell. II. Differences in developmental characters. J. Sci. Hiroshima Univ. (B-1) 18: 109–124.

Moriya, K. 1960. Studies on the five races of the Japanese pond frog, *Rana nigromaculata* Hallowell. III. Sterility in interracial hybrids. J. Sci. Hiroshima Univ. (B-1) 18: 125–156.

守屋勝太. 1965. トノサマガエルとダルマガエル間の戻し雑種雄の生殖能力について. 岡山大教育研究集録 19: 50–63.

守屋勝太. 1979. 日本のトノサマガエルとダルマガエル. 動物と自然 9(6): 8–12.

村上裕. 2008. 愛媛県におけるトノサマガエルとヌマガエルの分布傾向. 爬虫両棲類学会報 2008(2): 89–93.

村山望・河内紀浩. 2002. 野外におけるナ

ミエガエルの幼生期間に関する観察一例. Akamata (16): 7–8.

永野昌博・森田祐介. 2013. 奄美大島の両生類〜アマミイシカワガエル探検記〜. 九州両生爬虫類研究会誌 (4): 35–49.

内藤俊彦. 2001. 宮城県における両生類研究史. 両生類誌 (7): 1–14.

中島朋成・戸田光彦・青木正成・鑪雅哉 2005. 西表島におけるオオヒキガエル対策事業について. 爬虫両棲類学会報 2005(2): 179–186.

中村定八. 1934. ニホンヒキガヘル *Bufo vulgaris japonicus* (Schlegel) の産出卵及び卵巣に関する数量的研究. 動物学雑誌 46: 429–448.

中村健児・上野俊一. 1963. 原色日本両生爬虫虫類図鑑. 保育社, 大阪. 214 pp.

中村泰之. 2010. ナミエガエルによるオキナワアオガエルの捕食例. Akamata (21): 7–8.

Nakamura, Y., A. Takahashi and H. Ota. 2009. Evidence for the recent disappearance of the Okinawan tree frog *Rhacophorus viridis* on Yoronjima Island of the Ryukyu Archipelago, Japan. Curr. Herpetol.. 28(1): 29–33.

中根一芳. 1953. シュレーゲルアオガエルとモリアオガエルの隔離現象について〈講演要旨〉. 動物学雑誌 62(3/4): 76.

中根一芳. 1953. シュレーゲルアオガエルとモリアオガエルの隔離現象 II〈講演要旨〉. 動物学雑誌 62(11/12): 433.

中野紘一. 2015. ニホンヒキガエル"カエル合戦"の観察記録. 九州両生爬虫類研究会誌 (6): 1–5.

仲宗根貴道・田場美沙基・清澤昇太・富永篤. 2015. リュウキュウカジカガエルの変態サイズ, 野外, 飼育下での幼体の成長速度. Akamata (25): 1–4.

Nakatani, T. and Y. Okada. 1966. *Rana tagoi yakushimensis* n. subsp. from Yakushima, Kagoshima Prefecture, Japan. Acta Herpetol. Jap. 1(4): 64–66 + pl.1.

南部久雄. 1999. 富山県の両生・爬虫類相の研究史. 両生類誌, (3): 1–7.

南部久男. 2004. 環日本海地域の両生類相. 両生類誌 (12): 23–26.

南部久男・荒木克昌. 1997. 富山県宇奈月町からのナガレタゴガエルの記録. 富山市科学文化セ研報 20: 113.

南部久男・福田保. 2011. 富山県で発見されたトノサマガエルのアルビノ. 両生類誌 (22): 15–16.

南部久男・福田保・荒木克昌. 2002. 渓流におけるヒキガエル類の繁殖生態 I. アズマヒキガエルとナガレヒキガエルの

雑種の出現. 両生類誌 (9): 15–24.

Nambu, H. and M. Matsui. 1984. Altitudinal cline in the body size of the Japanese common toad (Amphibia, Bufonidae) from Toyama Prefecture, Central Japan. Bull. Toyama Sci. Mus. 6: 69–72.

西真弘・星野蒼一郎・岡野智和. 2016. ヒメハブおよびアカマタの体サイズと出現するカエル類の関係について. 九州両生爬虫類研究会誌 (7): 40–47.

Nishikawa, K. and S. Ochi. 2016. A case of scavenging behavior by the Japanese rice frog, *Fejervarya kawamurai* (Amphibia: Anura: Dicroglossidae). Curr. Herpetol. 35(2): 132–134.

Nishioka, M., H. Hanada, I. Miura and M. Ryuzaki. 1994. Four kinds of sex chromosomes in *Rana rugosa*. Sci. Rep. Lab. Amphibian Biol. Hiroshima Univ. 13: 1–34.

Nishioka, M., Y. Kodama, M. Sumida and M. Ryuzaki. 1993. Systematic evolution of 40 populations of *Rana rugosa* distributed in Japan elucidated by electrophoresis. Sci. Rep. Lab. Amphibian Biol. Hiroshima Univ. 12: 83–131.

Nishioka, M., I. Miura and K. Saitoh. 1993. Sex chromosomes of *Rana rugosa* with special reference to local differences in sex–determining mechanism. Sci. Rep. Lab. Amphibian Biol. Hiroshima Univ. 12: 55–81.

Nishioka. M., S. Ohta and M. Sumida. 1987. Intraspecific differentiation of *Rana tagoi* elucidated by electrophoretic analyses of enzymes and blood proteins. Sci. Rep. Lab. Amphibian Biol. Hiroshima Univ. 9: 97–133.

Nishioka. M., H. Okumoto and M. Ryuzaki. 1987. A comparative study on the karyotypes of pond frogs distributed in Japan, Korea, Taiwan, Europe and North America. Sci. Rep. Lab. Amphibian Biol. Hiroshima Univ. 9: 135–163.

Nishioka. M., H. Okumoto, H. Ueda and M. Ryuzaki. 1987. Karyotypes of brown frogs distributed in Japan, Korea, Europe and North America. Sci. Rep. Lab. Amphibian Biol. Hiroshima Univ. 9: 165–212.

Nishioka, M., M. Sumida. 1990. Differentiation of *Rana limnocharis* and two allied species elucidated by electrophoretic analyses. Sci. Rep. Lab. Amphibian Biol. Hiroshima Univ. 10: 125–154.

Nishioka, M., and M. Sumida. 1992.

草野保・福山欣司. 1988. 渓流で繁殖する両生類の生態. 採集と飼育 50(7): 307–311.

Kusano, T. and K. Fukuyama. 1989. Breeding activity of a stream-breeding frog (Rana sp.). pp.314–322. In: Matsui, M., T. Hikida and R. C. Goris(eds.). Current Herpetology in East Asia. Herpetol. Soc. Japan, Kyoto.

Kusano, T., K. Fukuyama and N. Miyashita. 1995. Age determination of the stream frog Rana sakuraii, by skeletochronology. J. Herpetol. 29(4): 625–628.

Kusano, T., K. Fukuyama and N. Miyashita. 1995. Body size and age determination by skeletochronology of the brown frog Rana tagoi tagoi in southwestern Kanto. Jpn. J. Herpetol. 16(2): 29–34.

Kusano, T., and T. Hayasi 2002. Female size-specific clutch parameters of two closely related stream–breeding frogs, Rana sakuraii and R. tagoi tagoi. Female sizeindependent and size–dependent egg sizes. Curr. Herpetol. 21 (2): 75–86.

Kusano, T., K. Maruyama and S. Kaneko. 1995. Post-breeding dispersal of the Japanese toad, Bufo japonicus formosus (Amphibia: Bufonidae). J. Herpetol. 29 (4): 633–638.

Kusano, T., K. Maruyama and S. Kaneko. 2010. Body size and age structure of a breeding population of the Japanese common toad, Bufo japonicus formosus (Amphibia: Bufonidae). Curr.Herpetol. 29(1): 23–31.

Kusano, T., T. Miura, S. Terui and K. Maruyama, 2015. Factors affecting the breeding activity of the Japanese common toad, Bufo japonicus formosus (Amphibia: Bufonidae) with special Reference to the lunar cycle. Curr. Herpetol. 34(2): 101–111.

Kusano, T., A. Sakai and S. Hatanaka 2005. Natural egg mortality and clutch size of the Japanese treefrog, Rhacophorus arboreus (Amphibia: Rhacophoridae). Curr. Herpetol. 24 (2): 79–84.

草野保・戸田光彦. 1992. モリアオガエルはなぜ巨大精巣をもつのか？―カエル類の精巣サイズの進化―. 遺伝 42(2): 17–25.

Kusano, T. M. Toda and K. Fukuyama. 1991. Testes size and breeding systems in Japanese anurans with special reference to large testes in the treefrog, Rhacophorus arboreus (Amphibia: Rhacophoridae).

Behav. Ecol. Sociobiol. 29: 27–31.

Kuzmin, S. L. and I. Maslova. 2005. Amphibians of the Russian Far East. KMK, Moskow. 434pp（ロシア語）

Li, J.–T., J.–S. Wang, H.–H. Nian, S. N. Litvinchuk, J. Wang, Y. Li, D.–Q. Rao and S. Klaus. 2015. Amphibians crossing the Bering Land Bridge: Evidence from holarctic treefrogs (Hyla, Hylidae, Anura). Mol. Phylogenet. Evol. 87: 80–90.

Liem, S. S. 1970. The morphology, systematics, and evolution of Old World treefrogs (Rhacophoridae and Hyperoliidae). Fieldiana: Zool. 57: 1–145.

呂光洋・杜銘章・向高世. 1999. 臺灣両棲爬行動物圖鑑. 大自然雑誌社, 台北. 343p.

前田憲男. 2016. ヤエヤマイシガメによるカエル幼生の捕食. 爬虫両棲類学会報 2015(2): 119–120.

前田憲男・松井正文. 1989. 日本カエル図鑑. 文一総合出版, 東京. 1–206p.

前田憲男・松井正文. 1999. 改訂版日本カエル図鑑. 文一総合出版, 東京. 1–223p.

前田憲男・上田秀雄. 2010. 声が聞こえるカエルハンドブック. 文一総合出版, 東京.

前之園唯史・戸田守. 2007. 琉球列島における両生類および陸生爬虫類の分布. Akamata (18): 28–46.

丸野内淳介. 2008. シュレーゲルアオガエル雄間の接触の事例. 爬虫両棲類学会報 2008(2) 84–88.

Marunouchi, J., Kusano, T. and H. Ueda 2000. Validity of back–calculation methods of body size from phalangeal bones. An assesment using data for Rana japonica. Curr. Herpetol. 19 (2): 81–89.

Maruyama, K. 1979. Seasonal cycles in organ weights and lipid levels of the frog, Rana nigromaculata. Annot. Zool. Jap. 52: 18–27.

増永元・中村泰之・富永篤. 2008. 沖縄島北部産ヒメハブの新生個体によるリュウキュウアカガエルの捕食. Akamata (19): 5–8.

増永元・太田英利・戸田光彦・中島朋成・鐘雅哉・松本千枝子. 2005. 鳩間島におけるオオヒキガエルの侵入と生息状況. 爬虫両棲類学会報 2005(2)：173–179.

松田久司. 2004. 横浜自然観察の森におけるヤマアカガエルの卵塊数（2002–2004）. 爬虫両棲類学会報 2004(2): 123–127.

松井正文. 1974. ヒキガエル耳腺分泌物質の種内変異について. 動物学雑誌 83(1) 91–95.

松井正文. 1975. 南大東島から記録されたオオヒキガエルについて. 爬虫両棲類学雑誌 6(2): 43–47.

Matsui. M. 1975. A new type of Japanese toad larvae living in mountain torrents. Zool. Mag.(Tokyo) 84: 196–204.

Matsui. M. 1976. A new toad from Japan. Contr. Biol. Lab. Kyoto Univ. 25: 1–9.

松井正文. 1976. ナガレヒキガエル－日本産ヒキガエルのニューフェース(その1, その2). Nature Study 22: 105–110, 145–148.

Matsui, M. 1976. Experimental hybridization between toads from Kyoto and toads from Miyako Is. and France. Jpn. J. Herpetol. 6(3): 80–92.

Matsui. M. 1978. Correlation between relatire weights of hindlimb muscles and locomotor patterns in Japanese anurans. Contr. Biol. Lab. Kyoto Univ. 25(3): 223–240.

松井正文. 1979. 日本のヒキガエル. 動物と自然 9(6): 13–17.

松井正文. 1979. 滋賀県の両生類. pp.591–614. 滋賀県の自然. 滋賀県自然保護財団, 滋賀.

松井正文. 1980. カエルの繁殖行動. 採集と飼育 42(3): 132–135.

松井正文. 1980. ウシガエル－その功罪－pp.60–65. ナラマイシン研究会(編) 住環境の有害鳥獣対策レポート. ナラマイシン研究会, 大阪.

Matsui. M. 1980. Karyology of Eurasian toads of the Bufo bufo complex. Annot. Zool. Jap. 53(1): 56–68.

Matsui. M. 1984. Morphometric variation analyses and revision of the Japanese toads (genus Bufo, Bufonidae). Contr. Biol. Lab. Kyoto Univ. 26(3/4): 209–428.

Matsui. M. 1985. Variation in coded morphological characters in the Japanese common toad from Momoyama, Kyoto, Japan. Zool. Sci. 2(1): 95–103.

Matsui, M. 1985. Male release call characteristics of Japanese toads. Contr. Biol. Lab. Kyoto Univ. 27(1): 111–120.

Matsui. M. 1986. Geographic variation in toads of the Bufo bufo complex from the Far East, with a dscription of a new subspecies. Copeia 1986(3): 561–579.

松井正文. 1987. 種類と分布, 繁殖の地理的変異とその要因. pp.1–18, 19–31. 浦野明央・石原勝敏（編）ヒキガエルの生物学. 掌華房, 東京.

松井正文. 1988. ナガレヒキガエル. 日本の生物 2(8): 48–55.

Matsui, M. 1989. Breeding strategy in the Japanese common toad, *Bufo japonicus*. pp.332–341. In: Matsui, M., T. Hildda and R. C. Goris (eds.). Current Herpetology in East Asia. Herpetol. Soc. Japan, Kyoto.

Matsui, M. 1991. Original description of the brown frog from Hokkaido, Japan. Jpn. J. Herpetol. 14(2): 63–78.

Matsui, M. 1994. A taxonomic study of the *Rana narina* complex, with description of three new species. Zool. J. Linn. Soc. 111 (4): 385–415.

松井正文. 1995. ダルマガエルとナガレヒキガエル. pp. 93–103. 馬渡峻輔（編）動物の自然史. 北海道大学図書刊行会, 札幌.

松井正文. 1996. 両生類の進化. 東京大学出版会, 東京. v+302 pp.

松井正文. 1996. 両生類における種分化. pp. 217–230. 岩槻邦男・馬渡峻輔（編）生物の種多様性. 裳華房, 東京.

Matsui, M. 1996. Leonhard Hess Stejneger and the "Herpetology of Japan and Adjacent Territory". pp.1–9. In: (Reprint of) Herpetology of Japan and Adjacent Territory. Soc. Stud. Amphib. Rept., Oxford, Ohio.

松井正文. 1996. ダルマガエル. pp. 262–267. 日本の希少な野生水生生物に関する基礎資料（III）. 日本水産資源保護協会, 東京.

松井正文. 1997. 両生類の系統分類学の現状. タクサ（日本動物分類学会和文誌）(3): 1–8.

松井正文. 1997. 両生類の進化. 海洋と生物 19(6): 491–496.

松井正文. 1998. ダルマガエル. pp. 228–229. 日本の希少な野生水生生物に関するデータブック（水産庁編）. 日本水産資源保護協会, 東京.

松井正文. 1998. 絶滅に瀕するダルマガエル. 科学技術ジャーナル. 7(3): 58–59.

Matsui, M. 2000. Batrachology of Japan and adjacent regions –a systematic review. Comp. Bioch. Physiol. B 126: 247–256.

松井正文. 2002. カエル－水辺の隣人. 中公新書. i–iii+194p.

松井正文. 2005. 里やまの両生・爬虫類. pp. 63–77. 石井実（編）里やまの自然史. 講談社, 東京.

松井正文. 2005. 両生類の地理的変異. pp. 63–77. 阿部永・増田隆一（編）動物地理の自然史. 北海道大学図書刊行会, 札幌.

松井正文. 2005. これからの両棲類学. 裳華房, 東京. i–xv+1–293p.

松井正文. 2005. カエル類の繁殖—日本産普通種を見直す—. ハ・ペト・ロジー 3: 66–69.

松井正文. 2006. 最近の日本産両生棲類の学名の変更について. 爬虫両棲類学会報 2006(1): 120–131.

松井正文. 2006. 脊椎動物の多様性と系統. 裳華房, 東京. i–xiv+1–403p.

松井正文. 2006. 最近の日本産両生棲類の学名の変更について. 爬虫両棲類学会報 2006(2): 120–131.

松井正文. 2007. スタイネガー（1907）に掲載された日本とその周辺地域産無尾両生類を見直す. 爬虫両棲類学会報 2007(2): 164–172.

Matsui, M. 2007. Unmasking *Rana okinavana* Boettger 1895 from the Ryukyus, Japan (Amphibia: Anura: Ranidae). Zool. Sci. 24(2): 199–204.

松井正文. 2009. 外来生物クライシス. 小学館, 東京. 3–254p.

松井正文. 2011. カエルとサンショウウオ－水辺の隣人たち. 九州両生爬虫類研究会誌 (2): 30–40.

Matsui, M. 2011. On the brown frogs from the Ryukyu Archipelago, Japan, with descriptions of two new species (Amphibia, Anura). Curr. Herpetol. 30 (2): 111–128.

松井正文. 2013. 2007年以降に記載ないし, 分類変更された日本産両生類について. 爬虫両棲類学会報 2013(2): 141–155.

松井正文. 2013. 沖縄・八重山諸島のカエルたち. 科学. 83(7): 781–782.

Matsui, M. 2014. Description of a new brown frog from Tsushima Island, Japan (Anura: Ranidae: *Rana*). Zool. Sci. 31: 613–620.

松井正文. 2016. 日本のカエル. 誠文堂新光社, 東京. 255 p.

Matsui, M., A. M. Bassarukin, K. Kasugai, S. Tanabe and S. Takenaka. 1994. Morphological comparisons of brown frogs (genus *Rana*) from Sakhalin, Hokkaido and Primorsk. Alytes 12(1): 1–14.

Matsui, M., S.–L. Chen and K.–Y. Lue. 1997. Advertisement call characteristics of a Taiwanese green treefrog *Rhacophorus prasinatus*. Bonn. Zool. Beitr. 47(1/2): 165–174.

Matsui, M., A. Hamidy, B. M. Daicus, A. Norhayati, S. Panha, A. Sudin, W. Khonsue, H.–S. Oh, H.–S. Yong, J.–P. Jiang and K. Nishikawa. 2011. Systematic relationships of Oriental tiny frogs of the family Microhylidae (Amphibia, Anura) as revealed by mtDNA genealogy. Mol. Phylogenet. Evol. 61: 167–176.

Matsui. M. and T. Hikida. 1984. *Tomopterna porosa* Cope 1868, a senior synonym of *Rana brevipoda* Ito 1941 (Ranidae). J. Herpetol. 19: 423–425.

松井正文・疋田努・太田英利. 2004. 小学館の図鑑 NEO 両生類・はちゅう類. 小学館, 東京. 168 pp.

Matsui, M., H. Ito, T. Shimada, H. Ota, S. K. Saidapur, W. Khonsue, T. Tanaka–Ueno and G.–F. Wu. 2005. Taxonomic relationships within the Pan-Oriental narrow–mouth toad *Microhyla ornata* as revealed by mtDNA analysis (Amphibia, Anura, Microhylidae). Zool. Sci. 22: 489–495.

Matsui. M. und Y. Kokuryo. 1984. Die Fortpflanzungsstrategie weiblicher Japanischer Teichfrosche *Rana porosa brevipoda* Ito 1941 in Kyoto, Japan. Salamandra 20(4): 233–247.

Matsui, M., N. Kuraishi, J.–P. Jiang, H. Ota, A. Hamidy, N. L. Orlov and K. Nishikawa. 2010. Systematic reassessments of fanged frogs from China and adjacent regions (Anura: Dicroglossidae). Zootaxa 2345: 33–42.

Matsui. M. and T. Matsui. 1982. *Hyla hallowelli* recorded from Iriomotejima, Yaeyama group, Ryukyu Archipelago. Jpn. J. Herpetol. 9(3): 79–86.

松井正文・松井正通. 2007. ブナ高木上から落下したシュレーゲルアオガエル. 爬虫両棲類学会報 2007(2): 144–145.

Matsui. M. and H. Ota. 1984. Parameters of fecundity in *Microhyla ornata* from the Yaeyama group of the Ryukyu Archipelago. Jpn. J. Herpetol. 10(3): 73–79.

Matsui, M. and H. Ota. 1995. *Rana ijimae* (Stejneger 1901), a junior synonym of *Rana narina* Stejneger 1901 (Amphibia, Anura: Ranidae). Spec. Bull. Jpn. Soc. Coleopterol. (4): 491–496.

Matsui, M. and H. Ota. 1995. On Chinese herpetology. Herpetologica 51(2): 234–250.

Matsui, M., H. Ota, M. W. Lau and A. Bogadek. 1995. Cytotaxonomic studies of three ranid species (Amphibia: Anura) from Hong Kong. Jpn. J. Herpetol. 16(1): 12–18.

Matsui. M. and T. Satow. 1977. An electrophoretic analysis of the hemoglobin of Japanese toads. Jpn. Herpetol 7(1): 15–19.

松井正文・関慎太郎. 2008. カエル・サンショウウオ・イモリのオタマジャクシ ハンドブック. 文一総合出版, 東京. 1–80 p.

Matsui. M., T. Seto, Y. Kohsaka and L. J. Borkin. 1985. Bearing of chromosome C-banding patterns on the classification of Eurasian toads of the *Bufo bufo* complex. Amphibia–Reptilia 6: 23–33.

Matsui. M., T. Seto and T. Utsunomiya. 1986. Acoustic and karyotypic evidence for specific separation of *Polypedates megacephalus* from *P. leucomystax*. J. Herpetol. 20(4): 483–489.

Matsui, M., T. Shimada, H. Ota and T. Tanaka-Ueno. 2005. Multiple invasions of the Ryukyu Archipelago by Oriental frogs of the subgenus *Odorrana* with phylogenetic reassessment of the related subgenera of the genus *Rana*. Mol. Phylogenet. Evol. 37(3): 733–742.

松井正文・田中–上野寛子・当山昌直. 1997. 両生類の分類と分布. 海洋と生物 19(6): 515–525.

Matsui, M., T. Tanaka–Ueno, N.–K. Paik, S.–Y. Yang and O. Takenaka. 1998. Phylogenetic relationships among local populations of *Rana dybowskii* assessed by mitochondrial cytochrome b gene sequences. Jpn. J. Herpetol. 17(4): 145–151.

Matsui, M., M. Toda and H. Ota. 2007. A new species of frog allied to *Fejervarya limnocharis* from the Southern Ryukyus, Japan (Amphibia: Ranidae). Curr. Herpetol. 26(2): 65–79.

Matsui. M. and T. Utsunomiya. 1983. Mating call characteristics of the frogs of subgenus *Babina* with reference to their relationship with *Rana adenopleura*. J. Herpetol. 17: 32–37.

Matsui, M. and J. A. Wilkinson. 1992. The phylogenetic position of *Rana rugosa* among some common frog species in Japan. J. Herpetol. 26(1): 9–16.

Matsui, M. and G.–F. Wu. 1994. Acoustic characteristics of treefrogs from Sichuan, China, with comments on systematic relationship of *Polypedates* and *Rhacophorus* (Anura, Rhacophoridae). Zool. Sci. 11 (3): 485–490.

Matsui, M., G.–F. Wu and M.–T. Song. 1993. Morphometric comparisons of *Rana chensinensis* from Shaanxi with three Japanese brown frogs (genus *Rana*). Jpn. J. Herpetol. 15(1): 29–36.

松井孝爾. 1976. カエルの世界. 平凡社, 東京. 144 pp.

松井孝爾. 1979. 日本産カエルの分類に関する諸問題. 動物と自然 9(6): 2–7.

松井孝爾. 1985. 自然観察シリーズ 22 生態編, 日本の両生類・爬虫類. 小学館, 東京. 158 pp.

Matsui, T. and M. Matsui. 1990. A new brown frog (genus *Rana*) from Honshu, Japan. Herpetologica 46(1): 78–85.

松井孝爾・桜井淳史. 1978. 奥多摩産アカガエル属の1種について〈講演要旨〉. 爬虫両棲類学雑誌 7(4): 105.

松本充夫・町田和彦・中村修美・須永治郎. 1990. 埼玉県におけるナガレタゴガエル(仮称)の分布. 埼玉自然史博研報 8: 67–70.

松尾公則. 2011. 長崎県五島列島のタゴガエル. 九州両生爬虫類研究会誌 (2): 46–48.

松尾公則・坂本真理子・中野紘一・池田淳・日野勝徳・倉本満. 2011. 九州のタゴガエル地方集団の鳴き声(I). 九州両生爬虫類研究会誌 (2): 6–16.

Minowa, S., Y. Senga and T. Miyashita. 2008. Microhabitat selection of the introduced bullfrogs (*Rana catesbeiana*) in paddy fields in eastern Japan. Curr. Herpetol. 27(2): 55–59.

光田佳代・原直之・高木雅紀・山崎裕治・宮川修一・岩澤淳. 2011. PCR と制限酵素を利用したトノサマガエルとナゴヤダルマガエルの母親系統の簡易な判別法. 両生類誌 (21): 17–22.

Miura, I. 1994. Sex chromosome differentiation in the Japanese brown frog, *Rana japonica*. I. Sex-related heteromorphism of the distribution pattern of constitutive heterochromatin in chromosome No. 4 of the Wakuya population. Zool. Sci. 11: 797–806.

Miura, I. 1994. Sex chromosome differentiation in the Japanese brown frog, *Rana japonica*. II. Sex-linkage analyses of the nuclear organizer regions in chromosomes No. 4 of the Hiroshima and Saeki populations. Zool. Sci. 11: 807–815.

三浦郁夫. 2013. 新種サドガエル －その誕生と進化の謎－. 生物工学会誌 91: 161–164.

三浦郁夫. 2013. 朱鷺がみつけた新種のサドガエル. 私たちの自然 3: 5–7.

三浦郁夫. 2017. ニホンアマガエル, 東西で遺伝的に違う. 自然保護 556: 24–25.

Miura, I., H. Ohtani and T. Fujitani, 2015. Unusual sex ratios and developmental mortality in the rice frog *Fejervarya kawamurai*. Chromosome Sci. 18: 53–57.

Miura, I., H. Ohtani and M. Ogata, 2012. Independent degeneration of the W and Y sex chromosomes in frog *Rana rugosa*. Chromosome Res. 20: 47–55.

三輪時男. 2002. 秋川上流域におけるナガレタゴガエルの生態学・発生学的研究と棲息環境の保全について. とうきゅう環境浄化財団.

三輪時男. 2006. 秋川上流域におけるナガレタゴガエルの生命表の作成及び水位と流下行動の相関関係について. とうきゅう環境浄化財団.

Miwa, T. 2007. Conditions controlling the onset of breeding migration of the Japanese mountain stream frog, *Rana sakuraii*. Naturwissenschaften 94: 551–560.

Miwa, T. 2017. Diel activity patterns during autumn migration to hibernation and breeding sites in a Japanese explosive breeding frog, *Rana sakuraii*. Herpetol. J. 27: 173–180.

Miwa, T. 2018. Conditions controlling the timing of the autumn migration to hibernation sites in a Japanese headwater frog, *Rana sakuraii*. J. Zool. 304: 45–54.

宮形佳孝. 2003. 屋久島におけるニホンヒキガエル卵塊の9月初旬の観察例. 爬虫両棲類学会報 2003(1): 14–16.

宮形佳孝. 2013. 屋久島上部地区のニホンヒキガエルの繁殖生態について. 爬虫両棲類学会報 2013(1): 4–5.

Miyamae, M. and M. Matsui. 1979. Larval growth and development of the Japanese toad, *Bufo bufo formosus*, at Iwakura, Kyoto. Contr. Biol. Lab. Kyoto Univ. 25 (4): 273–294.

宮崎光二. 1978. タゴガエルの声嚢について. 爬虫両棲類学雑誌 7(4): 94–95.

宮崎光二. 1999. 石川県の両生類相研究史. 両生類誌 (2): 1–12.

宮崎光二. 2002. 19世紀の日本産両生類の和名. 両生類誌 (9): 27–32.

Mori, A. 1989. Behavioral responses to an "unpalatable" prey, *Rana rugosa* (Anura: Amphibia), by newborn Japanese striped snakes, *Elaphe quadrivirgata*. pp. 459–471. In: Matsui, M., T. Hikida and R. C. Goris (eds.) Current Herpetology in East Asia. Herpetol. Soc. Japan, Kyoto.

森哲. 2009. ナミエガエルによるリュウキュウアカガエルの捕食例. Akamata (20): 8.

Mori, A. and E. Nagata 2016. Relying on a single anuran species: Feeding ecology of a snake community on Kinkasan Island, Miyagi Prefecture, Japan. Curr. Herpetol. 35(2): 106–114.

森哲・戸田守・村山望. 2009. リュウキュウアカガエルとハナサキガエルの繁殖日の 12 年間にわたる年変動. Akamata (20): 19–23.

森口一. 1988. 沖縄島南部におけるシロアゴガエルの記録. Akamata (5): 1.

森口一・林光武・木村有利・富岡克寛・小林敏男. 2004. 群馬県境町と新田町におけるヌマガエルの分布確認. 爬虫両棲類学会報 2004(2): 119–120.

守屋勝太. 1951. 交雑實驗によるトノサマガエル 2 亜種の研究. I. 岡山地方に於ける 2 亜種. 広島大学生物学会誌 3: 1–8.

Moriya, K. 1951. On isolating mechanisms between the two subspecies of the pond frog, *Rana nigromaculata*. J. Sci. Hiroshima Univ. (B–1) 12: 47–56.

Moriya, K. 1952.Genetical studies of the pond frog, *Rana nigromaculata*. I. Two types of *Rana nigromaculata nigromaculata* found in Takata district J. Sci. Hiroshima Univ. (B–1) 13: 189–197.

Moriya, K. 1954. Studies on the five races of the Japanese pond flog, *Rana nigromaclllata* Hallowell. I. Differences in the morphological characters. J. Sci. Hiroshima Univ. (B–1) 15: 1–21.

守屋勝太. 1956. 日本産トノサマガエルの地方種族とその分布. 日本生物地理学会会報 16/19: 354–359.

Moriya, K. 1959. Occurrence of the natural hybrid between *Rana nigromaculata* and *R. n. brevipoda* in Okayama district. Bull. Sch. Educ. Okayama Univ. 8: 84–93.

Moriya, K. 1960. Studies on the five races of the Japanese pond frog, *Rana nigromaculata* Hallowell. II. Differences in developmental characters. J. Sci. Hiroshima Univ. (B–1) 18: 109–124.

Moriya, K. 1960. Studies on the five races of the Japanese pond frog, *Rana nigromaculata* Hallowell. III. Sterility in interracial hybrids. J. Sci. Hiroshima Univ. (B–1) 18: 125–156.

守屋勝太. 1965. トノサマガエルとダルマガエル間の戻し雑種雄の生殖能力について. 岡山大教育研究集録 19: 50–63.

守屋勝太. 1979. 日本のトノサマガエルとダルマガエル. 動物と自然 9(6): 8–12.

村上裕. 2008. 愛媛県におけるトノサマガエルとヌマガエルの分布傾向. 爬虫両棲類学会報 2008(2): 89–93.

村山望・河内紀浩. 2002. 野外におけるナ

ミエガエルの幼生期間に関する観察一例. Akamata (16): 7–8.

永野昌博・森田祐介. 2013. 奄美大島の両生類～アマミイシカワガエル探検記～. 九州両生爬虫類研究会誌 (4): 35–49.

内藤俊彦. 2001. 宮城県における両生類研究史. 両生類誌 (7): 1–14.

中島朋成・戸田光彦・青木正成・鑪雅哉 2005. 西表島におけるオオヒキガエル対策事業について. 爬虫両棲類学会報 2005(2): 179–186.

中村定八. 1934. ニホンヒキガヘル *Bufo vulgaris japonicus* (Schlegel) の産物卵及び卵巣に関する数量的研究. 動物学雑誌 46: 429–448.

中村健児・上野俊一. 1963. 原色日本両生爬虫虫類図鑑. 保育社, 大阪. 214 pp.

中村泰之. 2010. ナミエガエルによるオキナワアオガエルの捕食例. Akamata (21): 7–8.

Nakamura, Y., A. Takahashi and H. Ota. 2009. Evidence for the recent disappearance of the Okinawan tree frog *Rhacophorus viridis* on Yoronjima Island of the Ryukyu Archipelago, Japan. Curr. Herpetol.. 28(1): 29–33.

中根一芳. 1953. シュレーゲルアオガエルとモリアオガエルの隔離現象について〈講演要旨〉. 動物学雑誌 62(3/4): 76.

中根一芳. 1953. シュレーゲルアオガエルとモリアオガエルの隔離現象 II〈講演要旨〉. 動物学雑誌 62(11/12): 433.

中野紘一. 2015. ニホンヒキガエル"カエル合戦"の観察記録. 九州両生爬虫類研究会誌 (6): 1–5.

仲宗根貴道・田場美沙基・清澤昇太・富永篤. 2015. リュウキュウカジカガエルの変態サイズ, 野外, 飼育下での幼体の成長速度. Akamata (25): 1–4.

Nakatani, T. and Y. Okada. 1966. *Rana tagoi yakushimensis* n. subsp. from Yakushima, Kagoshima Prefecture, Japan. Acta Herpetol. Jap. 1(4): 64–66 + pl.1.

南部久雄. 1999. 富山県の両生・爬虫類相の研究史. 両生類誌, (3): 1–7.

南部久男. 2004. 環日本海地域の両生類相. 両生類誌 (12): 23–26.

南部久男・荒木克昌. 1997. 富山県宇奈月町からのナガレタゴガエルの記録. 富山市科学文化セ研報 20: 113.

南部久男・福田保. 2011. 富山県で発見されたトノサマガエルのアルビノ. 両生類誌 (22): 15–16.

南部久男・福田保・荒木克昌. 2002. 渓流におけるヒキガエル類の繁殖生態 I. アズマヒキガエルとナガレヒキガエルの

雑種の出現. 両生類誌 (9): 15–24.

Nambu, H. and M. Matsui. 1984. Altitudinal cline in the body size of the Japanese common toad (Amphibia, Bufonidae) from Toyama Prefecture, Central Japan. Bull. Toyama Sci. Mus. 6: 69–72.

西真弘・星野蒼一郎・岡野智和. 2016. ヒメハブおよびアカマタの体サイズと出現するカエル類の関係について. 九州両生爬虫類研究会誌 (7): 40–47.

Nishikawa, K. and S. Ochi. 2016. A case of scavenging behavior by the Japanese rice frog, *Fejervarya kawamurai* (Amphibia: Anura: Dicroglossidae). Curr. Herpetol. 35(2): 132–134.

Nishioka, M., H. Hanada, I. Miura and M. Ryuzaki. 1994. Four kinds of sex chromosomes in *Rana rugosa*. Sci. Rep. Lab. Amphibian Biol. Hiroshima Univ. 13: 1–34.

Nishioka, M., Y. Kodama, M. Sumida and M. Ryuzaki. 1993. Systematic evolution of 40 populations of *Rana rugosa* distributed in Japan elucidated by electrophoresis. Sci. Rep. Lab. Amphibian Biol. Hiroshima Univ. 12: 83–131.

Nishioka, M., I. Miura and K. Saitoh. 1993. Sex chromosomes of *Rana rugosa* with special reference to local differences in sex–determining mechanism. Sci. Rep. Lab. Amphibian Biol. Hiroshima Univ. 12: 55–81.

Nishioka. M., S. Ohta and M. Sumida. 1987. Intraspecific differentiation of *Rana tagoi* elucidated by electrophoretic analyses of enzymes and blood proteins. Sci. Rep. Lab. Amphibian Biol. Hiroshima Univ. 9: 97–133.

Nishioka. M., H. Okumoto and M. Ryuzaki. 1987. A comparative study on the karyotypes of pond frogs distributed in Japan, Korea, Taiwan, Europe and North America. Sci. Rep. Lab. Amphibian Biol. Hiroshima Univ. 9: 135–163.

Nishioka, M., H. Okumoto, H. Ueda and M. Ryuzaki. 1987. Karyotypes of brown frogs distributed in Japan, Korea, Europe and North America. Sci. Rep. Lab. Amphibian Biol. Hiroshima Univ. 9: 165–212.

Nishioka, M., M. Sumida. 1990. Differentiation of *Rana limnocharis* and two allied species elucidated by electrophoretic analyses. Sci. Rep. Lab. Amphibian Biol. Hiroshima Univ. 10: 125–154.

Nishioka, M., and M. Sumida. 1992.

Biochemical differentiation of pond frogs distributed in the Palearctic region. Sci. Rep. Lab. Amphibian Biol. Hiroshima Univ. 11 : 71–108.

Nishioka, M., M. Sumida and L. J. Borkin. 1990. Biochemical differentiation of the genus *Hyla* distributed in the Far East. Sci. Rep. Lab. Amphibian Biol. Hiroshima Univ. 10: 93–124.

Nishioka, M., M. Sumida, L. J. Borkin and Z.-A. Wu. 1992. Genetic differentiation of 30 populations of 12 brown frog species distributed in the Palearctic region elucidated by the electrophoretic method. Sci. Rep. Lab. Amphibian Biol. Hiroshima Univ. 11: 109–160.

Nishioka. M., M. Sumida, S. Ohta and H. Suzuki. 1987. Speciation of three allied genera, *Buergeria*, *Rhacopohorus* and *Polypedates*, elucidated by the method of electrophoretic analyses. Sci. Rep. Lab. Amphibian Biol. Hiroshima Univ. 9: 53–96.

Nishioka, M., M. Sumida and H. Ohtani. 1992. Differentiation of 70 populations in the *Rana nigromaculata* group by the method of electrophoretic analyses. Sci. Rep. Lab. Amphibian Biol. Hiroshima Univ. 11: 1–70.

Nishioka, M., M. Sumida, H. Ueda and Z.-A. Wu. 1990. Genetic relationships among 13 *Bufo* species and subspecies elucidated by the method of electrophoretic analyses. Sci. Rep. Lab. Amphibian Biol. Hiroshima Univ. 10: 53–91.

Nishioka. M., H. Ueda and M. Sumida. 1981. Genetic variation of five enzymes in Japanese pond frogs. Sci. Rep. Lab. Amphibian Biol. Hiroshima Univ. 5: 107–153.

Nishioka. M., H. Ueda and M. Sumida. 1987. Intraspecific differentiation of *Rana narina* elucidated by crossing experiments and electrophoretic analyses of enzymes and blood proteins. Sci. Rep. Lab. Amphibian Biol. Hiroshima Univ. 9: 261–303.

Nishizawa, T., A. Kurabayashi, T. Kunihara, N. Sano, T. Fujii and M. Sumida. 2011. Mitochondrial DNA diversification, molecular phylogeny and biogeography of the primitive rhacophorid genus *Buergeria* in East Asia. Mol. Phylogenet. Evol. 59: 139–147.

Noble, G. K. 1920. A note on *Babina*, the daggerfrog. Copeia (79): 16–18.

野苅家宏・長谷川善和. 1979. 日本産蛙類の骨学的研究. pp.275–311. 伊江村文化財調査報告書第 8 集, 伊江島ナガラ原西貝塚緊急発掘調査報告. 伊江村教育委員会.

野苅家宏・長谷川善和. 1985. 第 9 節宮古島蛙化石. pp.151–159 沖縄県文化財調査報告書第 68 集, ピンザアブ, ピンザアプ洞穴発掘調査報告. 沖縄県教育委員会.

饒平名里見・当山昌直・安川雄一郎・陳賜隆・高橋健・久貝勝盛. 1998. 宮古諸島における陸棲爬虫両生類の分布について. 平良市総合博紀要 (5): 23 -38.

野村卓之. 2000. 蜜柑色のウシガエル. 両生類誌 (5): 25.

野村卓之. 2000. 荒れる海へと歩き波間に消えたアズマヒキガエル. 両生類誌 (5): 26.

沼澤マヤ. 2006. 絶滅危惧種ナゴヤダルマガエルの宅配輸送の試み. 両生類誌 (16): 17–20.

沼澤マヤ, 大河内勇. 2006. 広島県産の絶滅危惧種ナゴヤダルマガエル (*Rana porosa brevipoda*) の飼育下における寿命. 爬虫両棲類学会報 2006(2): 97–99.

Ogata, M., Y. Hasegawa, H. Ohtani, M. Mineyama and I. Miura. 2008. The ZZ/ZW sex–determining mechanism originated twice and independently during evolution of the frog, *Rana rugosa*. Heredity 100: 92–99.

尾形光昭・三浦郁夫. 2011. ツチガエルの日本国内における生息場所について. 爬虫両棲類学会報 2011(1): 24–25.

Ohtani, H., K. Sekiya, M. Ogata and I. Miura. 2012. The postzygotic isolation of a unique morphotype of frog *Rana rugosa* (Ranidae) found on Sado Island, Japan. J. Herpetol. 46: 325–330.

Okada, Y. 1927. Frogs in Japan. Copeia (158): 161-166.

Okada, Y. 1927. A study on the distribution of tailless batrachians of Japan. Annot. Zool. Japon. 11: 137–144.

Okada, Y. 1928. Notes on Japanese frogs. Annot. Zool. Japon. 11: 269–277.

岡田彌一郎. 1930. 日本産蛙總説. 岩波書店, 東京. 1–2+1–6+1–234 pp.

岡田彌一郎. 1930. 小笠原父島の爬蟲・兩棲. 日本生物地理学会会報 1: 187–194.

Okada, Y. 1931. The Tailless Batrachians of the Japanese Empire. Imp. Agr. Experiment Station., Tokyo. 215 pp.

Okada, Y. 1933. On the parallelism between the distribution of lizards and of anurans in the Japanese Empire. Sci. Rep. Tokyo Univ. Liter. & Sci. (B) 1: 145–153.

岡田彌一郎. 1935. 兩棲綱. 無尾目 (蛙類). 日本動物分類 15(3–2): 1–83. 三省堂, 東京.

Okada, Y. 1937. Notes on the Amphibia of the Tôhoku districts, northern Japan. Saito Ho–on Kai Museum Res. Bull. (12): 177–206.

Okada, Y. 1938. The ecological studies of the frogs with special reference to their feeding habit. J. Imp. Agr. Experiment Station 3(2): 275–350. pls. 29–50.

Okada, Y. 1966. Fauna Japonica: Anura (Amphibia). Biogeogr. Soc. Japan, Tokyo. 12+234 pp.

岡田彌一郎・河野卯三郎. 1922. 本邦産蛙について－. 東京帝国大学動物学教室所蔵の蛙標本目録. 動物学雑誌 34: 655–665.

岡田彌一郎・河野卯三郎. 1923. 日本領土産アカゞヘル近似種の分類及び分布に就ての考察.（本邦産蛙に就て二）. 動物学雑誌 35: 361–380.

岡田彌一郎・河野卯三郎. 1924. 本州産アヲガヘルの二新變種と其生態的分布（一）. 本邦産蛙に就て（三）. 動物学雑誌 36: 104–109.

岡田彌一郎・河野卯三郎. 1924. 本邦産アヲガヘルの二新變種とその生態的分布（二）. 本邦産蛙に就て（三）. 動物学雑誌 36: 140–153.

Okada, Y. and T. Matsui. 1964. *Rhacophorus iriomotensis* n. sp. A new species of *Rhacophorus* from Iriomote, Ryukyu Islands. Acta Herpetol. Jap. 1(1): 1–2.

岡田純・亀山剛・池田誠慈. 2001. 鳥取県で発見されたナガレタゴガエル. 両棲類誌 (6): 18–20.

岡田珠美・岡田純. 2008. 鳥取県氷ノ山で発見されたモリアオガエルのアルビノ幼生. 爬虫両棲類学会報 2008(1): 23–25.

岡田純・田中浩・徳永浩之・岡田珠美. 2009. 中国地方西部からのナガレタゴガエルの初記録. 爬虫両棲類学会報 2009 (2): 101–103.

Okamiya, H., T. Igawa, M. Nozawa, M. Sumida and T. Kusano 2017. Development and characterization of 23 microsatellite markers for the montane brown frog (*Rana ornativentris*). Curr. Herpetol. 36(1): 63–68.

大河内勇. 1978. 房総丘陵におけるツチガエルの生態〈講演要旨〉. 爬虫両棲類学雑誌 7(4): 108.

大河内勇. 1979. 水田のツチガエル個体群〈講演要旨〉. 爬虫両棲類学雑誌 8(2): 67.

大河内勇. 2002. 奄美大島で採集され, 徳之島で撮影されたイシカワガエル. Akamata (16): 9–12.

Okochi, I. and S. Katsuren. 1989. Food habits in four species of Okinawan frogs. pp.405–412. In: Matsui, M., T. Hikida and R. C. Goris (eds.). Current Herpetology in East Asia. Herpetol. Soc. Japan, Kyoto.

Okumoto. H. 1977. The karyotypes of four *Rhacophorus* species distributed in Japan. Sci. Rep. Lab. Amphibian Biol. Hiroshima Univ. 2: 199–211.

奥野良之助. 1984. ニホンヒキガエル *Bufo japonicus japonicus* の自然誌的研究. I 生息場所集団とその交流. 日本生態学会誌 34: 113–121.

奥野良之助. 1984. ニホンヒキガエル *Bufo japonicus japonicus* の自然誌的研究. II 活動性と気象条件との関連. 日本生態学会誌 34: 217–224.

奥野良之助. 1984. ニホンヒキガエル *Bufo japonicus japonicus* の自然誌的研究. III 活動性の季節変化と終夜変化. 日本生態学会誌 34: 331–339.

奥野良之助. 1984. ニホンヒキガエル *Bufo japonicus japonicus* の自然誌的研究. IV 変態後の成長と性成熟年令. 日本生態学会誌 34: 445–455.

奥野良之助. 1985. ニホンヒキガエル *Bufo japonicus japonicus* の自然誌的研究. V 変態後の生長率と寿命. 日本生態学会誌 35: 93–101.

奥野良之助. 1985. ニホンヒキガエル *Bufo japonicus japonicus* の自然誌的研究. VI 成長にともなう移動と定着. 日本生態学会誌 35: 263–271.

奥野良之助. 1985. ニホンヒキガエル *Bufo japonicus japonicus* の自然誌的研究. VII 成体の行動圏と移動. 日本生態学会誌 35: 357–363.

奥野良之助. 1985. ニホンヒキガエル *Bufo japonicus japonicus* の自然誌的研究. VIII 繁殖活動に及ぼす気象の影響. 日本生態学会誌 35: 527–535.

奥野良之助. 1986. ニホンヒキガエル *Bufo japonicus japonicus* の自然誌的研究. IX 繁殖期における♂の行動. 日本生態学会誌 35: 621–630.

奥山風太郎・松橋利光. 2002. 山渓ハンディ図鑑9 日本のカエル＋サンショウウオ類. 山と渓谷社, 東京. 191pp.

大野正男. 1978. 日本産主要動物の種別文献目録 (2) モリアオガエル. 東洋大紀要教養課程篇 (自然科学) (21): 39–78.

大野正男. 1980. 日本産主要動物の種別文献目録 (2a) モリアオガエル (追録1). 東洋大紀要教養課程篇 (自然科学) (23): 41–50.

大野正男. 1981. モリアオガエル. pp.37–48.

環境庁第2回自然環境保全基礎調査動物分布調査報告書 (両生・は虫類) 全国版 (その2). 日本自然保護協会, 東京.

大澤啓志. 2008. 多摩丘陵南部瀬上谷戸における1997～2001年のアズマヒキガエル・ヤマアカガエルの産卵状況. 爬虫両棲類学会報 2008(1) 10–12.

Osawa, S. and T. Katsuno. 2000. The relationship between habitats of brown frogs and floor conditions in Hill's Woodland. Landscape Research Japan 64: 611–616.

Osawa, S. and T. Katsuno. 2001. Dispersal of brown frogs *Rana japonica* and *R. ornativentris* in the forests of the Tama Hills. Curr. Herpetol. 20 (1): 1–10.

太田英利. 1981. 波照間島の爬虫両棲類相. 爬虫両棲類学雑誌. 9(2): 54–60.

太田英利. 1983. 八重山群島の爬虫両生類相. I. 沖縄生物学会誌. (21): 13–19.

Ota, H. and M. Matsui. 2002. On the authorship of *Babina* (Ampbibia: Ranidae). Curr. Herpetol. 21(1): 51–53.

太田英利・角田正美・仲座寛泰・中山愛子. 2008. シロアゴガエルの石垣島, ならびに北大東島からの記録. Akamata (19): 44–48.

大津高. 1975. 沖縄群島の両生類. 山形大学紀要 (自然科学) 8(4): 545–553.

大塚裕之・桑山龍. 2000. 種子島の下部更新統から算出したカエル類化石とその古生物地理学的意義. 地質学雑誌 106 (6): 442–458.

大内一夫. 1985. 冬のウシガエル捕り. 両生爬虫類研究会誌 (31): 10–12.

大内一夫. 2006. トノサマガエル捕獲今昔. 両生類誌 (16): 27–29.

大海昌平. 2006. 奄美大島におけるイシカワガエルの繁殖生態: 繁殖期における雌雄の動きと飼育下の産卵行動. 爬虫両棲類学会報 2006(2) 104–108.

大海昌平・岩井紀子. 2014. アマミイシカワガエル幼生の成長, 発育, 生存に与える蛍光シリコンイラストマータグの長期的影響. 爬虫両棲類学会報 2014(1): 10–14.

大海昌平・岩井紀子・小野桂壽. 2011. 野外におけるイシカワガエルオタマジャクシの成長・発育. 爬虫両棲類学会報 2011(1): 8–13.

大海昌平・岩井紀子・亘悠哉. 2012. アマミイシカワガエル地域個体群間の体サイズ比較. 爬虫両棲類学会報 2012(2): 101–106.

Parker, H. W. 1934. A Monograph of the Frogs of the Family Microhylidae. Brit.

Mus., London. i-viii+1-208 pp.

Peloso, P. L. V., D. R. Frost, S. J. Richards, M. T. Rodrigues, S. Donnellan, M. Matsui, C. J. Raxworthy, S. D. Biju, E. M. Lemmon, A. R. Lemmon and W. C. Wheeler. 2016. The impact of anchored phylogenomics and taxon sampling on phylogenetic inference in narrow-mouthed frogs (Anura, Microhylidae). Cladistics 32: 113–140.

Procter, J. B. 1920. On the type specimen of *Rana holsti* Boulenger. Proc. Zool. Soc. London 1920: 421–422.

Pyron, R. A. and J. J. Wiens. 2011. A large-scale phylogeny of Amphibia including over 2800 species and a revised classification of advanced frogs, salamanders and caecilians. Mol. Phylogenet. Evol. 61: 543–583.

Richards, C. and W. S. Moore. 1998. A molecular phylogenetic study of the Old World treefrog family Rhacophoridae. Herpetol. J. 8(1): 41–46.

Ryuzaki, M., Y. Hasegawa and M. Kuramoto. 2014. A new brown frog of the genus *Rana* from Japan (Anura: Ranidae) revealed by cytological and bioacoustic studies. Alytes 31: 49–58.

龍崎正士・長谷川嘉則・倉本満. 2014. タゴガエル地方集団間の鳴き声分岐. 両生類誌 (26): 1–5.

Ryuzaki, M., Nishioka, M., Kawamura, T. 2006. Karyotypes of *Rana tagoi* Okada with diploid number 28 in the Chausu Mountains of the Minamishinano district of Nagano Prefecture, Japan (Anura: Ranidae). Cytogenetics and Genome Res. 114: 56–65.

斎藤和範. 2001. いかにして北海道にツチガエルが生息するようになったのか？―北海道のツチガエルの分布とその移入過程―. 両生類誌 (6): 13–17.

斎藤和範・有田智彦. 1997. 北海道のツチガエル *Rana rugosa* (Ranidae, Amphibia) は native か？ immigrant か？―札幌地区および羽幌地区を例にして―. 旭川市博研報 3: 11–17.

斎藤和範・武市博人・南尚貴. 1996. 北海道におけるアズマヒキガエル *Bufo japonicus formosus* の新分布地. 旭川市博研報 2: 21–23.

斎藤和範・富川徹・横山透. 1998. 北海道におけるトノサマガエル及びトウキョウダルマガエルの新分布地. 旭川市博研報 4: 25–29.

坂口総一郎. 1924. 沖縄に於ける食用蛙. 動

物学雑誌 36: 112–113.

坂本洋典・小松貴・高井孝太郎. 2013. ニセアカシア倒木樹皮下で越冬するニホンアマガエル観察例. 爬虫両棲類学会報 2013(2): 131–132.

迫田拓・永井弓子・水田拓. 2007. アマミハナサキガエル *Rana amamiensis* 幼生の野外での初確認. 爬虫両棲類学会報 2007(1): 5–8.

迫田拓・永井弓子・迫田裕子. 2008. 奄美大島におけるアマミハナサキガエル幼生の出現時期. Akamata (19): 1–4.

更科美帆・上原裕世・上井達矢・橋部佳紀・荒木洋美・吉田剛司. 2015. 北海道におけるシュレーゲルアオガエル (*Rhacophorus schlegelii*) の初記録. 爬虫両棲類学会報 2015(1): 29–32.

笹森耕二. 2009. 青森県における十和田様信仰と豊凶の予測に利用されるクロサンショウウオとモリアオガエルの産卵状況. 両生類誌. (19): 13–22.

佐藤真一・堀江道廣. 1999. トノサマガエルの多産地千町無田. 爬虫両棲類学会報 1999(1): 12–14.

佐藤眞一・堀江道廣. 2000. 大分県における両生類の調査・研究史. 両生類誌 (5): 1–11.

澤畠拓夫. 2002. 轢死したダルマガエル個体数の季節変動. 爬虫両棲類学会報 2002(2): 72–74.

澤畠拓夫・元木達也・久保田憲昭 2001. 長野県におけるダルマガエルの新分布地について. 爬虫両棲類学会報 2001(2): 63–65.

関慎太郎. 2016. 野外観察のための日本産両生類図鑑. 緑書房, 東京. 197p.

Sekiya, K., I. Miura and M. Ogata. 2012. A new frog of the genus *Rugosa* from Sado Island, Japan (Anura, Ranidae). Zootaxa 3575: 49–62.

Sekiya, K., H. Ohtani, M. Ogata and I. Miura. 2010. Phyletic diversity in the frog *Rana rugosa* (Anura: Ranidae) with special reference to a unique morphotype found from Sado Island, Japan. Curr. Herpetol. 29: 69–78.

千石正一(編) 1979. 原色両生・爬虫類. 家の光協会, 東京. 206 pp.

千石正一・疋田努・松井正文・仲谷一宏(編). 1996. 日本動物大百科, 5 両生類・爬虫類・軟骨魚類. 平凡社, 東京. 190 pp.

芹沢孝子. 1983. トノサマガエル―ダルマガエル複合群の繁殖様式 I. 愛知県立田および佐屋における成長と産卵. 爬虫両棲類学雑誌 10(1): 7–19.

芹沢孝子. 1985. トノサマガエル―ダルマガエル複合群の繁殖様式 II. 春先きに水がない場所でのダルマガエルとトノサマガエルの産卵. 爬虫両棲類学雑誌 11(1): 11–19.

芹沢孝子・芹沢俊介. 1982. 東海地方西部におけるダルマガエルの変異. 爬虫両棲類学雑誌 9(3): 87–98.

芹沢孝子・芹沢俊介. 1990. トノサマガエル―ダルマガエル複合群の繁殖様式III. トウキョウダルマガエルの性成熟と産卵. 爬虫両棲類学雑誌 13(3): 70–79.

芹沢孝子・谷川洋子・芹沢俊介. 1990. トノサマガエル―ダルマガエル複合群の繁殖様式 IV. 一腹卵数と卵径. 爬虫両棲類学雑誌 13(3): 80–86.

Seto. T. 1965. Cytogenetic studies in lower vertebrates. II. Karyological studies of several species of frogs (Ranidae). Cytologia (Tokyo) 30: 437–446.

瀬戸武司・宇都宮妙子・宇都宮泰明. 1984. C染色の核型に見出されたイシカワガエル二個体群(奄美・沖縄)の差異. 爬虫両棲類学雑誌 10(3): 67–72.

Shannon, F. A. 1956. The reptiles and amphibians of Korea. Herpetologica 12: 22–49.

Shibata, Y. 1960. Amphibia and Reptilia collected from Tokara Island. Bull. Osaka Mus. Nat. Hist. (12): 57–62.

柴田保彦. 1964. 沖永良部島(奄美群島)の両生は虫類. 関西自然文化研究会研究報告 第一集: 13–16.

柴田保彦. 1979. シロアゴガエルが奄美大島に産するという記録について. 両生爬虫類研究会誌 (14): 10.

柴田保彦. 1988. 九州北西部の島嶼におけるヌマガエルの背中線型. 自然史研究 2(4): 69–71.

柴田保彦. 1988. タゴガエル3亜種の基産地. 大阪市立自然史博物館研究報告 (43): 43–46.

Shibata. Y. and M. Matsui. 1984. Taxonomic notes on some Japanese amphibians I. Problems concerning *Rana macropus* Boulenger 1886. Bull. Osaka Mus. Nat. Hist. 38: 1–4.

志知尚美・芹沢孝子・芹沢俊介. 1988. 愛知県刈谷市におけるヌマガエルの成長と卵巣の発達. 爬虫両棲類学雑誌 12(3): 95–101.

志賀優・草野保. 2016. 孤立した緑地におけるヤマアカガエル(*Rana ornativentris*)の変態上陸期までの生残過程. 爬虫両棲類学会報 2016(2): 122–130.

島田知彦. 2003. ガラスヒバァのナミエガエル捕食例. 爬虫両棲類学会報 2003(2) 76–77.

Shimada, T. 2015. A comparison of iris color pattern between *Glandirana susurra* and *G. rugosa* (Amphibia, Anura, Ranidae). Curr. Herpetol. 34(1): 80–84.

島田知彦・今村彰生・大西信弘. 2012. 水田棲カエル5種類の幼生フェノロジー. 爬虫両棲類学会報 2013(2): 77–85.

島田知彦・坂部あい. 2014. 西三河平野部の水田におけるツチガエルの分布. 豊橋市自然史博物館研報 (24): 7–15.

島田知彦・田上正隆・楠田哲士・藤谷武史・高木雅紀・河合敏雅・堀江真子・堀江俊介・波多野順・廣瀬直人・池谷幸樹・国崎亮・須田暁世・坂部あい. 2015. 濃尾平野に生息する水田棲カエル類の分布状況. 豊橋市自然史博物館研報 (25): 1–11.

Shimizu, S. and H. Ota. 2003. Normal development of *Microhyla ornata*–the first description of the complete embryonic and larval stages for the microhylid frogs (Amphibia: Anura). Curr. Herpetol. 22(2): 73–90.

Shimoyama. R. 1982. Preliminary report on male territoriality in the pond frog, *Rana nigromaculata*, in the breeding season. Jpn. J. Herpetol. 9(3): 99–102.

Shimoyama. R. 1986. Maturity and clutch frequency of female *Rana porosa brevipoda* in the northern Ina Basin, Nagano Prefecture, Japan. Jpn. J. Herpetol. 11(4): 167–172.

Shimoyama. R. 1987. Notes on the tb type of *Rana nigromaculata* found in the Suwa Basin, Nagano Prefecture, Japan. Jpn. J. Herpetol. 12(1): 30–31.

Shimoyama, R. 1989. Breeding ecology of a Japanese pond frog, *Rana p. porosa*. pp.323–331. In: Matsui, M., T. Hikida and R. C. Goris (eds.) Current Herpetology in East Asia. Herpetol. Soc. Japan, Kyoto.

Shimoyama, R. 1993. Female reproducutive trraits in a population of the pond frog, *Rana nigromaculata*, with prolonged breeding season. Jpn. J. Herpetol. 15(1): 37–41.

Shimoyama, R. 1996. Sympatric and synchronous breeding by two pond frogs, *Rana porosa brevipoda* and *Rana nigromaculata*. Jpn. J. Herpetol. 16(3): 87–93.

Shimoyama, R. 1999. Interspecific interactions between two Japanese pond frogs, *Rana porosa brevipoda* and *Rana nigromaculata*. Jpn. J. Herpetol.18(1):

7–15.

Shimoyama, R. 2000. Conspecific and heterospecific pair-formation in *Rana porosa brevipoda* and *Rana nigromaculata*, with reference to asymmetric hybridization. Curr. Herpetol. 19(1): 15–26.

下山良平. 2000. ダルマガエルとトノサマガエルの繁殖生態と種間関係. 両生類誌 (4): 1–5.

下山良平. 2000. 長野県下のナガレタゴガエル生息地. 爬虫両棲類学会報 2000(1): 1–2.

下山良平. 2002. 新潟県西部からのナガレタゴガエルの記録. 爬虫両棲類学会報 2002(1): 6–7.

下山良平・西尾規孝. 2004. 長野県飛騨山脈東側からのナガレタゴガエルの記録. 爬虫両棲類学会報 2004(1): 18–19.

篠田宣道. 1984. 岩手県のトノサマガエル群の外観的特徴と分布. 爬虫両棲類学雑誌 10(4): 97–103.

Song, J.–Y., B.–S. Yoon, K.–H. Chung, H.–S. Oh, M. Matsui and T. Mori. 2004. Intraspecific variation of the Korean *Rana nigromaculata* (Amphibia: Ranidae) based on morphometric and sequence counparison. J. Fac. Agr., Kyushu Univ. 49 (2): 367–374.

Stejneger, L. 1898. On a collection of batrachians and reptiles from Formosa and adjacent islands. J. Coll. Sci. Imp. Univ. Tokyo 12: 215–225.

Stejneger, L. 1901. Diagnoses of eight new batrachians and reptiles from the Riu Kiu Archipelago, Japan. Proc. Biol. Soc. Wash. 14: 189–191.

Stejneger, L. 1907. Herptology of Japan and adjacent territory. Bull. U. S. Nat. Mus. 58 : i-xx+1–577.

Stejneger, L. 1924. The wood frogs of Japan. Proc. Biol. Soc. Wash. 37: 73–77.

末吉豊文・小溝克己・倉本満. 2014. 九州のタゴガエル地方集団の鳴き声(Ⅲ). 九州両生爬虫類研究会誌 (5): 1–6.

末吉豊文・坂本真理子・松尾公則・江頭幸士郎・倉本満. 2013. 九州のタゴガエル地方集団の鳴き声(Ⅱ). 九州両生爬虫類研究会誌 (4): 14–20.

Sumida, M. 1981. Studies on the Ichinoseki population of *Rana japonica*. Sci. Rep. Lab. Amphibian Biol. Hiroshima Univ. 5: 1–46.

Sumida, M. 1994. Abnormalities of meioses in reciprocal hybrids between the Hiroshima and Ichinoseki populations of *Rana japonica*. Experientia 50: 860–866.

Sumida, M. 1996. Incipient intraspecific isolating mechanisms in the Japanese brown frog *Rana japonica*. J. Herpetol. 30: 333–346.

Sumida, M. 1997. Inheritance of mitochondrial DNAs and allozymes in the female hybrid lineages of two Japanese pond frog species. Zool. Sci. 14: 277–286.

Sumida, M. 1997. Mitochondrial DNA differentiation in the Japanese brown frog *Rana japonica* as revealed by restriction endonuclease analysis. Genes Genet. Syst. 72: 79–90.

Sumida, M. and T. Ishihara. 1997. Natural hybridiaction and introgression between *Rana nigromaculata* and *Rana porosa porosa* in central Japan. Amphibia–Reptilia 18: 249–257.

Sumida, M. and M. Nishioka. 1994. Differentiation of the Japanese brown frog, *Rana japonica*, elucidated by electrophoretic analyses of enzymes and blood proteins. Sci. Rep. Lab. Amphibian Biol. Hiroshima Univ. 13: 137–171.

Sumida, M. and M. Nishioka. 1994. Geographic variability of sex–linked loci in the Japanese brown frog, *Rana japonica*. Sci. Rep. Lab. Amphibian Biol. Hiroshima Univ. 13: 173–195.

Sumida, M. and M. Nishioka. 1996. Genetic variation and population divergence in the Japanese brown frog, *Rana ornativentris*. Zool. Sci. 13: 537–549.

Sumida, M. and M. Ogata. 1998. Intraspecific differentiation in the Japanese brown frog *Rana japonica* inferred from mitochondrial cytochrome b gene sequences. Zool. Sci. 15: 989–1001.

Sumida, M., M. Ogata, H. Kaneda and H. Yonekawa. 1998. Evolutionary relationships among Japanese pond frogs inferred from mitochondrial DNA sequences of cytochrome b and 12S ribosomal RNA genes. Genes Genet. Syst. 73: 121–133.

Sumida, M., M. Ogata and M. Nishioka. 2000. Molecular phylogenetic relationships of pond frogs distributed in the Palearctic region inferred from DNA sequences of mitochondrial 12S ribosomal RNA and cytochrome b genes. Mol. Phylogenet. Evol. 16: 278–285.

Sumida, M., Y. Kondo, Y. Kanamori and M. Nishioka. 2002. Inter– and intraspecific evolutionary relationships of the rice frog *Rana limnocharis* and the allied species *R. cancrivora*, inferred from crossing experiments and mitochondrial DNA sequences of the 12S and 16S rRNA genes. Mol. Phylogenet. Evol. 25: 293–305.

Sumida, M., M. Kotaki, M. M. Islam, T. H. Djong, T. Igawa, Y. Kondo, M. Matsui, de S. Anslem, W. Khonsue and M. Nishioka. 2007. Evolutionary relationships and reproductive isolating mechanisms in the rice frog (*Fejervarya limnocharis*) species complex from Sri Lanka, Thailand, Taiwan and Japan, inferred from mtDNA gene sequences, allozymes and crossing experiments. Zool. Sci. 24(6): 547–562.

Sumida, M., H. Ueda and M. Nishioka. 2003. Reproductive isolating mechanisms and molecular phylogenetic relationships among Palearctic and Oriental brown frogs. Zool. Sci. 20: 567–580.

Suzuki, S., D. A. Hill, T. Maruhashi and T. Tsukahara. 1990. Frog– and lizard–eating behaviour of wild Japanese macaques in Yakushima, Japan. Primates 31(3): 421–426.

田場美沙基・下地直子・山里将平・白幡大樹・富永篤. 2013. 鹿児島県与論島へのシロアゴガエルの侵入と定着. 爬虫両棲類学会報 2013(2): 96–97.

田場美沙基・仲宗根貴道・清澤昇太・富永篤. 2013. 流水環境で繁殖するリュウキュウカジカガエルの繁殖期の成体調査. 九州両生爬虫類研究会誌 (4): 68–70.

Takahara, T., Y. Kohmatsu, A. Maruyama and R. Yamaoka. 2006. Specific behavioral responses of *Hyla japonica* tadpoles to chemical cues released by two predator species. Curr. Herpetol. 25(2): 65–70.

Takahara, T. and R. Yamaoka 2009. Temporal and spatial effects of predator chemical and visual cues on the behavioral responses of *Rana japonica* tadpoles. Curr. Herpetol. 28(1): 19–2.5.

高橋大輔・丸野内淳介・井出悠生・高橋一秋・三上光一・伊藤和哉・佐藤哲. 2010. 新規の里山林内水域に移入したトウキョウダルマガエルとアズマヒキガエル. 爬虫両棲類学会報 2010(2): 121–124.

高橋健・宮平聖子. 1998. ウシガエルの瀬底島からの記録. Akamata (14): 5–6.

Takai, K. 2011. Range expansion and food habits of *Rana nigromaculata* introduced to Hokkaido, Japan. Curr. Herpetol. 30 (1): 75–78.

高尾彰・竹盛窪・竹真弓. 2013. 与論島におけるシロアゴガエルの確認. Akamata (24): 19–20.

高良鉄夫. 1969. 琉球の自然と風物―特殊動物を探る―. 琉球文教図書, 沖縄. 206 pp.+8pls.

竹中践. 1998. 北海道に帰化したトノサマガエルの北広島市における分布. 北海道東海大紀要 (理工学系) 10: 43–49.

竹中悠. 2008. 外来種アメリカミンクによる越冬中のエゾアカガエルの捕食記録. 爬虫両棲類学会報 2008(2): 101–103.

竹内寛彦・原村隆司. 2015. ヤエヤマヒバァによるオオハナサキガエルの捕食例. Akamata (25): 15–16.

竹内寛彦・原村隆司. 2016. 河口域で発見されたオオヒキガエルの幼生. Akamata (26): 8–10.

滝澤隆雄. 1998. モリアオガエルの雄の繁殖戦略の居場所による変化. 両生類誌 (1): 23–27.

田辺真吾. 1980. 京都産ヌマガエルに見られた背中線. 両生爬虫類研究会誌 (18): 9–11.

田辺真吾・見澤康充. 2001. 滋賀県からのナガレタゴガエルの記録. 爬虫両棲類学会報 2001(2) 66–68.

Tanaka, S. 1984. Brief observations on the body temperature of juveniles of the frog *Rana limnocharis limnocharis* in the Tokashiki–jima Island of the Ryukyu Archipelago. Jpn. J. Herpetol. 11(1): 33–35.

田中聡. 1989. オキナワアオガエルの泡状巣の構築場所について. Akamata (6): 3–5.

田中聡. 1989. オキナワアオガエルの瀬底島からの記録. Akamata (6): 20.

田中聡. 1995. ガラスヒバァによるシロアゴガエルの泡状巣内幼生の捕食の可能性. Akamata (11): 12.

田中聡. 2006. シロアゴガエルとオンナダケヤモリの池間島からの記録. 沖縄県立博物館紀要 (32): 1–3.

田中聡. 2012. 沖縄島における外来種シロアゴガエルの産卵時期と泡巣形成場所について. 沖縄県立博物館・美術館, 博物館紀要 (5): 1–10.

田中聡・千木良芳範. 2011, 沖縄島における外来種シロアゴガエルの複雄配偶について. 沖縄県立博物館・美術館, 博物館紀要 (4): 1–6.

Tanaka, S. and M. Nishihira.1987. Foam mest as a potential food source for anuran larvae: a preliminary experiment. J. Ethol. 5: 86–88.

Tanaka, T. 1995. Long–term observations on the molting of a Japanese toad, *Bufo japonicus formosus*. Jpn. J. Herpetol. 16(1): 7–11.

Tanaka, T., M. Matsui and O. Takenaka. 1994. Estimation of phylogenetic relationships among Japanese brown frogs from mitochondrial cytochrome b gene (Amphibia: Anura). Zool. Sci. 11(5): 753–757.

Tanaka, T., M. Matsui and O. Takenaka. 1996. Phylogenetic relationships of Japanese brown frogs (*Rana*: Ranidae) assessed by mitochondrial cytochrome b gene sequences. Biochem. Syst. Ecol. 24 (4): 299–307.

Tanaka–Ueno, T., M. Matsui, S.–L. Chen, O. Takenaka and H. Ota. 1998. Phylogenetic relationships of brown frogs from Taiwan and Japan assessed by mitochondrial cytochrome b gene sequences (*Rana*: Ranidae). Zool. Sci. 15: 289–294.

Tanaka–Ueno, T., M. Matsui, T. Sato, S. Takenaka, and O. Takenaka. 1998. Phylogenetic relationships of brown frogs with 24 chromosomes from Far East Russia and Hokkaido assessed by mitochondrial cytochrome b gene sequences (*Rana*: Ranidae). Zool. Sci. 15: 283–288.

Tanaka-Ueno, T., M. Matsui, T. Sato, S. Takenaka, and O. Takenaka. 1998. Local population differentiation and phylogenetic relationships of Russian brown frog, *Rana amurensis* inferred by mitochondrial cytochrome b gene sequences (Amphibia, Ranidae). Jpn. J. Herpetol. 17(3): 91–97.

Tanaka–Ueno, T., M. Matsui, G.–F. Wu, L. Fei and O. Takenaka. 1999. Identity of *Rana chensinensis* from other brown frogs as assessed by mitochondrial cytochrome b sequences. Copeia 1999(1): 187–190.

Temminck, C. J. and H. Schlegel. 1835–1838. Fauna Japonica auctore Ph. Fr. De Siebold. Reptilla elaborantibus C. J. Temminck et H. Schlegel. Lugduni Batavorum. Ex officin. lithogr. auctoris et typis J. G. Lalau. i–xxi+1–144 pp.

天白牧夫・大澤啓志・勝野武彦. 2012. 濃尾平野における水田タイプ別のカエル類の種組成. ランドスケープ研究 75: 415–418.

寺下貴晃・鈴木隆介・木村一也・大河原恭祐. 2014. 金沢市に分布するトノサマガエル *Rana nigromaculata* の形態変異について.

爬虫両棲類学会報 2014(1): 1–9.

Thompson, J. C. 1912. Prodrome of a description of a new genus of Ranidae from the Loo Choo Islands. Herp. Notices, San Francisco. 1: 1–3.

Thompson, J. C. 1912. Prodrome of a description of a new species of Reptilia and Batrachia from the Far East. Herp. Notices, San Francisco 2: 1–4.

戸田守・角田羊平・前之園唯史・岩永節子. 2006. 渡嘉敷村前島の両生爬虫類相. 沖縄生物学会誌 (44): 53–63.

Toda, M., M. Matsui, M. Nishida and H. Ota. 1998. Genetic divergence among southeast and east Asian populations of *Rana limnocharis* (Amphibia: Anura), with special reference to sympatric cryptic species in Java. Zool. Sci. 15(4): 607–613.

Toda, M., M. Nishida, M. Matsui, K.–Y. Lue, S.–L. Chen and H. Ota. 1998. Genetic variation in the Indian rice frog, *Rana limnocharis* in Taiwan as revealed by allozyme data. Herpetologica 54(1): 73–82.

Toda, M., M. Nishida, M. Matsui, G.–F. Wu and H. Ota. 1997. Allozyme variation among east Asian populations of the Indian rice frog, *Rana limnocharis* (Amphibia: Anura). Biochem. Syst. Ecol. 25(2): 143–159.

戸金大. 2014. 日本に生息するカエル類の食性研究. 爬虫両棲類学会報 2014(2): 133–145.

戸金大・福山欣司・倉本宣 2005. 谷戸田におけるトウキョウダルマガエルの体長組成と成長. 爬虫両棲類学会報 2005(1): 13–22.

戸金大・福山欣司・倉本宣. 2010. テレメトリー法を用いたトウキョウダルマガエルの谷戸田における移動追跡. 爬虫両棲類学会報 2010(1): 1–10.

Togane, D., Fukuyama, K. and Kuramoto, N. 2009. Size and age at sexual maturity of female *Rana porosa porosa* in valley bottoms in Machida City, Tokyo, Japan. Curr. Herpetol. 28(2): 71–77.

戸金大・今津健志. 2014. 神奈川県川崎市からのモリアオガエルの記録. 爬虫両棲類学会報 2014(1): 15–17.

Tokita, M. and N. Iwai. 2010. Development of the pseudothumb in frogs. Biol. Letters 6(4): 517–520.

徳田龍弘. 2010. 北海道石狩市で確認した外来種アズマヒキガエル (*Bufo japonicus formosus*) について. 爬虫両棲類学会報 2010(1): 35–37.

富田靖男. 1975. 宮川水系父ケ谷の両生・爬虫類. pp.191–220. 宮川揚水発電計画に伴う父ケ谷地域自然環境調査報告書. 三重県自然科学研究会, 三重.

富田靖男. 1976. 上野市南部丘陵地域の両生・爬虫類相ならびに消化管内容分析に関する知見. pp.143–181. 上野市南部都市開発に伴う自然環境調査及び影響評価報告書. 三重県自然科学研究会, 三重.

富田靖男. 1980. 三重県の爬虫・両棲類相. 三重県立博物館研報, 自然科学 (2): 1–67.

富永篤. 2011. ウシガエルによるオキナワアオガエル雄4個体の捕食例. Akamata (22): 1–4.

富永篤・松井正文・江頭幸士郎・太田英利. 2016. 広域分布種リュウキュウカジカガエルの種内系統とその遺伝的分化. 九州両生爬虫類研究会誌 (7): 53–56.

Tominaga, A., M. Matsui, K. Eto and H. Ota. 2015. Phylogeny and differentiation of wide–ranging Ryukyu Kajika Frog *Buergeria japonica* (Amphibia: Rhacophoridae): Geographic genetic pattern not simply explained by vicariance through strait formation. Zool. Sci. 32(3): 240–247.

Tominaga, A., M. Matsui and K. Nakata. 2014. Genetic diversity and differentiation of a Ryukyu endemic frog *Babina holsti* as revealed by mitochondrial DNA. Zool. Sci. 31(2): 64–70.

富永篤・松井正文・中田勝士. 2015. ホルストガエルに見られる遺伝的多様性とその分布域変遷の推定. 九州両生爬虫類研究会誌 (6): 39–42.

富岡克寛・関根和伯. 2002. 栃木県渡良瀬川下流におけるウシガエル越冬幼生の変異. 両生類誌 (8): 33–34.

当山昌直. 1976. 宮古群島の両生爬虫類相(I). 爬虫両棲類学雑誌 6(3): 64–74.

当山昌直. 1981. 沖縄群島の両生爬虫類相(I). 沖縄県立博物館紀要(7): 1–8.

当山昌直. 1981. 宮古群島の両生爬虫類. 沖生教研会誌 (14): 30–39.

当山昌直. 1982. 琉球列島両生爬虫類文献目録(暫定). 沖縄県立博物館紀要 (8): 55–88.

当山昌直. 1983. 沖縄群島の両生爬虫類相(Ⅱ). ―座間味村の両生爬虫類―. pp.16–22. 県立博物館総合調査報告書Ⅲ―座間味村(ざまみそん)―.

当山昌直. 1984. 沖縄群島の両生爬虫類相(Ⅲ). ―渡嘉敷島―久米島―. 沖縄県立博物館紀要(10): 25–36.

当山昌直. 1984. 琉球の両生爬虫類. pp.281–

300. 全国大会記念誌「沖縄の生物」. 沖縄生物教育研究会, 沖縄.

当山昌直. 1989. 西表島のカエル類の卵に関するメモ. Akamata (6): 1.

当山昌直. 1996. ホルストガエル. pp. 257–261. 日本の希少な野生水生生物に関する基礎資料(Ⅲ). 日本水産資源保護協会, 東京.

当山昌直. 1998. 戦前の沖縄の新聞にみられる両生爬虫類の分布情報. Akamata (14): 32–34.

当山昌直. 1999. 渡嘉敷島におけるホルストガエルの生息地の確認. Akamata (15): 28.

当山昌直. 2002. 戦前の沖縄におけるカエル類の調理方法について. Akamata (16): 13.

当山正直・久貝勝盛・島尻沢一. 1980. 宮古群島の両生爬虫類に関する方言. 沖生教研会誌 (13): 17–32.

当山昌直・太田英利. 1986. リュウキュウアカガエルの久米島からの記録. Akamata (3): 24.

当山正直・城間侔・佐藤文保. 1983. ホルストガエルの渡嘉敷島からの記録. Akamata (1): 3.

Trakimas, G., M. Matsui, K. Nishikawa and K. Kasugai. 2003. Allozyme variation among populations of *Rana pirica* (Amphibia: Ranidae). J. Zool. Syst. Evol. Res. 41(2): 73–79.

Tsuji, H. and T. Kawamichi. 1996. Breeding activity of a stream–breeding toad, *Bufo torrenticola*. Jpn. J. Herpetol. 16(4): 117–128.

Tsuji, H. and T. Kawamichi. 1996. Breeding habits of a stream–breeding toad, *Bufo torrenticola*, in an Asian mountain torrent. J. Herpetol. 30(4): 451–454.

Tsuji, H. and T. Kawamichi. 1998. Field observations of the spawning behavior of stream toads, *Bufo torrenticola*. J. Herpetol. 32(1): 34–40.

内山りゅう・沼田研児・前田憲男・関慎太郎. 2002. 決定版日本の両生爬虫類. 平凡社, 東京. 335pp.

Ueda, H. 1986. Reproduction of *Chirixalus eiffingeri* (Boettger). Sci. Rep. Lab. Amphibian Biol. Hiroshima Univ. 8: 109–116.

Ueda, H. 1994. Mating calls of the pond frog species in the Far East and their artificial hybrids. Sci. Rep. Lab. Amphibian Biol. Hiroshima Univ. 13: 197–232.

上田博晧. 1994. 絶滅の危機せまるダルマガエル. 兵庫陸水生物 45: 43–51.

Ueda, H., Y. Hasegawa and J. Matunouchi. 1998. Geograohical differentiation in a Japanese stream-breeding frog, *Buergeria buergeri*, elucidated by morphometric analyses and crossing experiments. Zool. Sci. 15(4): 615–622.

植田健仁・長谷川雅美. 1999. 伊豆半島の蛙食慣習. 両生類誌 (3): 32–33.

上野俊一. 1974. 日本の爬虫・両生類相. pp.47–50. 週刊世界動物百科増刊, 日本の動物Ⅱ. 朝日新聞社, 東京.

上野俊一・柴田保彦. 1970. 対馬の爬虫両生類相小記. 国立科博専報(3): 193–198.

梅林正. 1999. 新潟県上越地方に生息する両生・爬虫類の記録. 両生類誌 (3): 28–30.

宇都宮妙子. 1980. 奄美大島のイシカワガエルの繁殖. 両生爬虫類研究会誌 (17): 17–18.

Utsunomiya, T. 1989. Five endemic frog species of the Ryukyu Archipelago. pp.199–204. In: Matsui, M., T. Hikida and R. C. Goris(eds.). Current Herpetology in East Asia. Herpetol. Soc. Japan, Kyoto.

宇都宮妙子. 1995. イシカワガエル. pp. 429–434. 日本の希少な野生水生生物に関する基礎資料(Ⅱ). 日本水産資源保護協会, 東京.

宇都宮妙子. 1995. オットンガエル. pp. 435–438. 日本の希少な野生水生生物に関する基礎資料(Ⅱ). 日本水産資源保護協会, 東京.

宇都宮妙子. 1996. ナミエガエル. pp. 268–272. 日本の希少な野生水生生物に関する基礎資料(Ⅲ). 日本水産資源保護協会, 東京.

宇都宮妙子. 1999. 南西諸島の両生類調査記2. 沖縄島と渡嘉敷島の両生類について. 両生類誌 (3): 15–20.

宇都宮妙子. 2000. 南西諸島の両生類調査記3. 沖縄島・宮古島・奄美大島・徳之島の両生類について. 両生類誌 (4): 23–27.

宇都宮妙子. 2000. 南西諸島の両生類調査記4. 奄美大島・徳之島・沖縄島・西表島の両生類について. 両生類誌 (5): 12–16.

宇都宮妙子. 2001. 南西諸島の両生類調査記5. 奄美大島・徳之島・沖縄島・西表島の両生類について. 両生類誌 (6): 7–12.

宇都宮妙子. 2001. 南西諸島の両生類調査記6. 徳之島・沖縄島・奄美大島の両生類について. 両生類誌 (7): 49–53.

宇都宮妙子. 2002. 南西諸島の両生類調査記7. 奄美大島・沖縄島の両生類につい

て. 両生類誌（8）: 35–38.

宇都宮妙子. 2002. 南西諸島の両生類調査記 8. 奄美大島・沖縄島の両生類について. 両生類誌（9）: 33–37.

宇都宮妙子. 2003. 南西諸島の両生類調査記 9. 沖縄島・奄美大島・徳之島・石垣島・西表島の両生類について. 両生類誌（10）: 8–18.

宇都宮妙子. 2003. 南西諸島の両生類調査記 10. 沖縄島・奄美大島・徳之島・石垣島・西表島の両生類について. 両生類誌（11）: 18–26.

宇都宮妙子. 2004. 南西諸島の両生類調査記 11. 奄美大島・沖縄島の両生類について. 両生類誌（12）: 15–22.

宇都宮妙子. 2005. 南西諸島の両生類調査記 12. 石垣島・沖縄島・奄美大島の両生類について. 両生類誌（14）: 21–25.

宇都宮妙子・勝連盛輝・宇都宮泰明. 1980. イシカワガエルの生態. 採集と飼育 42（6）: 323–325.

宇都宮妙子・宇都宮泰明. 1991. 海を泳いでいたニホンヒキガエル Bufo japonicus japonicus. 比婆科学（149）: 1–5.

宇都宮妙子・宇都宮泰明. 1998. 広島県の両生類相の調査・研究史 付広島県の両生類目録. 両生類誌（1）: 1–12.

宇都宮泰明・宇都宮妙子. 1983. 南西諸島のカエルの卵および幼生について. 広島大生物生産紀要 22(2): 255–270.

Utsunomiya, Y., T. Utsunomiya and S. Katsuren. 1979. Some ecological observations of *Rana ishikawae*, a rare frog endemic to the Ryukyu Islands. Proc. Japan Acad., Ser. B 54(7): 233–237.

Utsunomiya. Y., T. Utsunomiya, S. Katsuren and M. Toyama. 1983. Habitat segregation observed in the breeding of five frog species dwelling in a mountain stream of Okinawa Island. Annot. Zool. Jap. 56(2): 149–153.

宇和紘・渡辺雄二・坂倉康則・浅井聡司・塩野拡久. 1981. ヒキガエルの産卵出動の地温による予測. 動物学雑誌 90(2): 157–163.

Van Denburgh, J. 1909. New and previously unrecorded species of reptiles and amphibians from the island of Formosa. Proc. Calif. Ac. Sci. (IV) 3: 49–56.

Van Denburgh, J. 1912. Advance Diagnoses of New Reptiles and Amphibians from the Loo Choo Islands and Formosa. San Francisco. 8 pp.（自費出版）.

Van Denburgh, J. 1912. Concerning certain species of reptiles and amphibians from China, Japan, the Loo Choo Islands and Formosa. Proc. Calif. Ac. Sci. (IV) 3: 187–257.

Van Denburgh, J. 1920. Mr. Boulenger on the genus *Babina*. Copeia(79): 14–16.

和田干蔵. 1936. 青森市付近に於けるシュレーゲルアヲガエルに就ての 2・3 の観察. 青森博物研究会会報 3: 1–12.

和田干蔵. 1969. 青森県の両生類（中編）. 青森短大紀要 6: 1–14.

和田干蔵. 1970. 青森県の両生類（続中編）. 青森短大紀要 7: 1–12.

渡辺伸一. 2009. イリオモテヤマネコによるヤエヤマアオガエルの轢死体の捕食例. Akamata（20）: 5–7.

亘悠哉・髙橋雅美. 2014. 抱接時のリスク：クロベンケイガニとサキシマダラによるリュウキュウカジカガエル繁殖ペアの捕食例. 爬虫両棲類学会報 2014(2): 106–108.

Werner, F. 1913. Über neue oder seltene Reptilien und Frösche des naturhistorischen Museums in Hamburg. Reptilien und Amphibien von Formosa gesammelt von H. Sauter. Mitt. Naturhist. Mus. Hamburg 30: 1–51.

Wilkinson, J. A., M. Matsui and T. Terachi. 1996. Geographic variation in a Japanese frog (*Rhacophorus arboreus*) revealed by PCR-aided restriction site analysis of mtDNA. J. Herpetol. 30(3): 418–423.

Xie, F., C.–Y. Ye, L. Fei, J.–P. Jiang, X.–M. Zeng and M. Matsui. 1999. Taxonomical studies on brown frogs (*Rana*) from northeastern China (Amphibia: Ranidae). Acta Zootax. Sinica 24: 224–231.

山田和生. 1991. 岐阜県内のナガレヒキガエルの分布. 生物教育（岐阜県高等学校教育研究会生物教育研究部会）35: 28–29.

山本康仁. 2012. 東三河地域の土地利用の異なる 2 地点におけるカエル類の音声モニタリング. 豊橋市自然史博物館研報（22）: 13–18.

山本康仁・千賀裕太郎. 2010. 繁殖状況から見るトノサマガエルとナゴヤダルマガエルの種間関係. 爬虫両棲類学会報 2010(1): 46–49.

Yamazaki, Y., S. Kouketsu, T. Fukuda, Y. Araki and H. Nambu. 2008. Natural hybridization and directional introgression of two species of Japanese toads *Bufo japonicus formosus* and *Bufo torrenticola* (Anura: Bufonidae) resulting from changes in their spawning habitat. J. Herpetol. 42(3): 427–436.

矢野亮. 1978. ヒキガエルの生態学的研究.（III）ヒキガエルの行動. 自然教育園報告（8）: 107–120.

屋代弘孝 1938. ミヤコヒキガエル Bufo bufo miyakoensis Okada の食性並に其の沖縄島移入経過. 植物及動物 6(6): 1127–1130.

叶昌媛・費梁・松井正文. 1995. 我国日本林蛙（Rana japonica Guenther）分類的研究. 両棲爬行動物学研究 4/5: 82–87.

義久侑平・更科美帆・吉田剛司. 2011. 北海道に定着した国内外来種トノサマガエル（Rana nigromaculata）の胃内容物から検出されたゲンゴロウ（Cybister japonicus）について. 爬虫両棲類学会報 2011(2): 112–114.

吉村悦郎. 1977. ニホンアカガエルの繁殖期前後の移動〈講演要旨〉. 爬虫両棲類学雑誌 7(2): 47–48.

吉村悦郎. 1981. ニホンアカガエルの生長と繁殖〈講演要旨〉. 爬虫両棲類学雑誌 9（2）: 69.

Yoshimura, Y. and E. Kasuya. 2013. Odorous and non-fatal skin secretion of adult wrinkled frog (*Rana rugosa*) is effective in avoiding predation by snakes. PLoS ONE 8(11): e81280.

吉村友里・千家正照・伊藤健吾 2008. 圃場整備された水田畦畔におけるヌマガエル Fejervarya limnocharis の越冬. 爬虫両棲類学会報 2008(1): 15–19.

吉村友里・千家正照・伊藤健吾 2008. 柿畑で越冬するカエル類の観察. 爬虫両棲類学会報 2008(1) 19–22.

湯本光子. 1999. 山梨県の両生類に関する調査史 付 山梨県の両生類目録. 両生類誌（3）: 8–14.

湯本光子. 2014. 山梨県からのヌマガエルの初記録. 爬虫両棲類学会報 2014(2): 112–114.

Zhao, E.–M. and K. Adler. 1993. Herpetology of China. Soc. Stud. Amphib. Rept., Oxford, Ohio. 522 pp.+48 pls.

索引

Index

種の解説ページは太字で示した.

Babina holsti ·········· 10, 175, **176-179**, 240
   subaspera ············· **172-175**, 179, 240
Buergeria buergeri
   ················· 11, 16, **180-183**, 241
   japonica ············ **184-187**, 242
   otai ··························· 186, 187
   oxycephala ················· 182, 183
   robusta ···················· 182, 183
Bufo bankorensis ························ 42
   bufo ···················· 9, 28, 29
   gargarizans ······················ 43
   gargarizans gargarizans ·············· 42
   gargarizans miyakonis ··· 16, **40-43**, 219
   japonicus ·············· 29, 35, 39, 43
   japonicus formosus ····· 29, **30-35**, 39, 217
   japonicus japonicus
   ················· **24-29**, 35, 39, 216, 247
   torrenticola ············· 29, **36-39**, 218
   vulgaris hokkaidoensis ··············· 34, 35
   vulgaris montanus ··············· 34, 35
Dryophytes eximius ···················· 51
Duttaphrynus melanostictus ··············· 47
Fejervarya kawamurai ····· 16, **60-63**, 67, 222
   limnocharis ·············· 10, 62, 63, 67
   sakishimensis ················· **64-67**, 222
Gerobatrachus hotteni ···················· 8
Glandirana emeljanowi ··············· 134, 135
   minima ························· 10
   rugosa ··············· **132-135**, 139, 233
   susurra ················· 135, **136-139**, 234
Hyla arborea ················· 9, 51, 55
   (*Hyla*) *arborea* ················· 50
   chinensis ·················· 54, 55
   eximia ························ 51
   hallowellii schmidti ················ 54, 55
   (*Hyla*) *hallowellii* ··· 16, **52-55**, 221
   japonica ························· 51
   (*Dryophytes*) *japonica* ··· **48-51**, 220
Hyogobatrachus wadai ···················· 8
Kurixalus eiffingeri ········· 11, **212-215**, 246
Limnonectes fujianensis ············· 70, 71
   kuhlii ···················· 10, 71

   namiyei ··············· 16, **68-71**, 223
Lithobates catesbeianus ····· **140-143**, 234, 247
   palmipes ························ 10
Microhyla achatina ····················· 9
   fissipes ···················· 58, 59
   okinavensis ················· **56-59**, 221
   ornata ···················· 58, 59
Nidirana adenopleura ················· 170, 171
   daunchina ····················· 171
   okinavana ·········· 10, **168-171**, 239
Odorrana amamiensis ····· 155, **156-159**, 237
   ishikawae ············· **144-147**, 151, 235
   margaretae ····················· 10
   narina ······ **152-155**, 159, 163, 167, 237
   splendida ··········· 147, **148-151**, 236
   supranarina ······· 155, **160-163**, 167, 238
   swinhoana ············· 155, 166, 167
   utsunomiyaorum
   ················· 155, 163, **164-167**, 238
Pelophylax esculentus ················· 10
   nigromaculatus ·· **120-123**, 127, 131, 231
   plancyi ···················· 122, 123
   porosus ························ 127
   porosus brevipodus
   ················· 123, 127, **128-131**, 232
   porosus porosus
   ················· 16, **124-127**, 131, 232, 247
Polypedates leucomystax ····· 11, **208-211**, 245
   leucomystax sexvirgata ············· 210, 211
Rana amurensis ···················· 74, 75
   chensinensis ················· 110, 111, 115
   coreana ························ 74
   dybowskii ··········· 111, 115, 118, 119
   ijimae ···················· 154, 155
   japonica ··········· **104-107**, 115, 229, 247
   kobai ··············· 75, 79, **80-83**, 225
   kukunoris ···················· 114, 115
   martensi ···················· 106, 107
   neba ··················· **96-99**, 228
   okinavana ···················· 78, 170
   ornativentris ····· 107, **112-115**, 119, 230
   pirica ················· **108-111**, 115, 229

   psaltes ························ 170
   sakuraii ··········· 87, 99, **100-103**, 228
   sauteri ························ 87
   tagoi ······················ 99, 103
   tagoi okiensis ··············· **88-91**, 227
   tagoi tagoi
   ········ **84-87**, 91, 95, 103, 226, 247
   tagoi yakushimensis ··········· **92-95**, 227
   temporaria ········ 10, 110, 111, 118, 119
   temporaria ssp. ················· 118
   tsushimensis ··········· **72-75**, 79, 119, 224
   uenoi ············· 75, 115, **116-119**, 230
   ulma ············· 75, **76-79**, 83, 224
   zhenhaiensis ···················· 106, 107
Rhacophorus amamiensis ··········· **200-203**, 244
   arboreus ········· 191, **192-195**, 243, 247
   iriomotensis ···················· 214, 215
   moltrechti ····················· 207
   owstoni ·············· **204-207**, 245
   reinwardtii ····················· 11
   schlegelii
   ····· **188-191**, 195, 199, 203, 207, 242
   schlegelii arborea ················ 195
   schlegelii intermedia ·············· 195
   schlegelii var. *arborea* ············· 194
   schlegelii var. *intermedia* ············ 194
   viridis ············· **196-199**, 203, 207, 244
Rhinella marina ··············· **44-47**, 219
   proboscidea ···················· 9, 46
Tambabatrachus kawazu ················· 8
Triadobatrachus massinot ················ 8
Xenopus laevis ············· 9, **20-23**, 216
   petersii ···················· 22, 23
   victorianus ···················· 22, 23

ア

アイフィンガーガエル
.... 11, 18, **212-215**, 246, 247, 248
アズマヒキガエル
...... 15, 18, 19, 28, **30-35**, 38, 39, 217, 248
アフリカツメガエル
.... 9, 12, 18, 19, **20-23**, 216
アベコベガエル 9
アマミアオガエル 198, **200-203**, 244
アマミアカガエル ... 74, 78, **80-83**, 170, 225
アマミイシカワガエル 146, **148-151**, 236
アマミハナサキガエル ... 154, **156-159**, 237
アムールアカガエル 74
イボガエル 132
イリオモテシロメガエル 214
ウシガエル 16, 18, 19, **140-143**, 234, 247
エゾアカガエル
.... **108-111**, 114, 118, 229, 247
エゾヒキガエル 34
オオハナサキガエル
.... 154, **160-163**, 166, 238
オオヒキガエル
.... 9, 16, 18, 19, **44-47**, 219, 247
オキタゴガエル 87, **88-91**, 227
オキナワアオガエル
.... 70, **196-199**, 202, 206, 244
オキナワイシカワガエル
.... 70, **144-147**, 150, 235
オットンガエル
.... 10, 18, 19, 170, **172-175**, 178, 240
オーストンアオガエル 206

カ

カジカガエル
.... 11, 16, 18, **180-183**, 186, 241, 247
キタアオガエル 194, 195
クールガエル 10
コオロギガエル 9
コガタハナサキガエル **164-167**, 238
コトヒキガエル 171

サ

ザウターガエル 87
サキシマヌマガエル **64-67**, 222
サドガエル 16, 18, 135, **136-139**, 234
ジャワトビガエル 11
ジャワヌマガエル 10, 62, 66

シュレーゲルアオガエル
.... 11, 15, **188-191**, 194, 195, 198,
202, 206, 242
ショクヨウガエル **140-143**
シロアゴガエル 11, 18, 19, **208-211**, 245
スインホーガエル 166

タ

タイリクヤマアカガエル 111, 114, 118
タイワンクールガエル 70
タゴガエル
...... 15, 16, **84-87**, 90, 94, 98, 102, 226, 247
チュウカヒキガエル 42
チュウゴクアカガエル 110, 114
チョウセンアカガエル 74
チョウセンヤマアカガエル
.... 74, 111, 114, **116-119**, 230
ツシマアカガエル ... 16, **72-75**, 78, 118, 224
ツシマヤマアカガエル 116-119
ツチガエル
.... 15, 16, 18, 19, 62, **132-135**,
138, 233, 247
トウキョウダルマガエル
.... 15, 16, 19, 122, **124-127**, 130,
131, 232, 247, 248
トノサマガエル
.... 10, 15, 18, 19, 54, 62, **120-123**, 126,
130, 131, 231, 247

ナ

ナガレタゴガエル
.... 16, 87, 90, 98, **100-103**, 228
ナガレヒキガエル 15, 29, **36-39**, 218
ナゴヤダルマガエル
... 15, 18, 122, 123, 126, **128-131**, 232, 247
ナミエガエル
.... 10, 15, 16, 18, 19, **68-71**, 78, 223
ナンベイアマガエル 9
ニホンアカガエル
..... 16, 18, 19, **104-107**, 114, 229, 247, 248
ニホンアマガエル
... 15, 18, 19, **48-51**, 54, 110, 190, 220, 248
ニホンカジカガエル **184-187**
ニホンヒキガエル
.... 24-29, 34, 38, 42, 216, 247
ヌマガエル 16, 19, **60-63**, 66, 222
ネバタゴガエル 15, 87, **96-99**, 228

ハ

ハナサキガエル
.... 10, 16, **152-155**, 158, 162, 237
ハラブチガエル 170, 171
ハロウエルアマガエル ... 16, 51, **52-55**, 221
バンコロヒキガエル 42
ヒメアマガエル
.... 18, 19, **56-59**, 221, 247, 248
ブランシーガエル 122, 123
ヘリグロヒキガエル 47
ホルストガエル
.... 19, 70, 170, 174, **176-179**, 240

マ

マルテンスアカガエル 106
ミジワクピチ 70
ミヤコヒキガエル 16, **40-43**, 46, 219
ムクアオガエル 182
ムスジシロアゴガエル 210
モリアオガエル
.... 11, 15, 18, 19, 190, 191, **192-195**,
243, 247, 248
モルトレヒトアオガエル 207

ヤ

ヤエヤマアオガエル 202, **204-207**, 245
ヤエヤマハラブチガエル
.... 18, 78, **168-171**, 178, 214, 239, 247
ヤクシマタゴガエル 87, 90, **92-95**, 227
ヤマアカガエル
.... 15, 16, 19, 106, 111, **112-115**,
118, 230, 247
ヤマヒキガエル 34
ヨーロッパアカガエル 10, 110, 118
ヨーロッパアマガエル 9, 50, 51, 54
ヨーロッパトノサマガエル 10
ヨーロッパヒキガエル 9, 28, 34

ラ

リュウキュウアカガエル
.... 70, 74, **76-79**, 82, 170, 224
リュウキュウカジカガエル
.... 11, **184-187**, 214, 242

謝辞

　本書解説の骨子となる情報の大部分は『日本カエル図鑑』,『改訂版 日本カエル図鑑』に準拠したので,すでにそれらの書物の謝辞に挙げさせて頂いた方々のお力添えなしには本書の完成はなかったことになる.お世話になった方々の中にはすでに他界された方々もあり,残念ながら,その数は年を追って多くなっているのは当然とは言うものの悲しいことである.ここで本書刊行に至る過程で,標本収集から分析,論議まで種々の面でお世話になった方々および機関を列挙させて頂く(以下敬称略,アイウエオ順).

相見満・青木良輔・秋山康光・安部照美・荒谷邦雄・飯塚光司・池田誠慈・故伊藤撒魯・井上-渡部祐子・今田弓女・故岩沢久彰・上野俊一・故宇都宮泰明・妙子・梅林正芳・卜部弘実・圓戸恭子・江頭幸士郎・大内一夫・大川博志・大河内勇・大阪市立自然史博物館・太田英利・故太田正臣・大塚孝一・岡野英之・沖縄県立博物館・美術館・恩地実・懸川雅市・勝連盛輝・春日井潔・加藤真・金森正臣・亀崎直樹・川内一憲・川原康寛・故川田英則・故川本一二・杵淵謙二郎・京都大学大学院人間・環境学研究科(旧教養部生物学教室)・京都大学大学院理学研究科動物学教室・久貝勝盛・草野保・久家光雄・久保田徹・熊谷聖秀・倉石典広・庫本正・故小池寛・国立科学博物館・國領康弘・小早川みどり・故小林恒明・故小林貞七・故小杯靖彦・故小山長雄・故リチヤード＝ゴリス・ウィチェット＝コンスー・斎藤憲治・坂本真理子・相良直彦・佐藤眞一・佐藤隆・佐藤孝則・故佐藤信平・佐藤芳文・柴田保彦・島田知彦・島村賢正・島本龍一・清水善吉・下山良平・常喜豊・菅原隆博・杉木隆・杉原理文・関慎太郎・瀬戸武司・故千石正一・曽田貞滋・竹田俊雄・竹中踐・立脇康嗣・故田隅本生・田中清裕・田中聡・田中-上野寛子・田邊真吾・玉井済夫・陳賜隆・当山昌直・戸田守・戸田光彦・冨田靖男・富永篤・中島経夫・故中谷高嘉・故中村昭三郎・中村慎吾・南部久男・新妻昭夫・西川完途・西川喜朗・西村昌彦・野瀬桂子・野瀬渉・長谷川雅美・波戸岡清峰・故早川広文・林光武・林康行・疋田努・故日高敏隆・樋上正美・平井利明・故深田祝・福山欣司・船越公威・堀道雄・本田絵里・前田喜四郎・前畑政善・松井正隆・故松井正信・松井正通・松尾公則・松木崇・松田征也・松村澄子・丸山一子・丸山隆・見澤康充・水野雄介・宮形佳孝・宮崎光二・宮沢佳寛・宮田渡・宮前睦子・三輪時男・故武藤暁生・森哲・森慎吾・森口一・山根美子・湯元光子・吉川夏彦・好広真一・故吉村悦郎・若菜進・渡辺茂樹・渡部登.

　これらすべての方々・機関に対し,心から感謝の意を表する.

平成30年7月　洛南伏見にて　松井正文

謝辞

　最新の分析に寄る分類や新種の追加，外来種の定着などがあり，新情報で構成された図鑑が要望されていた．新しい図鑑には，掲載する全種の幼生の写真を入れる事が決まった．それぞれの種の卵または幼生を確保し，幼体までの飼育を行いながらの撮影であった．成体についても，極力新しく再撮影を実行した．全種の卵や成体の全てを一人で確保する事は到底出来る事ではなく，多く方々の積極的な協力やアドバイス，手伝いがあってこそ出来た．最近の環境の変化等により希少種指定や地域での保全生物に指定される場合も多くなった．種の保存法に指定された5種や各地域で天然記念物，保全対象生物になっている種に関しては，環境省や都道府県の担当部署から許可を頂いて撮影を行った．特定外来生物に指定された種は捕獲，飼育許可を取得した研究施設を利用させて頂いた．協力を頂いた方のお名前と協力機関名を明記し，全ての協力者と関係機関に心より感謝の意を表す．（以下敬称略，アイウエオ順）

相川健志，青田貴之，秋葉保夫，五十嵐亮太，石神安弘，市毛和恵，市毛賢治，伊藤邦夫，伊藤純子，岩井紀子，岩田貴之，上田秀雄，臼井利一，内山りゅう，江頭幸士郎，大木淳一，大塚俊太，大海昌平，岡宮久規，尾崎煙雄，懸川雅市，亀田さやか，川内一憲，川口誠，草野慎二，草野保，小谷一夫，児玉はつ枝，小峰浩隆，斎藤和範，坂部あい，坂本瑛美，佐久間聡，佐藤直樹，四方圭一郎，島田作治，島田知彦，島村賢正，清水海渡，庄富男，杉村健一，高橋秀和，田辺真吾，千木良芳範，辻井聖武，戸金大，徳田龍弘，富永篤，土永知子，長坂拓也，中川遊野，中西希，西川完途，沼田研児，波多野順，福山伊吹，福山欣司，福山亮部，藤谷武史，藤田宏之，藤本治彦，堀江重郎，前田佳代子，前田原市，松井久実，松尾公則，松村しのぶ，松本千枝子，丸山一子，休場聖美，山本拓夫，吉川夏彦．

麻布大学獣医学部生理学第一研究室，足立区生物園，奄美両生類研究会，石垣市自然環境課，鹿児島県奄美市教育委員会，鹿児島県宇検村教育委員会，鹿児島県教育庁文化財課指定文化財係，鹿児島県龍郷町教育委員会，鹿児島県瀬戸内町教育委員会，京都大学大学院人間・環境学研究科，環境省那覇自然環境事務所野生生物課，環境省奄美野生生物保護センター，環境省西表野生生物保護センター，環境省やんばる野生生物保護センター，九州地方環境事務所屋久島自然保護官事務所，相模川ふれあい科学館，上越市立水族博物館，埼玉県立川の博物館，埼玉県立特別支援学校羽生ふじ高等学園，新江ノ島水族館，茅ヶ崎公園自然生態園，鳥海鉾立ビジターセンター，東京大学大学院農学生命科学研究科附属生態調和農学機構，東京農工大学大学院農学研究院自然環境保全学部門，東京両生・爬虫類研究会，西多摩自然フォーラム，宮古島市環境衛生課，琉球大学教育学部自然環境科学教育コース，琉球大学博物館（風樹館），林野庁九州森林管理局屋久島森林生態系保全センター，

　本書の見返しに河鍋暁斎記念美術館館長河鍋楠美様より「狩野派絵師」河鍋暁斎の画稿使用を快諾頂いた．当山昌直，戸田光彦，永井弓子各氏には卵の写真の提供も頂いた．協力を感謝しお礼を申し上げます．

平成30年7月　東京にて　前田憲男

著者
Author

解説／松井正文　Masafumi Matsui

京都大学名誉教授. アジアの両棲類全般の分類と自然史を研究. 保全の問題にもかかわる. 主著『動物系統分類学 9（B2）脊椎動物（IIb2）爬虫類 II.』（中山書店, 1992）,『両生類の進化』（東京大学出版会, 1996）『カエル─水辺の隣人』（中央公論社, 2002）,『外来生物クライシス』（小学館, 2009）など.

写真／前田 憲男　Norio Maeda

自然写真家. 日本写真家協会会員・日本自然科学写真協会会員. 主著『声が聞こえる！ カエルハンドブック』（上田秀雄との共著, 文一総合出版, 2010）や『田んぼのいきものたち「カエル」』（福山欣司との共著, 農山漁村文化協会, 2011）など.

日本産カエル大鑑
ENCYCLOPAEDIA OF JAPANESE FROGS

2018年8月31日　初版第1刷発行

解説／松井正文
写真／前田憲男

©Masafumi Matsui, Norio Maeda 2018

発行者　斉藤　博

発行所　株式会社 文一総合出版
　　　　〒162-0812　東京都新宿区西五軒町2-5
　　　　電話　03-3235-7341（営業部）
　　　　ファクシミリ　03-3269-1402
　　　　郵便振替　00120-5-42149

印　刷　奥村印刷株式会社

定価はカバーに表示してあります.
乱丁, 落丁はお取り替えいたします.
ISBN978-4-8299-8843-5　Printed in Japan
NDC：487　272ページ　A4変型判（297 × 220 mm）

見返し画は, 河鍋暁斎 筆「風流蛙大合戦之図」（所蔵：公益財団法人 河鍋暁斎記念美術館）

JCOPY
<（社）出版者著作権管理機構 委託出版物>
本書の無断複写は著作権法上での例外を除き禁じられています. 複写される場合は, そのつど事前に, （社）出版者著作権管理機構（電話03-3513-6969, FAX 03-3513-6979, e-mail: info@jcopy.or.jp）の許諾を得てください. また本書を代行業者等の第三者に依頼してスキャンやデジタル化することは, たとえ個人や家庭内の利用であっても一切認められておりません.